混凝土外加剂及其应用

佟令玫　李晓光　主编

中国建筑工业出版社

图书在版编目(CIP)数据

混凝土外加剂及其应用/佟令玫，李晓光主编 .—北京：中国建筑工业出版社，2014.7(2025.2重印)
ISBN 978-7-112-16797-5

Ⅰ.①混… Ⅱ.①佟… ②李… Ⅲ.①水泥外加剂 Ⅳ.①TU528.042

中国版本图书馆CIP数据核字(2014)第 088688 号

本书根据《混凝土外加剂应用技术规范》(GB 50119—2013)、《混凝土外加剂》(GB 8076—2008)等相关规范和标准编写而成的。共分为十三章，包括：基础规定、普通减水剂、高效减水剂、高性能减水剂、引气剂及引气减水剂、早强剂及早强减水剂、速凝剂、缓凝剂及缓凝减水剂、膨胀剂、防水剂与絮凝剂、防冻剂、泵送剂以及其他混凝土外加剂等。本书内容丰富、通俗易懂、实用性强、方便查阅。可供从事建筑工程、混凝土材料及制品等方面的工程技术人员参考，也可供大专院校、中等专业学校相关专业的师生阅读参考。

* * *

责任编辑：岳建光　张　磊
责任设计：董建平
责任校对：刘　钰　姜小莲

混凝土外加剂及其应用
佟令玫　李晓光　主编

*

中国建筑工业出版社出版、发行(北京西郊百万庄)
各地新华书店、建筑书店经销
北京红光制版公司制版
建工社（河北）印刷有限公司印刷

*

开本：787×1092 毫米　1/16　印张：12½　字数：310 千字
2014 年 10 月第一版　2025 年 2 月第五次印刷
定价：**48.00**元
ISBN 978-7-112-16797-5
(41348)

本书编委会

主　编　佟令玫　李晓光

参　编（按姓氏笔画排序）

　　王燕琦　石云峰　刘　嫣　任明法

　　许　宁　张　彤　张　鹏　胡文荟

　　姚　鹏　索　强　唐　颖

前　言

混凝土外加剂是指为改善和调节混凝土的性能而掺加的物质。当前常用的混凝土外加剂种类较多,为保障施工质量,提高施工效率,掌握混凝土外加剂的应用特性对保障施工过程的顺利实施及提高工程质量极为关键。随着混凝土外加剂应用的逐步深入,混凝土施工技术也日趋完善。为了深入理解混凝土外加剂的作用机理及性能特点,我们编写了此书。

本书根据《混凝土外加剂应用技术规范》(GB 50119—2013)、《混凝土外加剂》(GB 8076—2008)等相关规范和标准编写而成。共分为13章,包括:基础规定、普通减水剂、高效减水剂、高性能减水剂、引气剂及引气减水剂、早强剂及早强减水剂、速凝剂、缓凝剂及缓凝减水剂、膨胀剂、防水剂与絮凝剂、防冻剂、泵送剂以及其他混凝土外加剂等。本书内容丰富、通俗易懂、实用性强、方便查阅。可供从事建筑工程、混凝土材料及制品等方面的工程技术人员参考,也可供大专院校、中等专业学校相关专业的师生阅读参考。

由于编写时间仓促,编写经验、理论水平有限,难免有疏漏、不足之处,敬请读者批评指正。

目　　录

1 基础规定

1.1 混凝土的基本性能

传统的水泥混凝土主要由胶凝材料——水泥、粗骨料、细骨料和水组成。混凝土外加剂和矿物掺合料，作为其第五组分和第六组分，已成为现代水泥混凝土重要的组成部分。水泥混凝土的主要性能如下。

1. 混凝土拌合物的和易性

常用的测定混凝土拌合物和易性的方法是进行混凝土的坍落度试验。

影响和易性的主要因素有以下几种：

（1）水泥浆的数量　在水胶比一定的前提下，单位体积拌合物内水泥浆量越多，拌合物流动性越大。但水泥浆量过多，拌合物过黏，强度与耐久性都会变差；水泥浆量过少，不能完全包裹骨料表面，拌合物会产生崩坍。

（2）水泥浆的稠度　水胶比小，水泥浆就稠，拌合物流动性小。水胶比过小，则拌合物失去流动性，甚至黏聚性很差，影响硬化混凝土密实性及强度。水胶比太大，拌合物黏聚性和保水性变差，产生泌水、离析现象，直接导致硬化混凝土强度降低，耐久性变差。

（3）骨料　改善砂石的级配和砂在所有骨料中所占比例即砂率，可以调整拌合物和易性。骨料本身的形状，如卵石、碎石、粗砂、细料等对拌合物和易性同样有明显影响。

（4）混凝土外加剂　按功能划分的全部四大类混凝土外加剂中，有三类均与调整拌合物和易性有关：改变混凝土凝结时间的外加剂；改善混凝土流变性能的外加剂；改变混凝土其他性能的外加剂（其中的一部分品种）。虽然理论上只凭外加剂也可能改善混凝土拌合物和易性，但从经济性、硬化后混凝土耐久性等综合考虑，在主要依靠外加剂调整拌合物和易性的同时，也应当同样考虑配合比的调整和运输、施工工艺的调整。单纯只要求用外加剂来调整、改善拌合物和易性有时并不可取。

2. 混凝土的强度

混凝土的立方体抗压强度标准值系指按照标准方法制作养护的边长为 150mm 的立方体试件，在 28d 龄期用标准试验方法测得的具有 95％保证率的抗压强度，国家标准规定有 15 等级的强度标准值。强度是混凝土硬化后最基本的性能之一。

混凝土强度主要取决于水泥石强度及水泥浆与骨料表面的粘结强度。水泥强度等级越高，水泥石强度越大；使用同一种水泥，则水胶比越小，水泥石强度越高，由于混凝土硬化后内部孔隙少，等于增加了混凝土抵抗荷载的有效断面，减小了孔周围的应力集中；水泥石强度越大与骨料粘结强度也越高；如果水胶比小而和易性仍能得到改善，则混凝土强度还因此得到提高，这主要取决于外加剂的性能以及外加剂与水泥的相容性。

3. 混凝土的耐久性

混凝土的耐用程度，或混凝土的使用年限统称为混凝土耐久性。混凝土不但要能安全地承受荷载，还应根据使用上的具体特定要求及周围自然环境有相当的耐久性。在设计、施工、材料影响混凝土耐久性的三大板块上，材料无疑有着十分重要的作用。

1.2 混凝土外加剂

1.2.1 混凝土外加剂的定义及分类

根据我国现行国家标准《混凝土外加剂定义、分类、命名与术语》（GB/T 8075—2005），混凝土外加剂是一种在混凝土搅拌之前或拌制过程中加入的、用以改善新拌混凝土和（或）硬化混凝土性能的材料。

混凝土外加剂按其主要使用功能分为 4 类，如表 1-1 所示。

按主要功能对混凝土外加剂进行分类　　　　　　　　　　　　表 1-1

按混凝土外加剂功能分类	品 种
改善混凝土拌合物流变性能	各种减水剂 泵送剂等
调节混凝土凝结时间、硬化性能	缓凝剂 促凝剂 速凝剂等
改善混凝土耐久性	引气剂 防水剂 阻锈剂 矿物外加剂等
改善混凝土其他性能	膨胀剂 防冻剂 着色剂等

混凝土外加剂的具体名称和定义，如表 1-2 所示。

混凝土外加剂的具体名称和定义　　　　　　　　　　　　表 1-2

序号	中文名称	英文名称	定 义
1	普通减水剂	water reducing admixture	在混凝土坍落度基本相同的条件下，能减少拌合用水量的外加剂
2	早强剂	hardening accelerating admixture	加速混凝土早期强度发展的外加剂
3	缓凝剂	set retarder	延长混凝土凝结时间的外加剂
4	促凝剂	set accelerating admixture	能缩短拌合物凝结时间的外加剂
5	引气剂	air entraining admixture	在混凝土搅拌过程中能引入大量均匀分布、稳定而封闭的微小气泡且能保留在硬化混凝土中的外加剂

序号	中文名称	英文名称	定 义
6	高效减水剂	superplasticizer	在混凝土坍落度基本相同的条件下，能大幅度减少拌合用水量的外加剂
7	缓凝高效减水剂	set retarding superplasticizer	兼有缓凝功能和高效减水功能的外加剂
8	早强减水剂	hardening accelerating and water reducing admixture	兼有早强和减水功能的外加剂
9	缓凝减水剂	set retarding and water reducing admixture	兼有缓凝和减水功能的外加剂
10	引气减水剂	air entraining and water reducing admixture	兼有引气和减水功能的外加剂
11	防水剂	water-repellent admixture	能提高水泥砂浆、混凝土抗渗性能的外加剂
12	阻锈剂	anti-corrosion admixture	能抑制或减轻混凝土中钢筋和其他金属预埋件锈蚀的外加剂
13	加气剂	gas forming admixture	混凝土制备过程中因发生化学反应，放出气体，使硬化混凝土中有大量均匀分布气孔的外加剂
14	膨胀剂	expanding admixture	在混凝土硬化过程中因化学作用能使混凝土产生一定体积膨胀的外加剂
15	防冻剂	anti-freezing admixture	能使混凝土在负温下硬化，并在规定养护条件下达到预期性能的外加剂
16	着色剂	coloring admixture	能制备具有彩色混凝土的外加剂
17	速凝剂	flash setting admixture	能使混凝土迅速凝结硬化的外加剂
18	泵送剂	pumping aid	能改善混凝土拌合物泵送性能的外加剂
19	保水剂	water retaining admixture	能减少混凝土或砂浆失水的外加剂
20	絮凝剂	flocculating agent	在水中施工时，能增加混凝土黏稠性，抗水泥和骨料分离的外加剂
21	增稠剂	viscosity enhancing agent	能提高混凝土拌合物黏度的外加剂
22	减缩剂	shrinkage reducing agent	减少混凝土收缩的外加剂
23	保塑剂	plastic retaining agent	在一定时间内，减少混凝土坍落度损失的外加剂

1.2.2 混凝土外加剂的作用及应用范围

各种外加剂都有其各自的特殊作用。合理使用各种混凝土外加剂，可以满足实际工程对混凝土在塑性阶段、凝结硬化阶段和凝结硬化后期及服务期内各种性能的不同要求。归纳起来，人们使用混凝土外加剂的主要目的有以下几个方面。

1. 改善混凝土、砂浆和水泥浆塑性阶段的性能

（1）在不增加用水量的情况下，提高新拌混凝土和易性或在和易性相同时减少用水量。

（2）降低泌水率。

（3）增加黏聚性，减小离析。

（4）增加含气量。

（5）降低坍落度经时损失。

（6）提高可泵性。

（7）改善在水下浇筑时的抗分散性等。

2. 改善混凝土、砂浆和水泥浆在凝结硬化阶段的性能

（1）缩短或延长凝结时间。

（2）延缓水化或减少水化热，降低水化热温升速度和温峰高度。

（3）提高混凝土的早期强度。

（4）在负温下尽快建立强度，以增强防冻性等。

3. 改善混凝土、砂浆和水泥浆在凝结硬化后期及服务期内的性能

（1）提高强度（包括抗压、抗拉、抗弯和抗剪强度等）。

（2）提高新老混凝土之间的粘结力。

（3）增强混凝土与钢筋之间的粘结能力。

（4）提高抗冻融循环能力。

（5）增强密实性，提高防水能力。

（6）产生一定的体积膨胀。

（7）提高耐久性。

（8）阻止内部配筋和预埋金属的锈蚀。

（9）阻止碱-骨料反应。

（10）改善混凝土抗冲击和抗磨损能力。

（11）其他，包括配制彩色混凝土、多孔混凝土等。

外加剂的作用与作用效果，因外加剂的种类不同而不同，如表1-3所示。

外加剂的作用与作用效果   表1-3

序号	外加剂种类	作用与使用效果
1	普通减水剂 高效减水剂	（1）在保持单位立方混凝土用水量和水泥用量不变的情况下，可提高混凝土的流动性 （2）在保持混凝土坍落度和水泥用量不变的情况下，可减少用水量，从而提高混凝土的强度，改善混凝土的耐久性 （3）在保持混凝土坍落度和设计强度不变的情况下，可节约水泥用量，从而降低成本 （4）在保持混凝土坍落度不变的情况下，通过配合比设计，可以达到同时节约水泥用量和提高混凝土强度的目的 （5）改善混凝土的黏聚性、保水性和易浇筑性等 （6）通过降低水泥用量从而降低大体积混凝土的水化热温升，减少温度裂缝 （7）减少混凝土塑性裂缝、沉降裂缝和干缩裂缝等 （8）提高混凝土的抹面性能

序号	外加剂种类	作用与使用效果
2	加气剂	(1) 使混凝土在凝结前其内部产生大量气泡 (2) 生产加气混凝土 (3) 改善混凝土的保温性 (4) 降低混凝土的表观密度等
3	引气剂	(1) 使混凝土在搅拌过程中，内部产生大量微小稳定的气泡 (2) 改善混凝土的黏聚性、保水性和抗离析性 (3) 改善混凝土的可泵性 (4) 减少塑性裂缝和沉降裂缝 (5) 大幅度提高混凝土的抗冻融循环能力 (6) 增强混凝土的抗化学物质侵蚀性等
4	早强剂	(1) 在混凝土配合比不变的情况下，可以提高混凝土早期强度的发展速度，从而提高早期强度 (2) 使拆模时间提前 (3) 减轻混凝土对模板的侧压力 (4) 缩短混凝土养护周期 (5) 加快混凝土制品场地周转，提高生产效率 (6) 减少低温对混凝土强度发展的影响 (7) 对于修补、加固工程，可加快施工速度等
5	早强减水剂	同时具有早强剂和减水剂的作用
6	速凝剂	(1) 使混凝土在短时间内迅速凝结硬化 (2) 使混凝土满足喷射施工工艺要求 (3) 对于快速堵漏和其他抢修工程，具有特殊意义
7	缓凝剂	(1) 延长混凝土的凝结时间 (2) 延长混凝土的可施工时间 (3) 降低混凝土的坍落度损失速率 (4) 降低混凝土内部水化热温升速率 (5) 提高大体积混凝土的连续浇筑性，避免产生冷缝 (6) 延缓混凝土的抹面时间等
8	缓凝减水剂 缓凝高效减水剂	同时具有缓凝剂和减水剂（高效减水剂）的作用
9	膨胀剂	(1) 使混凝土在硬化早期产生一定的体积膨胀 (2) 补偿收缩，减少温度裂纹和干缩裂缝 (3) 提高混凝土的抗渗性 (4) 减少超长混凝土结构的施工缝 (5) 可生产自应力混凝土等
10	防水剂	(1) 增强混凝土的密实度 (2) 提高混凝土的抗渗等级 (3) 改善混凝土的耐久性等

序号	外加剂种类	作用与使用效果
11	防冻剂	(1) 降低混凝土中自由水的冰点 (2) 提高混凝土的早期强度 (3) 使混凝土能够在负温下尽早建立强度，以提高其防冻能力 (4) 使混凝土能够在冬季进行浇筑施工 (5) 改善混凝土的抗冻融循环性等
12	泵送剂	除具有减水剂的作用外，还可以起到： (1) 改善混凝土的泵送性 (2) 减小混凝土坍落度损失等
13	阻锈剂	(1) 阻止混凝土内部配筋和预埋金属的锈蚀 (2) 改善混凝土的耐久性等
14	养护剂	(1) 阻止混凝土内部水分蒸发 (2) 提高混凝土的养护质量 (3) 减少混凝土干缩开裂 (4) 减少养护劳力 (5) 满足干燥炎热气候下的施工要求 (6) 改善混凝土的耐久性等
15	脱模剂	(1) 使混凝土易于脱模 (2) 改善混凝土表面质量等
16	粘结剂	(1) 增强新、老混凝土之间的粘结强度 (2) 避免出现冷缝 (3) 提高混凝土修补加固工程的质量等
17	着色剂	(1) 生产具有各种不同颜色的混凝土制品 (2) 配制彩色砂浆 (3) 配制彩色水泥浆等
18	碱-骨料反应抑制剂	(1) 预防混凝土内部碱-骨料反应 (2) 改善混凝土的耐久性等
19	水下浇筑混凝土抗分散剂	(1) 提高新拌混凝土的黏聚性 (2) 提高混凝土水下浇筑时的抗分离性 (3) 避免对混凝土浇筑区附近水域的污染等

　　任何混凝土中都可以使用外加剂，外加剂也被公认为现代技术混凝土所不可缺少的第五组分。但是混凝土外加剂的品种繁多，功能各异。所以，实际应用外加剂时，应根据工程需要、现场材料和施工条件，并参考外加剂产品说明书及有关资料进行全面考虑，如果有条件，最好通过实验验证使用效果和计算经济效益后再确定具体使用方案。

　　工程中常用的混凝土外加剂的应用范围，如表1-4所示。

外加剂的应用范围　　　　　　　　　　　　　　　　表 1-4

序号	混凝土品种	应　用　目　的	适合的外加剂
1	普通强度混凝土 (C20～C30)	(1) 节约水泥用量 (2) 使用低强度等级水泥 (3) 增大混凝土坍落度 (4) 降低混凝土的收缩和徐变等	普通减水剂
2	中等强度混凝土 (C35～C55)	(1) 节约水泥用量 (2) 以低强度等级水泥代替高强度等级水泥 (3) 改善混凝土的流动性 (4) 降低混凝土的收缩和徐变等	普通减水剂 早强减水剂 缓凝减水剂 缓凝高效减水剂 高效减水剂 由普通减水剂与高效减水剂复合而成的减水剂
3	高强混凝土 (C60～C80)	(1) 节约水泥用量 (2) 降低混凝土的水灰比 (3) 解决掺加硅灰与降低混凝土需水量之间的矛盾 (4) 改善混凝土的流动性 (5) 降低混凝土的收缩和徐变等	高效减水剂 高性能减水剂 缓凝高效减水剂等
4	超高强混凝土 (＞C80)	(1) 大幅度降低混凝土的水灰比 (2) 改善混凝土流动性 (3) 降低混凝土的收缩和徐变等 (4) 降低混凝土内部温升，减少温度开裂	高效减水剂 高性能减水剂 缓凝高效减水剂等
5	早强混凝土	(1) 提高混凝土早期强度，使混凝土在标养条件下 3d 强度达 28d 的 70%，7d 强度达设计等级 (2) 加快施工速度，包括加快模板和台座的周转，提高产品生产率 (3) 取消或缩短蒸养时间 (4) 使混凝土在低温情况下，尽早建立强度并加快早期强度发展	早强剂 高效减水剂 早强减水剂等
6	大体积混凝土	(1) 降低混凝土初期水化热释放速率，从而降低混凝土内部温峰，减小温度开裂程度 (2) 延缓混凝土凝结时间 (3) 节约水泥 (4) 降低干缩，减少干缩开裂等	缓凝剂（普通强度混凝土） 缓凝减水剂（普通强度混凝土） 缓凝高效减水剂（中等强度混凝土，高强混凝土） 膨胀剂 膨胀剂与减水剂复合掺加等
7	防水混凝土	(1) 减少混凝土内部毛细孔 (2) 细化内部孔径，堵塞连通的渗水孔道 (3) 减少混凝土的泌水率 (4) 减少混凝土的干缩开裂等	防水剂 膨胀剂 普通减水剂 引气减水剂 高效减水剂等

序号	混凝土品种	应 用 目 的	适合的外加剂
8	喷射混凝土	（1）大幅度缩短混凝土凝结时间，使混凝土在瞬间凝结硬化 （2）在喷射施工时降低混凝土的回弹率	速凝剂
9	流态混凝土	（1）配制坍落度为 18～22cm 甚至更大的混凝土 （2）改善混凝土的黏聚性和保水性，减小离析泌水 （3）降低水泥用量，减小收缩，提高耐久性	流化剂（即普通减水剂或高效减水剂） 引气减水剂等
10	泵送混凝土	（1）提高混凝土流动性 （2）改善混凝土的可泵性能，使混凝土具有良好的抗离析性，泌水率小，与管壁之间的摩擦阻力减小 （3）确保硬化混凝土质量	普通减水剂 高效减水剂 引气减水剂 缓凝减水剂 缓凝高效减水剂 泵送剂等
11	补偿收缩混凝土	（1）在混凝土内产生 0.2～0.7MPa 的膨胀应力，抵消由于干缩而产生的拉应力，降低混凝土干缩开裂 （2）提高混凝土的结构密实性，改善混凝土的抗渗性	膨胀剂 膨胀剂与减水剂等复合掺加
12	填充用混凝土	（1）使混凝土体积产生一定膨胀，抵消由于干缩而产生的收缩，提高机械设备和构件的安装质量 （2）改善混凝土的和易性和施工流动性 （3）提高混凝土的强度	膨胀剂 膨胀剂与减水剂等复合掺加
13	自应力混凝土	（1）在钢筋混凝土内部产生较大膨胀应力（＞2MPa），使混凝土因受钢筋的约束而形成预压应力 （2）提高钢筋混凝土构件（结构）的抗开裂性和抗渗性	膨胀剂 膨胀剂与减水剂等复合掺加
14	修补加固用混凝土	（1）达到较高的强度等级 （2）满足修补加固施工时的和易性 （3）与老混凝土之间具有良好的粘结强度 （4）收缩变形小 （5）早强发展快，能尽早承受荷载或较早投入使用	早强剂 减水剂 高效减水剂 早强减水剂 膨胀剂 粘结剂 膨胀剂与早强剂、减水剂等复合掺加

序号	混凝土品种	应　用　目　的	适合的外加剂
15	大模板施工用混凝土	（1）改善和易性，确保混凝土既具有良好的流动性，又具有优异的黏聚性和保水性 （2）提高混凝土的早期强度，以减轻模板所受的侧压力，加快拆模和满足一定的扣板强度	夏季：普通减水剂 　　　　高效减水剂等 冬季：高效减水剂 　　　　早强减水剂等
16	滑模施工用混凝土	（1）改善混凝土的和易性，满足滑模施工工艺 （2）夏季适当延长混凝土的凝结时间，便于滑模和抹光 （3）冬季适当早强，保证滑升速度	夏季：普通减水剂 　　　　缓凝减水剂 　　　　缓凝高效减水剂 冬季：高效减水剂 　　　　早强减水剂 　　　　早强剂与高效减水剂复合掺加
17	冬期施工用混凝土	（1）防止混凝土受到冻害 （2）加快施工进度，提高构件（结构）质量 （3）提高混凝土的抗冻融循环能力	早强剂 早强减水剂 根据冬期日最低气温，选用规定温度的防冻剂 早强剂与防冻剂、引气剂与防冻剂、引气剂与早强剂或早强减水剂复合掺加等
18	高温炎热干燥天气施工用混凝土	（1）适当延长混凝土的凝结时间 （2）改善混凝土的和易性 （3）预防塑性开裂和减少干燥收缩开裂等	缓凝剂 缓凝减水剂 缓凝高效减水剂 养护剂等
19	耐冻融混凝土	（1）在混凝土内部引入适量稳定的微气泡 （2）降低混凝土的水灰比等	引气剂 引气减水剂 普通减水剂 高效减水剂等
20	水下浇筑混凝土	（1）提高混凝土的流动性 （2）提高混凝土的黏聚性和抗水冲刷性，使拌合料在水下浇筑时不分离 （3）适当提高混凝土的设计强度等	絮凝剂 絮凝剂与减水剂复合掺加等
21	预拌混凝土	（1）保证混凝土运往施工现场后的和易性，以满足施工要求，确保施工质量 （2）满足工程对混凝土性能的特殊要求 （3）节约水泥，取得较好的经济效益	普通减水剂 高效减水剂 夏季及运输距离比较长时，应采用缓凝减水剂、缓凝高效减水剂、泵送剂或能有效控制混凝土坍落度损失的减水剂（泵送剂） 选用不同性质的外加剂，以满足各种工程的特殊要求

序号	混凝土品种	应 用 目 的	适合的外加剂
22	自然养护的预制混凝土构件	(1) 以自然养护代替蒸汽养护 (2) 缩短脱模、起吊时间 (3) 提高场地利用率，缩短生产周期 (4) 节省水泥，从而降低成本 (5) 方便脱模，提高产品外观质量等	普通减水剂 高效减水剂 早强剂 早强减水剂 脱模剂等
23	蒸养混凝土构件	(1) 改善混凝土施工性能，降低振动密实能耗 (2) 缩短养护时间或降低蒸养温度 (3) 缩短静停时间 (4) 提高蒸养制品质量 (5) 节省水泥用量 (6) 方便脱模，提高产品外观质量等	早强剂 高效减水剂 早强减水剂 脱模剂等

2 普通减水剂

普通减水剂又称塑化剂或水泥分散剂，是在混凝土坍落度基本相同的条件下，能减少拌合水量的外加剂。要求减水率不小于 8%，龄期 3～7d 的混凝土抗压强度提高 15%，28d 强度提高 10%以上。常用的普通减水剂，如国外的普蜀里及国产的木质素磺酸盐类、多元醇类、羟基羧酸盐类、聚氧乙烯烷基醚类、腐殖酸类减水剂等。普通减水剂是一种价格低廉，能够有效改变混凝土性能的外加剂。最初是由一些工业下脚料加工而成。从化学结构来看，基本上是一些天然的或人工合成的有机高分子化合物。

2.1 概述

2.1.1 普通减水剂的作用机理及分类

1. 减水剂的主要作用

由普通减水剂的定义可知，它是一种能够改善混凝土拌合物流变性能的外加剂。从作用机理的角度看，普通减水剂本身并不与水泥发生化学反应，而是改变水泥的水化过程及水泥石的内部结构，从而影响新拌混凝土的和易性和硬化混凝土的物理力学性能。其具体体现在以下三个方面：

（1）改善和易性　在保持混凝土的混合料配比、水灰比不变的条件下，可明显改善新拌混凝土的和易性，且不影响混凝土强度。

（2）降低水灰比，提高强度　在保持混凝土的水泥用量和坍落度基本不变的条件下，可减少拌合用水量，从而降低水灰比，提高混凝土的强度。

（3）节约水泥　在保持混凝土的和易性和强度发展规律不变，且混凝土的耐久性和工程特性不受影响的条件下，可节约水泥，减少单位水泥用量。

此外，普通减水剂还可以改善新拌混凝土、硬化混凝土的其他性能，如减少新拌混凝土的泌水、离析；延缓新拌混凝土的凝结硬化；减缓新拌混凝土的初期水化放热；提高硬化混凝土的抗渗性、抗冻融性等等。

最后，某些普通减水剂还兼有引气、缓凝、膨胀等其他性能。

2. 减水剂的作用机理

普通减水剂的主要成分多为表面活性剂，其基本功能有吸附、润湿、分散、润滑等。普通减水剂对新拌混凝土的作用主要表现为减水作用、塑化作用等。

（1）减水作用　混凝土中掺入普通减水剂，可在保持混凝土和易性基本不变的条件下，减少拌合用水量，降低水灰比，称为减水作用。减水作用主要是由于普通减水剂的吸附分散作用，其作用机理可用"吸附—ξ—电位（静电斥力）—分散"为主体的静电斥力理论加以解释。

研究混凝土中水泥硬化过程可以发现，水泥在加水搅拌过程中，水泥—水体系会絮凝化而呈现图 2-1 所示的絮凝状固体颗粒团簇。絮凝状结构产生的原因很多，可能是不同的水泥矿物在水化过程中所带电荷不同，由于异性电荷相互吸引，水泥颗粒倾向于相互粘连；也可能是水泥颗粒在溶液中的热运动，致使其在某些边棱角处互相碰撞、相互吸引；还可能是水泥颗粒间的范德华引力作用等。这些絮凝状结构中包裹了部分游离水，因此减少了可用于混凝土拌合的游离水数量，进而降低了新拌混凝土的和易性。施工中为了保证新拌混凝土的和易性，就必须在拌合时相应地增加用水量，然而用水量的增加又可能导致水泥石结构中形成过多孔隙，进而影响硬化混凝土的强度、耐久性等物理力学性能。

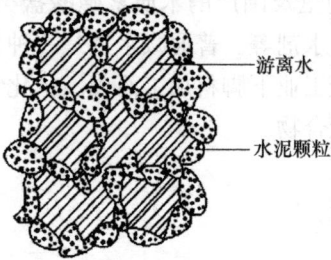

图 2-1　絮凝化水泥—水体系的絮凝结构

如果能在拌合过程中抑制上述絮凝状结构的形成，或者能使已经形成的絮凝状结构解体，将包裹在其中的水释放出来，那么就可以在保持混凝土和易性的条件下，大大减少拌合用水量，大幅度降低水灰比；或者在水灰比不变的条件下，大大改善新拌混凝土的和易性，提高混凝土强度等物理力学性能。

在拌制混凝土时掺入适量的普通减水剂，由于水泥颗粒对普通减水剂的吸附和普通减水剂对水泥颗粒的分散作用，水泥—水分散体系的稳定性提高，从而达到上述减水效果。具体地说，若在混凝土中掺入普通减水剂，普通减水剂发挥其表面活性作用，定向吸附于水泥水化胶粒质点表面，在水泥—水界面处形成单分子或多分子吸附膜层。因为普通减水剂的定向吸附，水泥颗粒固—液界面自由能降低，这有利于提高水泥浆体的分散性；而且，水泥颗粒表面的普通减水剂吸附膜层带有负电荷的 $-SO_3^-$、$-COO^-$ 等亲水基团朝向溶液相，使得水泥水化胶粒质点表面带有相同符号的电荷且电性增强，在静电斥力作用下，水泥—水体系处于相对稳定的悬浮状态，促使水泥在水化初期形成的絮凝结构解体，包裹在其中的游离水被释放出来，因此达到减水、提高和易性的目的。减水作用机理示意图如图 2-2 所示。

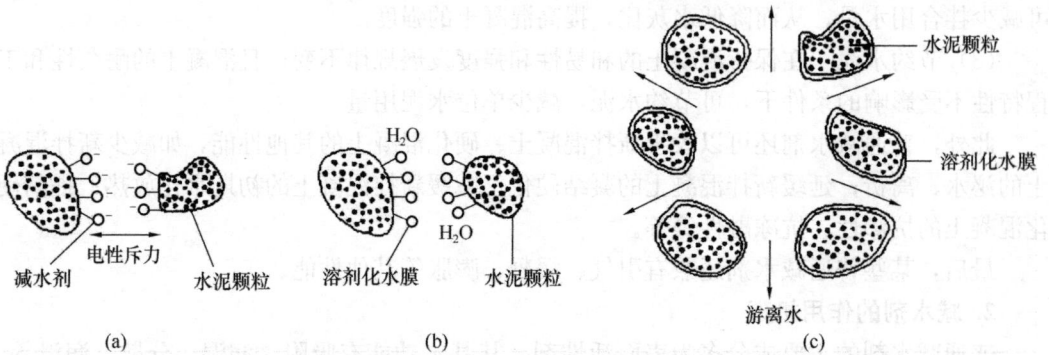

图 2-2　减水作用机理

（a）水泥颗粒间静电斥力作用；（b）水泥颗粒表面的溶剂化水膜；（c）絮凝状结构解体，水泥颗粒得以分散，游离水释放

（2）**塑化作用**　混凝土中掺入普通减水剂，可在保持水灰比不变的条件下，显著提高混凝土流动性，称为普通减水剂的塑化作用。塑化作用不仅起到前述的吸附分散作用，还

包括润湿和润滑作用。

1）润湿作用。水泥加水拌合时，水泥颗粒表面被水润湿，这种润湿状况对新拌混凝土的性能有很大影响。

在拌制混凝土时掺入适量的普通减水剂，不但可以降低整个水泥—水体系界面张力，使得水泥颗粒有效分散，而且由于润湿作用，水泥颗粒的水化面积增大，水分向水泥颗粒毛细管内的渗透作用增强，从而影响水泥颗粒的水化速度。

2）润滑作用。在拌制混凝土时掺入适量的普通减水剂，减水剂分子定向吸附于水泥颗粒表面，指向水溶液的极性亲水基团极易与水分子形成缔合氢键。这种氢键缔合作用力远大于减水剂分子与水泥颗粒间的引力。当水泥颗粒吸附足够量的减水剂时，水泥颗粒表面会形成一层溶剂化水膜，而这层膜起到了立体保护作用，可阻止水泥颗粒直接接触，并在颗粒间起到润滑作用，如图 2-2（b）所示。

此外，伴随普通减水剂的掺入，混凝土体系会引入一定量的微小气泡（即使是非引气型的普通减水剂，也会引入少量气泡），这些微细气泡被普通减水剂定向吸附而形成的分子膜所包围，并带有与水泥质点颗粒吸附膜相同符号的电荷，因而气泡与水泥颗粒间的电性斥力使得水泥颗粒分散，从而增加了水泥颗粒间的滑动。

（3）其他作用　普通减水剂除了具有减水分散、塑化等功能外，还有其他的一些功能，如木质素磺酸盐中的松香、糖类赋予其引气、缓凝功能。

1）缓凝作用。在拌制混凝土时掺入适量的普通减水剂，则减水剂解离后的带电离子吸附于水泥颗粒表面，使得水泥—水体系的 ε—电位增大，体系的稳定性提高。与此同时，水泥颗粒表面的减水剂吸附膜及由氢键缔合作用形成的溶剂化水膜都可能阻碍水泥颗粒与水之间的接触，减缓水泥颗粒的水化进程，从到起到缓凝作用。

2）引气作用。普通减水剂中的某些组分可降低溶液的表面张力，为气泡的形成创造了必要条件，从而具有引气作用。

3. 减水剂的分类

按主要成分的化学组成不同，普通减水剂的品种主要有以下几类：

1）木质素磺酸盐类普通减水剂，如木质素磺酸钙，木质素磺酸钠，木质素磺酸镁等。

2）羟基羧酸盐类普通减水剂，如腐殖酸类普通减水剂。

3）棉浆普通减水剂。

4）糖类普通减水剂，如糖钙普通减水剂。

5）栲胶及其废渣提取物。

（1）木质素磺酸盐类普通减水剂　木质素磺酸盐减水剂是原料来源最丰富、价格最低廉的一类减水剂，其应用也最为广泛。木质素磺酸盐减水剂按照其所带阳离子的不同，有木质素磺酸钙（木钙）、木质素磺酸钠（木钠）和木质素磺酸镁（木镁）等品种。

目前国内使用较为广泛的木质素磺酸盐减水剂为木钙，简称 M 剂，其次是木钠。木钙减水剂属阴离子表面活性剂，其中木质素磺酸钙占 60%，含糖量低于 12%，硫酸盐占 2% 左右，pH＝4～5。

木质素磺酸盐的分子结构比较复杂，基本组分是苯甲基丙烷衍生物，其分子量为2000～1000000。

木质素磺酸盐减水剂的主要原料为亚硫酸盐法生产纸浆或纤维浆的废液。其生产方法如下：

1）废液的来源。将木材与亚硫酸盐一起在高温高压下蒸煮后，将纤维素与木质素分离，前者用于造纸，生产人造丝等，后者就是所谓的纸浆废液。将木质素磺酸盐废液收集起来就可以作为生产木质素磺酸盐减水剂的原料。

2）脱糖。使木质素磺酸盐废液发酵脱糖，并从中提取酒精。

3）中和、过滤并干燥。将提取酒精的废液用碱中和，过滤后经喷雾干燥就得到棕黄色的干粉状产品。

木质素磺酸盐减水剂的分子结构因造纸原料——木材的不同，也会有差异。一般来说，作为生产减水剂的木质素废液以针叶木原料为最好，以阔叶木原料为次之，草类（如芦苇、稻草等）最差。

木钙减水剂在混凝土中的掺量一般为水泥质量的 0.25%（通常以 0.25%C 表示，以下同）。其主要技术经济效果如下：

1）在保持混凝土和易性不变的情况下，可减少拌合用水量 10% 左右，可使混凝土 28d 抗压强度提高 10%～20%。

2）在保持混凝土和易性和 28d 抗压强度不变的情况下，可节省水泥用量 10% 左右。

3）在水泥浆中掺加 0.25%C 的木钙后，水泥浆的凝结时间将延缓 1～3h，且随着掺量增大，其延缓凝结时间的作用增强。

4）掺加木钙减水剂会使混凝土的含气量增加（增加值为 1%～3%），且随着掺量的增大，其引气量明显增大。但由于掺加木钙所引入的气泡性状不佳，所以过量掺加木钙减水剂，将导致混凝土强度严重降低。

（2）羟基羧酸盐类普通减水剂——腐殖酸类普通减水剂　羟基羧酸盐类减水剂因其分子结构中含有一定数量的羟基和羧基而得名。该类减水剂通常由纯原料经化学法或生物法制得，因此产品纯度较高，均一性好。常用的原料有柠檬酸、酒石酸、黏（液）酸、葡萄糖酸、庚糖酸、水杨酸、苹果酸，其中，以葡萄糖酸和庚糖酸最为普遍。

羟基羧酸盐类中，钠盐的溶解度高，凝固点低，冬天不易固化，所以使用最广泛。而三乙醇胺盐、铵盐偶尔才会用。实际使用时，常将 30% 的盐溶液与其他必需的外加剂配合使用。

羟基羧酸盐类减水剂分子结构中的羟基和羧基赋予其一定的缓凝作用，而且缓凝作用随掺量的增大而增强，所以更多时候是将其列入缓凝剂中。当然，也可将少量该类减水剂与氯化钙混合，制备促凝型减水剂；或与引气剂混合，制备引气型减水剂，此时，混合物中羟基羧酸盐含量的不同，将可能具有缓凝作用。

尽管多数羟基羧酸盐类物质都对水泥有减水、分散、增强等作用，但是完全符合混凝土外加剂标准中普通减水剂性能指标的却很少。其中，有一定代表性的是腐殖酸盐。

腐殖酸（Humic Acid）是一类组成可溶、复杂、弱酸性聚电解质，其分子结构难以准确描述。但是，通常认为腐殖酸具有芳香结构，并通过氨基、羧基、酚、脂肪族基团等随机交联，因此在一定程度上具有两亲表面活性。腐殖酸广泛存在于泥炭、褐煤、土壤、堆肥中，并可按其在不同溶剂中溶解度和颜色的不同，分离为溶于水的黄腐酸（Fulvic Acid）、溶于丙酮、乙醇等溶剂的棕腐酸（Hy-matomelanic Acid）、溶于碱溶液、而不溶于酸和乙醇的黑腐酸（Humus Acid）和褐腐酸 4 种级分。

腐殖酸减水剂的主要成分为腐殖酸盐。腐殖酸盐是以草炭、泥煤、褐煤等为主要原料，经水洗碱溶、碱式磺化、蒸发浓缩、喷雾干燥等工艺过程而制得。制备工艺过程如图2-3 所示。

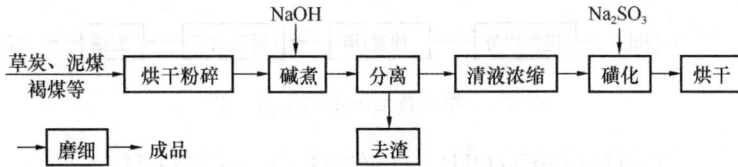

图 2-3　腐殖酸减水剂制备工艺

磺化的目的是为在分子结构中引入磺酸基，增强其水溶性。常用的磺化剂为硫酸钠。表 2-1 是腐殖酸减水剂的主要性能。

腐殖酸减水剂的主要性能　　　　　　　　　　　　　　　表 2-1

性能	形态	pH 值	减水率/%	含气量/%	28d 抗压强度比/%	掺量/%
指标	固体	10～12	5～8	≥3	105～115	0.30～0.35

注：1. 除含气量外，表中所列的减水率和 28d 抗压强度比分别为掺减水剂混凝土与基准混凝土的差值和比值。
　　2. 掺量为固态普通减水剂重量占水泥重量的百分数。

我国 20 世纪 80 年代曾在部分地区使用腐殖酸普通减水剂，并曾制定个别单位的企业标准。但由于杂质多，质量不稳定，生产量较小，因此目前应用较少。

（3）棉浆普通减水剂　棉浆普通减水剂是以棉短绒在氢氧化钠水溶液中高温蒸煮提取棉纤维后余下的废液（固含量 3%～5%）为原料，用氯气中和至 pH 值为 3.5～4，然后经沉淀过滤，滤渣烘干，再用碳酸钠中和至 pH 值为 8～9，最后磨细即可得到产品。制备工艺流程如图 2-4 所示。

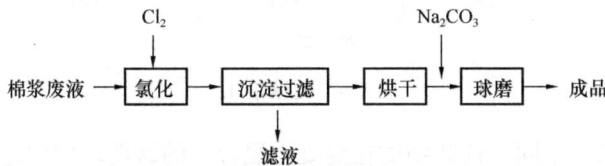

图 2-4　棉浆普通减水剂制备工艺

棉浆减水剂首先由原铁道兵科研所研制。主要成分是腐殖酸钠、木质素磺酸钠及氯化钠，其性能与腐殖酸减水剂相似。

（4）糖类普通减水剂　糖类是多羟基碳水化合物类，根据糖单元个数的不同，可分为单糖、由 2～9 个单糖单元缩聚而成的低聚糖（寡糖）及由 10 个以上单糖单元缩聚而成的多聚糖。

1）糖钙普通减水剂。糖钙普通减水剂是糖类普通减水剂的主要品种之一，是制糖工业的副产品——糖蜜与石灰乳作用生成的物质，其主体成分为糖化钙络合物。制备工艺过程如图 2-5 所示。

糖蜜中的糖主要是单糖和双糖（蔗糖），与石灰乳作用生成糖化钙络合物的反应可表示为：

15

图 2-5　糖钙普通减水剂制备工艺

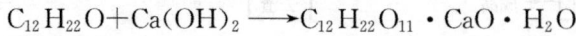

$$C_{12}H_{22}O + Ca(OH)_2 \longrightarrow C_{12}H_{22}O_{11} \cdot CaO \cdot H_2O$$
$$C_6H_{12}O_6 + Ca(OH)_2 \longrightarrow C_6H_{12}O_6 \cdot CaO \cdot H_2O$$

糖钙普通减水剂兼有缓凝、减水双重作用。具体来讲，糖化钙络合物具有较强的固-液界面活性作用，能吸附于水泥颗粒表面，形成溶剂化吸附层，破坏水化过程形成的絮凝状结构，使水泥颗粒得以分散，起到减水作用；另一方面，糖类物质富含羟基、羧基及羰基，容易在水泥颗粒表面吸附，形成吸附膜延缓水化进程，因此也具有一定的缓凝效果，常被列入缓凝剂中。

通常，糖钙减水剂在掺量为 $0.1\% \sim 0.3\%$ 范围时，减水率为 $5\% \sim 8\%$，各项性能指标基本能达到普通减水剂国家标准所规定的指标。

2）其他糖类减水剂。糖类减水剂中，除了上述以单糖和双糖（蔗糖）为主要糖分的糖钙减水剂以外，还有低聚糖及多糖减水剂。这类减水剂是由多糖类天然高聚物（如玉米淀粉）水解形成的含有 $3 \sim 25$ 个单糖单元，并以 α-1,4-糖苷键相连的低分子量聚合物，如图 2-6 所示。

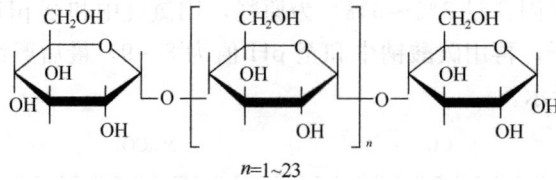

图 2-6　配糖单元

跟单糖（葡萄糖）不同，这些物质在混凝土混合料的碱性环境中稳定存在。他们对混凝土也有缓凝作用，也可以通过添加少量的氯化钙或三乙醇胺的办法来调节其缓凝效果。

（5）栲胶及其废渣提取物　栲胶及其废渣提取物是以橡树果壳或树皮生产单宁酸等化工原料后排出的废渣为原料，由亚硫酸盐高温蒸煮而制得。该类产品的主要成分为磺化木质素，所以其性能与一般的木质素磺酸盐类减水剂相似。

该产品经原料提纯及工艺改进后，曾在原成都栲胶厂制成性能较高的减水剂。其性价比略低于目前的萘系减水剂，主要用作石油工业中的油井水泥减阻剂，很少用于普通混凝土。

2.1.2　减水剂的基本性能

1. 各种减水剂的分散性

各种减水剂中，萘磺酸盐甲醛缩合物、多环芳烃磺酸盐甲醛缩合物以及三聚氰胺磺酸盐甲醛缩合物属于高效减水剂，其他的为普通减水剂。现将各种减水剂的分散性（流动值）在水灰比较低（$W/C = 25\%$）的条件下进行比较，如图 2-7 所示。这样的水灰比接近水泥硬化所必需的理论值（22％），一般混凝土的水灰比都较大，这是为提供过量的游离水，满足工作度要求。普通混凝土通常使用木质素磺酸盐类减水剂，其掺量在0.3％左右时分散性达到最大值。但是，其分散性能仍远低于高效减水剂。例如β-萘磺酸盐高聚物，随着掺量增大，尤其是从0.3％增加到1.0％，流动性显著增大，1.0％之后形成平的曲线。这是它称为高效减水剂的原因。

2. 各种减水剂的缓凝性

各种减水剂按水泥质量1.0％（含固量）掺入，水泥与砂的质量比为1∶2，砂浆流动值控制在200±5mm，测定经过时间与贯入阻力值的关系，如图2-8所示。木质素磺酸盐类和羟基羧酸盐

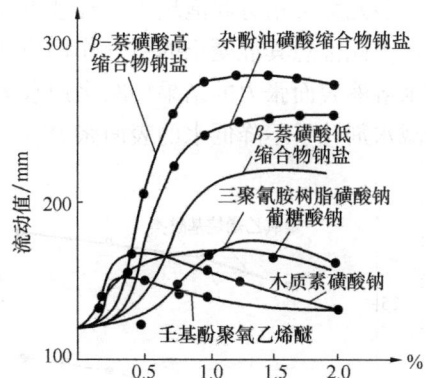

图 2-7　水泥分散剂的分散性
（一种硅酸盐水泥，$W/C=25\%$）

类（葡萄糖酸钠）减水剂显示了大幅度的缓凝作用，抗压强度达到27.6MPa的时间比不掺的延长7～8h。多元醇类、高碳多元醇类、烷基聚氧乙烯醚类减水剂有缓凝作用，但与不掺的相比，其缓凝时间不超过2h，3种高效减水剂没有缓凝作用。

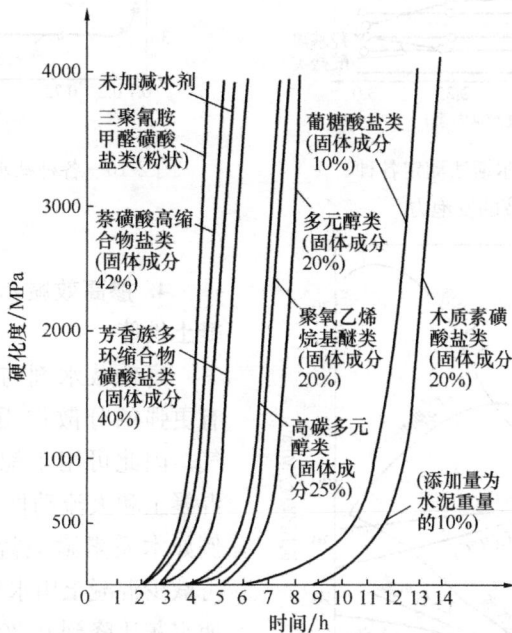

图 2-8　添加各种水泥量1％减水剂后的砂浆硬化时间

（水泥∶砂=1∶2；胶砂流动度值（砂浆的稠度）200mm；养护温度为25±1℃；ASTM403）

3. 各种减水剂、引气剂的表面张力和引气性

减水剂对混凝土的引气作用的影响，可以通过减水剂水溶液的表面张力和起泡能力来研究。起泡力小的水溶液对混凝土的引气作用小。取各种减水剂水溶液200mL，利用罗斯迈尔斯发泡力试验仪，从90cm高处滴下，测定其起泡高度，测定结果如图2-9所示。聚氧乙烯烷基醚类减水剂的起泡率非常大，比典型的引气剂"文沙"大得多。木质素类和

高级多元醇类稍有起泡现象。羟基羧酸盐类、多元醇类和三种高效减水剂，则几乎没有起泡，由此推想其混凝土的引气作用也比较小。图 2-10 为采用吊环法表面张力计测定减水剂水溶液表面张力的结果。减水剂水溶液的表面张力与起泡力之间有相互关系，起泡力小的减水剂几乎不降低水的表面张力。

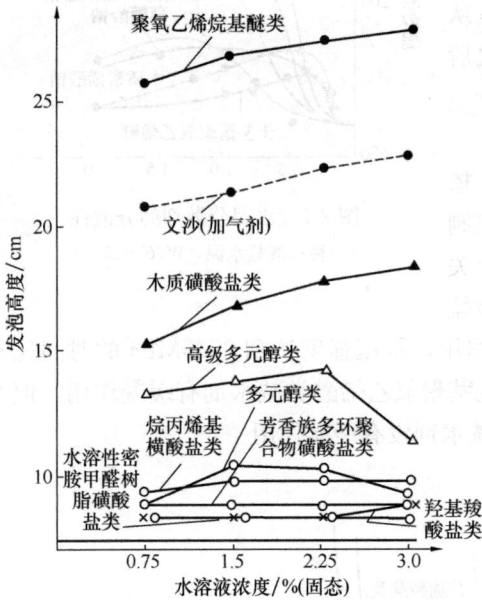

图 2-9　用罗斯迈尔斯法测定各种
减水剂水溶液的发泡力

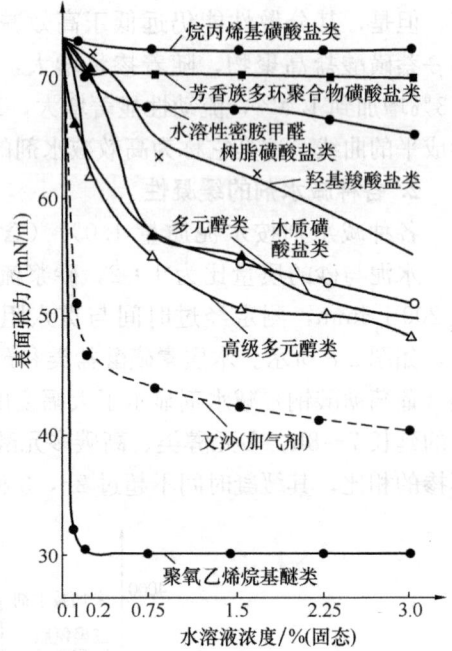

图 2-10　各种减水剂水溶液的表面张力

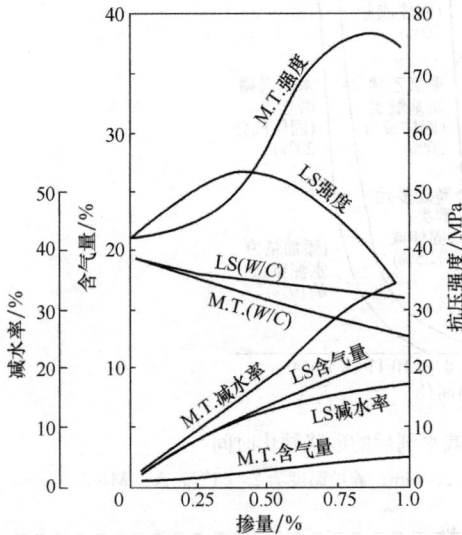

图 2-11　掺高效减水剂（Mighty）或木质素
磺酸盐的混凝土性能

[水泥用量：440kg/m³；W/C：0.39（木钙）；坍落度：5.5±1.0cm；指细骨料体积/总骨料体积：36.3%（M.T.），34.3%（LS）；骨料最大粒径：25mm］LS—木质素磺酸盐；Mighty（M.T.）—萘磺酸盐甲醛缩合物

4. 掺高效减水剂和普通减水剂的混凝土性能

高效减水剂与普通减水剂相比，具有更强的分散作用，并且不缓凝、不引气。因此可用于配制早强高强高密实性混凝土和大流动性混凝土。普通减水剂，例如木质素磺酸盐，在保持稠度不变时可减少混凝土用水量8%～10%，但不能使水灰比降到0.30以下。而高效减水剂可以使水灰比减小到0.25或更低，但仍使混凝土保持较好的流动性。利用同一种水泥配制混凝土，掺木质素磺酸盐减水剂，混凝土强度为50MPa；而相同条件下，采用高效减水剂时，混凝土强度可达80MPa。木质素磺酸盐和高效减水剂的性能比较如图2-11所示。

2.1.3 普通减水剂的特点及适用范围

1. 普通减水剂的特点

普通减水剂不复合早强剂时，具有缓凝性，因品种不同而强弱程度不同。据资料记载，在添加水泥量的 1% 时，缓凝性由强到弱依次为木质素磺酸盐＞羟基羧酸盐＞多元醇＞聚氧乙烯烷基醚。但在应用时根据各自最佳掺量添加，则是多元醇＞羟基羧酸盐＞木质素磺酸盐＞聚氧乙烯烷基醚。

引气性大小排序为聚氧乙烯烷基醚＞木质素磺酸盐＞多元醇＞羟基羧酸盐。

对提高混凝土力学性能由大到小顺序为木质素磺酸盐（木材类）＞多元醇＞羟基羧酸盐＞木质素磺酸盐（非木材类）。

2. 普通减水剂的适用范围

(1) 普通减水剂宜用于日最低气温 5℃ 以上强度等级为 C40 以下的混凝土。

(2) 普通减水剂不宜单独用于蒸养混凝土。

(3) 早强型普通减水剂宜用于常温、低温和最低温度不低于 −5℃ 环境中施工的有早强要求的混凝土工程。炎热环境条件下不宜使用早强型普通减水剂。

(4) 缓凝型普通减水剂可用于大体积混凝土、碾压混凝土、炎热气候条件下施工的混凝土、大面积浇筑的混凝土、避免冷缝产生的混凝土、需长时间停放或长距离运输的混凝土、滑模施工或拉模施工的混凝土及其他需要延缓凝结时间的混凝土，不宜用于有早强要求的混凝土。

(5) 使用含糖类或木质素磺酸盐类物质的缓凝型普通减水剂时，可按《混凝土外加剂应用技术规范》(GB 50119—2013) 附录 A 的方法进行相容性试验，并应满足施工要求后再使用。

2.2 普通减水剂对混凝土性能的影响

2.2.1 普通减水剂对新拌混凝土性能的影响

掺入普通减水剂可显著改善新拌混凝土的流变学特性（如和易性、泵送性）及其他特性（如凝结、整平、塑性收缩等）；提高新拌混凝土的内聚性，减少泌水和离析；降低水化热等。这些特性变化主要源于普通减水剂分子在水化水泥颗粒表面的各种物理化学效应。

1. 普通减水剂对新拌混凝土和易性的影响

(1) 和易性的概念　新拌混凝土的和易性，是指混凝土拌合物易于搅拌、运输、浇筑等施工操作，并能保持密实、均匀、不分层离析的性能。它是包括流动性、黏聚性、保水性等多种性能的综合技术指标。其中，流动性是指混凝土拌合物在自重或外力作用下产生流动的难易程度；黏聚性是指混凝土拌合物在施工过程中，各组成材料间具有一定的黏聚力，不至于产生分层离析现象；保水性是指混凝土拌合物在施工过程中，具有一定的保水能力，不至于产生严重的泌水现象。

通常情况下，混凝土拌合物的流动性越大，则保水性和黏聚性越差，反之亦然。因此，不能简单地将流动性等同于和易性。和易性良好的混凝土应既具有满足施工要求的流动性，又具有良好的黏聚性和保水性。

（2）和易性的测定与评价 混凝土拌合物的和易性是一项极其复杂的综合指标，到目前为止，全世界尚无能够全面反映混凝土拌合物和易性的测定方法，通常是直接测定其流动性，再辅以其他直观观察或经验来综合评定。流动性的测定方法有坍落度法、维勃稠度法、斜槽法、探针法、流出时间法和凯利球法等十多种，对于普通混凝土而言，最常用的是坍落度法和维勃稠度法。对于塑性和低流动性混凝土拌合物的和易性，常以坍落度来表示其流动性和可塑性，并辅以直观经验评定其黏聚性和保水性，前者的坍落度大于30mm，后者的坍落度为10~30mm；而对于（半）干硬性混凝土拌合物，则根据维勃稠度来评价其和易性。

1）坍落度试验方法。将新拌混凝土按规定方法装入标准坍落度筒，装满刮平后，垂直向上将筒提起，混凝土因自重而发生坍落现象，然后量出坍落的最大尺寸即为坍落度，如图 2-12（a）所示。通常，坍落度越大，表明混凝土拌合物的流动性越好。

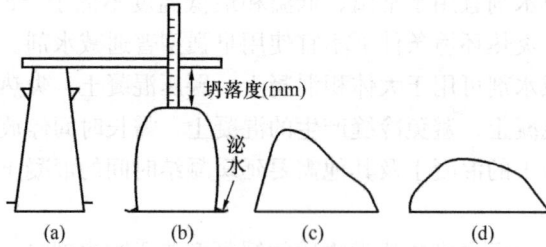

图 2-12　混凝土拌合物和易性测定
（a）坍落度筒；（b）坍落度测试；（c）黏聚性欠佳；（d）黏聚性不良

在测定坍落度的同时，观察混凝土拌合物的黏聚性和保水性情况，以更全面地评定和易性。具体地，黏聚性是通过观察坍落度测试后混凝土所保持的形状，或侧面用捣棒敲击后的形状来判定。当坍落度筒一提起即出现图 2-12 中（b）状，则黏聚性好；敲击后出现（c）状，则黏聚性不够好；敲击后出现（d）状，则黏聚性不良。保水性则是以水或稀浆从底部析出的量来评定。析出量越大，保水性越差，严重时，粗骨料会因表面稀浆流失而裸露。

2）维勃仪测定稠度试验方法。坍落度测试原理是混凝土在自重作用下坍落，而维勃稠度法则是在坍落度筒提起后，施加一个振动外力，以混凝土在外力作用下完全填满面板所需时间（单位：s）来表示混凝土流动性。具体方法如下：在坍落度筒中按规定方法装满拌合物，提起坍落度筒，在拌合物试体顶面放置一透明圆盘，开启振动台，同时用秒表计时，待透明圆盘的底面完全为水泥浆布满时，可以认为混凝土拌合物已振动密实。此时关闭秒表，停止振动，秒表读数即为维勃稠度。一般情况下，时间越短，流动性越好；时间越长，流动性越差。

（3）影响和易性的因素　掺入普通减水剂以改善混凝土和易性为目的时，影响混凝土和易性改善效果的因素主要有水泥用量、水灰比、普通减水剂的种类、掺量及掺入方式、骨料尺寸、形状和表面特征、级配等。

1）设计和易性。混凝土的坍落度越大、水含量越高，普通减水剂改善和易性的效果越显著。如掺入一定剂量的普通减水剂，可使坍落度为 20mm 的基准混凝土坍落度增加 30mm，那么掺入相同剂量的普通减水剂，可使坍落度为 70mm 的基准混凝土坍落度增加 80mm。

2）水灰比。当和易性一定时，掺入普通减水剂可减少混凝土拌合用水量，从而降低水灰比；或者说水灰比一定时，掺入普通减水剂可使混凝土在常规用水量下获得更大的坍落度。这在一定程度上不利于和易性的准确控制，但在对混凝土质量（如强度）影响最小的前提下，通过增加用水量使混凝土拌合物重获所需和易性，特别是在坍落度因高温损失、拌合时间需适当延长的情况下更适用，而且在这种情况下，掺普通减水剂的混凝土拌合物重获所需和易性而增加的用水量比不掺者可减少 20%。

3）普通减水剂类型及掺量。当水灰比一定时，相同掺量的羟基羧酸类普通减水剂增大坍落度的效果比木质素磺酸盐好，如表 2-2 所示。

相同掺量的不同种类普通减水剂改善混凝土和易性的效果　　　　表 2-2

普通减水剂	无	葡萄糖酸钠	葡萄糖	无糖木质素磺酸钠
坍落度/mm	95	195	160	135
坍落度增加/mm	—	100	65	40

注：水泥用量为 300kg/m³，水灰比为 0.68，普通减水剂掺量为水泥质量的 0.1%。

当混凝土配合比及用水量一定时，坍落度随普通减水剂掺量的增加而增大，但当掺量达到一定值（也称饱和点）后，坍落度随掺量增加而增大的幅度明显下降，如图 2-13 所示。

2. 普通减水剂对新拌混凝土减水率的影响

减水率是坍落度基本相同时，基准混凝土与掺外加剂混凝土单位用水量之差与基准混凝土单位用水量之比。

拌合用水量的大小直接关系到混凝土的强度和耐久性。根据水泥水化硬化理论，水泥全部水化的理论水灰比约为 0.227，但在配制混凝土时为了保证足够的流动性，水灰比通常大于此值。这些水化过程不需要的水分称为游离水。游离水可能停留在混凝土结构的毛细孔中，也可能蒸发形成混凝土中的空隙，导致混凝土强度降低，耐久性变差。

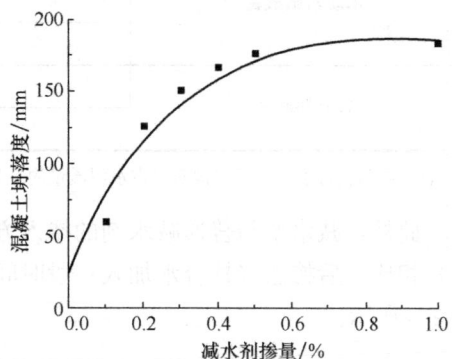

图 2-13　木质素磺酸钙减水剂对混凝土坍落度的影响

混凝土中适量的掺入普通减水剂，就可以在保证混凝土和易性、强度和耐久性等的前提下，尽可能地减少拌合用水量，降低水灰比，这就是普通减水剂的减水作用。而拌合用水量的大小直接关系到混凝土的强度和耐久性。普通减水剂的实际减水率与许多因素有关，主要有以下两类：

1）普通减水剂的类型、掺量及掺入方式。

2）混凝土的设计和易性和水灰比、骨料类型、水泥强度等级、集灰比（骨料水泥质量比）、粉煤灰等掺合料的种类及用量等。

(1) 普通减水剂类型 表 2-3 是和易性和普通减水剂掺量一定时，不同类型普通减水剂的减水率。由表 2-3 可以看出，3 类减水剂中，葡萄糖酸钠的减水效果最好，木质素磺酸盐类的减水率最低。当然，不同类型普通减水剂的减水效果还取决于其有效组分的含量及浓度。

混凝土和易性和普通减水剂掺量一定时，不同种类减水剂的减水率 表 2-3

普通减水剂	坍落度/mm	水灰比	减水率/%
无	95	0.68	—
葡萄糖酸钠	100	0.61	10.3
葡萄糖	95	0.63	7.3
无糖木质素磺酸钠	100	0.65	4.4

注：减水剂掺量为水泥质量的 0.1%。

(2) 普通减水剂掺量及掺入方式 若坍落度一定，则减水率随普通减水剂掺量的增加而增大，当掺量超过一定值后，减水率随掺量增加而增大的趋势不再明显。表 2-4 是集灰比（骨料/水泥）为 5.85，水灰比为 0.55，坍落度为 50mm 的空白混凝土中掺入不同剂量普通减水剂后的减水效果。

普通减水剂掺量不同时的减水效果 表 2-4

普通减水剂类型	掺 量	水 灰 比
木质素磺酸钙	常 量	0.51
	2 倍常量	0.49
	5 倍常量	0.47
羟基羧酸类	2 倍常量	0.48
	5 倍常量	0.46

注：掺量为固态普通减水剂质量占水泥质量的百分数。

此外，减水率与普通减水剂的掺入方式有关。与同掺法（普通减水剂与拌合水一起掺入）相比，后掺法（拌合水加入一段时间后再掺入普通减水剂）可获得更高的减水率，如表 2-5 所示。

普通减水剂掺入方式对混凝土和易性或减水率的影响 表 2-5

掺入方法	水灰比	坍落度/mm	减水率/%
不掺	0.59	100	—
与拌合水一起掺入	0.55	88	6.8
推迟 2min 掺入	0.55	163	6.8

注：普通减水剂为木质素磺酸钙，掺量为水泥质量的 0.225%。

(3) 集灰比 对于集灰比低（水泥用量高）的混凝土，羟基羧酸类普通减水剂的减水效果比木质素磺酸盐类好。相反，木质素磺酸盐类普通减水剂对集灰比高（水泥用量低）的混凝土减水率高。

(4) 设计和易性 混凝土的设计和易性越高，在掺入普通减水剂后，混凝土的减水率越高，水灰比降低越多。表 2-6 是水泥用量为 $300kg/m^3$，拌合天然砂砾骨料和砂子的混凝土中掺入常量的木质素磺酸盐减水剂后，不同设计坍落度下的水灰比降低情况。

普通减水剂的减水率与设计坍落度的关系   表 2-6

设计坍落度/mm	水灰比降低/%
50	5～8
75	8～10
100	10～12
150	12～15

（5）水泥特性 木钙减水剂降低水灰比的有效性随水泥中铝酸三钙或碱含量的增加而降低。研究发现：用 C_3A 含量在 $9.44\%\sim14.7\%$ 范围内的 3 种水泥配制混凝土，为得到相近的和易性，木钙减水剂掺入量应分别为 $4\%\sim10\%$。

（6）其他因素 骨料类型、形状及来源对减水率也有影响。当以粉煤灰为掺合料或部分替代水泥时，为确保相同的减水率，需增大普通减水剂掺量，其原因可能是粉煤灰对减水剂的吸附能力更强。

3. 普通减水剂对新拌混凝土坍落度损失（率）的影响

在混凝土配合比一定的情况下，和易性是混凝土适用性及质量的评价指标，此时的和易性常以坍落度来衡量。混凝土从拌合达到所需和易性（初始坍落度）到浇筑，需要有一段运输、停放时间，这段时间内混凝土和易性往往会变差，亦称为坍落度（经时）损失。

通常，掺入普通减水剂可延长混凝土的振捣时限，也即具有一定的缓凝效果，为此人们便设想掺入普通减水剂可能会降低混凝土的坍落度损失。但是实验室和工程试验发现，一般情况下，掺入普通减水剂会增大混凝土的坍落度损失。这似乎表明掺入普通减水剂使得混凝土坍落度更容易受用水量影响。

（1）影响坍落度损失（率）的因素

1）掺入普通减水剂的目的。当水灰比恒定，掺入普通减水剂以改善和易性为目的时，混凝土的坍落度损失率增大，但是混凝土坍落度的增大幅度更大，因此可以在较长时间内保持很好的和易性。换句话说，在制备和易性要求不高的混凝土时，普通减水剂掺入引起的坍落度损失增大不会影响混凝土的正常制备。当然高温、长途运输等特殊情况除外。

当初始坍落度恒定，掺入普通减水剂以减水、增强为目的时，混凝土坍落度损失率增大。

2）普通减水剂类型及掺量。混凝土中掺入普通减水剂时，坍落度损失率增大，但掺入缓凝减水剂时，坍落度损失率有所减小。同时，也有试验结果表明，掺入普通减水剂或缓凝减水剂后，混凝土坍落度损失减小，这可能与混凝土的假凝现象有关。

混凝土的坍落度损失率随普通减水剂掺量的增大而减小。

3）水泥种类。对于碱含量高的水泥，掺入木质素磺酸盐、羟基羧酸减水剂不会引起坍落度损失的明显变化；而掺入糖类减水剂会引起坍落度损失率明显增大；若掺入糖类减水剂的同时，掺入一定量的硫酸钙，特别是 50% 的二水石膏与 50% 的半水石膏，则坍落度损失率显著降低。由此可见，坍落度损失的原因可能是水泥硫酸盐含量不足或碱含量高促进了钙矾石的形成。

（2）减小坍落度损失的措施　在施工操作现场，采用普通减水剂后掺法或和易性损失后再掺入一定量的普通减水剂都可以缓解，甚至避免坍落度损失。此外，还可以通过调整水泥的硫酸盐含量、普通减水剂类型及用量、混凝土操作温度等方法来缓解普通减水剂掺入引起的坍落度损失。

4. 普通减水剂对新拌混凝土含气量的影响

混凝土拌合过程中会引入一定量的空气，这些引入的空气可通过振捣方式除去。混凝土中引入适量微小气泡有利于改善和易性，降低泌水性，提高抗渗性及抗冻融性，但是过度引气可能降低塑性混凝土的密度，延缓硬化，并影响硬化混凝土的性能，如抗压强度等。有研究表明，含气量每增加 1%，强度下降 4%～5%。

混凝土中掺入普通减水剂，在改善和易性的同时，也可能改变含气量，且含气量变化随减水剂种类及掺量的不同而不同。通常，使用常规剂量的普通减水剂，引气量（体积比）可达 2%～3%；如果超剂量掺入引气减水剂（如未精制的木质素磺酸盐类），引气量可达 7%～8%，特别是在温度较低时更为显著。表 2-7 是坍落度为 50mm，水泥用量为 300kg/m³ 的混凝土拌合物中掺入常规剂量不同减水剂后的含气量。

混凝土中掺入减水剂后的含气量变化　　　　　　　表 2-7

减水剂类型		含气量（体积）增加/%
普通减水剂	木质素磺酸盐	0.4～2.7
	木质素磺酸盐＋三丁基磷酸盐	0.3～0.6
	羟基羧酸类	−0.2～0.3
促凝减水剂	木质素磺酸盐＋氯化钙或甲酸盐	0.3～0.5
	羟基羧酸＋氯化钙	0.8～1.6
缓凝减水剂	高糖木质素磺酸盐	1～2
	羟基羧酸	0
	低聚糖	−0.2～0
引气减水剂	木质素磺酸盐＋表面活性剂 0.9%～2.6%	3～5
	羟基羧酸＋表面活性剂	0.4～2.7

所以，掺用普通减水剂时应特别注意含气量变化。若掺用减水剂引入的空气量超过预期值，则应掺用精制的普通减水剂或消泡剂；若掺入普通减水剂引入的空气量不能满足混凝土抗冻融所需，则应掺入引气剂，此时引气剂的掺量应视含气量相应调整。

5. 普通减水剂对新拌混凝土稳定性的影响

新拌混凝土的稳定性可用黏聚性或泌水性来表示。

（1）黏聚性　黏聚性是指混凝土拌合物各组分间具有一定的内聚力而不致产生分层和离析现象的能力。黏聚性差，拌合物各组分会按密度不同而分层离析，进而致使匀质性变差。

目前混凝土拌合物黏聚性还没有定量的测定方法。直观的评价方法是将混凝土立方体试件振动 10min 后劈开，通过观察粗骨料的分布情况来分析混凝土的离析趋势。坍落度增大，水泥用量降低，骨料用量及粒径增大都会增加离析趋势。

通常，当混凝土中掺入普通减水剂以减水增强为目的时，黏聚性显著提高；当掺入普通减水剂以改善工作（和易）性为目的时，尽管用水量相对较高，但是仍可以保持很好的黏聚性。图 2-14 是掺入木质素磺酸盐减水剂前后，混凝土和易性与黏聚性关系曲线。可见，在和易性一定的条件下，掺入木质素磺酸盐减水剂有利于提高混凝土的黏聚性。

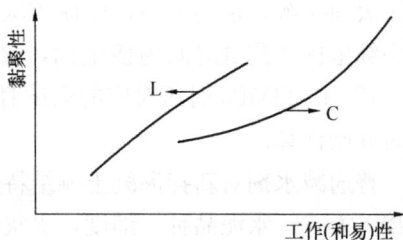

图 2-14　掺木质素磺酸盐减水剂的混凝土
和易性与黏聚性关系
C—基准混凝土；L—掺木质素磺酸盐
减水剂的混凝土

此外，也有研究表明，若水灰比恒定，新拌水泥浆中掺入 0.1% 的木质素磺酸钙可增大离析沉降率，其原因是增强了水泥颗粒的活动性。当木质素磺酸钙掺量增大到 0.25%，水泥颗粒活动性进一步增强并导致沟流泌水，因此沉降率更大。

（2）泌水性　泌水是指新拌混凝土中拌合水析出于表面的现象。泌水或与离析有关，或是离析的表现形式。过度泌水可能引起塑性沉降，最终导致混凝土表面开裂，也可能使得水分在钢筋周围聚集而影响钢筋-混凝土的粘结强度。但是，在某些情况下促进泌水是有利的，比如在燥热和大风天气条件下，当混凝土表面水分蒸发速率超过泌水速率时，促进泌水有利于避免混凝土表面产生塑性裂纹。此外，泌水严重的混凝土可能强度更高，其主要原因是泌水后表面水分蒸发，使混凝土的有效水灰比降低。

普通减水剂对新拌混凝土泌水率和泌水量的影响与普通减水剂类型及掺量、混凝土坍落度、水灰比等因素有关。

（1）普通减水剂类型　通常，掺入任何普通减水剂，只要不显著增加含气量，都会增大塑性混凝土的泌水率和泌水量。木质素磺酸盐类减水剂通常具有引气功能，所以可减少泌水；羟基羧酸类减水剂或缓凝减水剂则可能增大泌水率；引气减水剂不管是用来改善和易性，还是减小水灰比，均不会增加泌水率。

此外，当水灰比恒定时，水泥浆或水泥砂浆中掺入阴离子型普通减水剂降低泌水率的效果比引入空气降低泌水率的效果要更显著。但这一规律是否适用于羟基化的阴离子型普通减水剂还有待验证。

（2）其他因素　新拌混凝土泌水率还与水泥、骨料的类型、含量、细度等有关。水泥细度越细、骨料中的微粒增多、砂率增大都可以降低泌水率。碱含量或 C_3A 含量高的水泥，一般也不会发生泌水现象。提高水泥用量，掺用矿物外加剂等同样可以降低混凝土的泌水量。

6. 普通减水剂对新拌混凝土凝结特性的影响

凝结时间是混凝土施工的一项重要参数，对于大体积混凝土的施工尤为重要。混凝土的凝结时间与水泥的凝结时间有相似之处，但因骨料的掺入、水灰比的变化及外加剂的应用而有所差异。《混凝土外加剂》（GB 8076—2008）规定用贯入阻力法测定混凝土中水泥砂浆的初凝和终凝时间来表征混凝土的凝结时间。初凝是指混凝土加水至失去塑性所经历的时间，也就是施工操作的时间极限；终凝则是指混凝土加水到产生强度所经历时间。初凝时间适度延长有利于施工操作，而终凝与初凝的时间差一般越短越好。

贯入阻力法测定凝结时间的方法：测试时，将砂浆筒置于测试平台上，将试针端部与砂浆表面接触，按动手柄，徐徐加压，记录其贯入压力。每隔 1h 测定一次。以贯入阻力值为纵坐标，测试时间为横坐标，绘制贯入阻力值－时间曲线。曲线上贯入阻力分别达 3.5MPa 和 28MPa 时所对应的测试时间即为初凝和终凝时间。凝结时间则从水泥与水接触时开始计算。

普通减水剂对新拌混凝土凝结特性的影响与诸多因素有关，如普通减水剂类型、掺量及掺入方式，水泥品种、细度，水灰比（拌合用水量），环境条件等。其中，拌合用水量的影响最大。

（1）普通减水剂类型 与基准混凝土相比，掺入普通减水剂会不同程度地延缓混凝土的凝结时间，因为普通减水剂分子结构中通常含有羟基和羧基。表 2-8 总结了普通硅酸盐水泥用量为 300kg/m³，坍落度为 50～100mm，初凝时间为 7～8h 的参比混凝土中掺入普通减水剂后的初凝时间变化。

普通减水剂延长混凝土初凝时间（20℃）　　　　　　　表 2-8

普通减水剂	掺 量	初凝时间延缓/h
高质量等级木质素磺酸钙	常 量	4
	2 倍常量	10
高质量等级 木质素磺酸钙	3 倍常量	16
羟基羧酸类（缓凝型）	常量	6
	2 倍常量	12
	3 倍常量	17
木质素磺酸盐＋氯化钙（促凝型）	常量	—1
木质素磺酸钠	常量	0.5
	2 倍常量	2.0
	3 倍常量	3.5

由表 2-8 可见，就初凝时间而言，掺入木质素磺酸钙、羟基羧酸类减水剂后，混凝土的初凝时间延长，便于装卸、运输、停放等工程操作；木质素磺酸钠延长初凝时间的效果不明显；而含少量氯化钙、三乙醇胺的木质素磺酸盐促凝减水剂中，氯化钙、三乙醇胺的促凝作用抵消了主要减水活性组分的缓凝作用，所以凝结时间与基准混凝土相差±1h。

（2）普通减水剂掺量及掺入方法 普通减水剂掺入过量可能引起过分缓凝而延长养护时间。但是，如果混凝土养护合理，而且强度达到一定要求时再脱模，则普通减水剂掺入过量不影响后期强度发展。

对于普通减水剂，与同掺法相比，后掺法改善和易性的效果更显著，但也更容易引起初凝时间延长，此时可适当减小掺量。对于促凝减水剂，可采用后掺法来缓解其加速混凝土初凝的现象。总之，普通减水剂对混凝土凝结特性的影响只有通过具体实验才能获得准确信息。

表 2-9 是普通减水剂掺入方式和掺量对混凝土凝结时间和强度的影响。

普通减水剂掺入方式、掺量对混凝土凝结时间、强度的影响　　　　　表 2-9

普通减水剂掺入方式		基准混凝土（参数）	普通减水剂与拌合水一起掺入	普通减水剂在拌合的最后阶段掺入	混合料拌合 30s 后，普通减水剂与部分拌合水掺入	
掺量/%		—	0.25	0.25	0.25	0.20
水灰比		0.60	0.56	0.53	0.54	0.55
凝固时间/min	初凝	140	170	210	185	165
	终凝	405	425	490	450	430
抗压强度/MPa	1d	4.1	6.2	6.0	5.4	6.0
	3d	9.7	17.1	17.4	17.4	16.9
	7d	20.2	28.6	29.7	29.2	27.9
	28d	35.1	39.7	42.3	41.0	39.3

注：掺量为固态普通减水剂质量占水泥质量的百分数。

（3）水泥类型　普通减水剂对混凝土凝结时间的影响与所用水泥品种有关。通常情况下，相对普通硅酸盐水泥而言，普通减水剂对火山灰水泥、矿渣水泥的缓凝效果更显著，如表 2-10 所示。

木质素磺酸钙减水剂对不同种类水泥凝结时间的影响　　　　　表 2-10

水泥类型	拌合水/%		初凝时间/min		终凝时间/min	
	不掺	掺	不掺	掺	不掺	掺
普通硅酸盐水泥	28.0	26.5	231	189	411	735
火山灰水泥	30.0	29.0	300	496	471	945
矿渣水泥	29.0	27.0	270	531	424	1040

注：木质素磺酸钙减水剂掺量为水泥质量的 0.2%。

（4）环境温度　普通减水剂掺量一定，若缓凝效果与初凝、终凝时间关联，则减水剂掺入引起的初凝、终凝时间延长随温度而变化。如果初凝、终凝时间与初凝、终凝时间占基准混凝土达到相同凝结程度所需时间的百分数关联，则减水剂掺入引起的凝结时间延长随温度变化不显著。

高温天气时，缓凝效果评价实验温度应比标准规定温度相应升高，而且拌合时间应适当延长。

（5）其他因素　在水工混凝土或大体积混凝土的浇筑过程中，往往需要混凝土拌合物缓凝，以避免出现施工冷缝。但有时为了使管道、隧道衬砌混凝土在浇筑后 12～24h 达到一定强度，以便尽早脱模；冬天为了使混凝土板材能提前整平；为了抢险、补救和灌浆的需要，又要求混凝土拌合物快硬、早强，这样就需要按实际情况选择缓凝减水剂、促凝减水剂或早强减水剂。

7. 普通减水剂对新拌混凝土水化热及绝热温升的影响

水泥水化硬化是一个放热过程，其放热周期很长，但大部分水化热在水泥浆凝结硬化的初期释放出来。对于水工混凝土或大体积混凝土，必须尽可能地降低水化放热量或放慢水化放热过程，否则混凝土内部会产生温度梯度，温度应力作用最终致使裂缝产生。

普通减水剂对水泥水化过程不同阶段的影响不同，在水化初期，即水化开始进行的几十分钟（约 40min）之内，C_3A 水化形成钙矾石阶段，普通减水剂可加速水化进程；在水化早期，即水化开始后的若干小时（约 40min～6h）之内，（硅酸三钙）水化阶段，普通减水剂可减缓水化进程；而在水化中后期，即水化开始后的若干天内，普通减水剂继续减缓水化进程。

普通减水剂掺入对水化进程的影响主要体现在对水化热及绝热温升的影响。其具体如下：

（1）水化热 掺普通减水剂混凝土的 28d 水化放热总量与不掺减水剂的参比混凝土大致相同，但初期水化进程（如 3～10h）减缓，水化放热峰值推迟出现，而且峰值减小。掺入缓凝减水剂，可延缓初期水化进程，可减少初始水化放热，从而减少裂纹，特别是在高温天气。相反，在气温较低时，掺入促凝减水剂可加速初期水化进程。鉴于此，Forbrich 研究发现，可以通过调节木质素磺酸钙、邻羟基苯甲酸和氯化钙混合物的配比来控制水泥水化初期放热过程。

与普通减水剂掺量相比，水泥种类对水化热的影响更显著。研究发现，普通硅酸盐水泥及矿渣水泥中掺入 0.25% 的木质素磺酸钙时，初期水化放热量、水化放热峰值的最高温度都低于不掺减水剂的参比混凝土，但是普通硅酸盐水泥的水化放热峰值推迟 3h 出现，而矿渣水泥约推迟 8h。出现（硅酸三钙）上述结果的原因是，掺入减水剂后，水泥颗粒表面的减水剂吸附膜层减缓了水泥矿物相 C_3A（铝酸三钙）和 C_3S 的水化速率，推迟了水化放热过程。

（2）绝热温升 若水泥用量一定，掺普通减水剂混凝土的绝热温升取决于普通减水剂对混凝土水化速率和水化放热过程的影响。通常，掺缓凝减水剂的混凝土，水化早期（如 3d 龄期）的绝热温升与基准混凝土基本相同，但是水化后期比基准混凝土略高。掺促凝减水剂混凝土的绝热温升现象正好与此相反。

若混凝土坍落度和强度一定，掺普通减水剂可降低水灰比，减小水泥用量，所以水化绝热温升减小。Wallace 和 Ore 研究发现，混凝土中掺入普通减水剂可使水泥用量减小 5%，28d 绝热温升降低 4.5℃。

8. 普通减水剂对新拌混凝土外观、泵送性、匀质性等的影响

（1）外观 若坍落度一定，与基准混凝土相比，掺普通减水剂混凝土尽管水泥用量减少，但黏稠度好，且不会出现水泥灰浆-骨料分离现象。

（2）泵送性 若水灰比一定，掺普通减水剂混凝土的和易性改善，泵送性提高。

如果坍落度一定，掺普通减水剂混凝土的拌合水用量、水泥用量降低，但泵送性提高，有利于节约泵送能耗。有研究表明，坍落度为 100mm 的混凝土，掺入木质素磺酸盐减水剂后可节约 30% 的泵送能耗。

此外，混凝土中掺入某些普通减水剂可提高含气量，也有利于改善其黏聚性、塑性，提高泵送性。

（3）匀质性 混凝土拌合过程中，为保证匀质性，水灰比需保持恒定。然而，操作温度变化是引起混凝土水含量波动的主要因素之一，即操作温度的小幅升高就可能引起水含量的大幅波动，因而影响混凝土质量。操作温度升高，混凝土达到相同坍落度所需拌合用水量增加，此时为保证坍落度和水灰比恒定，可适当增大普通减水剂掺量，且掺量需准确控制。有研究表明，操作温度从 4.4℃ 升高到 37.3℃，普通混凝土的用水量需增加 21kg/

m^3；若掺入普通减水剂，则用水量只增加 $8kg/m^3$ 就可以获得同样的坍落度。

与普通混凝土相比，掺普通减水剂混凝土的坍落度更容易受到骨料湿度——水含量的影响。所以，当掺用普通减水剂时，骨料湿度必须准确测定，以保持混凝土体系的和易性和水灰比恒定。

（4）整平特性　掺普通减水剂或缓凝减水剂混凝土的塑性提高，可在浇筑数小时后振捣，从而大大减少空鼓和施工冷缝；同样可延长混凝土板材抹灰与表面整平的时间间隔，从而有利于大型混凝土板的表面抹光，减少抹光人力消耗。

操作温度升高，混凝土表面容易缺水，此时即使掺入缓凝减水剂也不能完全缓解表面结硬皮。这种情况下，需精心养护，并适当延长养护时间，以保证整个混凝土板材的同步凝结，否则在整平机（抹光机）的重压下，混凝土板材将可能出现表层卷曲、开裂现象。

（5）塑性收缩　混凝土拌合物刚成型后，固体颗粒下沉，混凝土表面易出现泌水现象。当表面水分蒸发速率大于泌水速率时，在表面张力作用下混凝土表面会产生收缩，称为塑性收缩。

如果裂缝由塑性收缩引起，则普通减水剂或缓凝减水剂掺入会使裂缝产生更严重，因为普通减水剂或缓凝减水剂可通过缓凝作用而增强塑性收缩，此时应采取必要措施避免混凝土水分流失；如果裂缝产生是因为早期水化进程加快，水化热释放加速，则掺入缓凝减水剂可避免裂缝产生。

2.2.2　普通减水剂对硬化混凝土性能的影响

在混凝土中掺入减水剂会对硬化混凝土的物理、力学性能及耐久性产生不同程度的影响。其中：

物理性能包括相对密度，比表面积，孔隙率及孔分布等微观结构；

力学性能包括强度、弹性模量、钢筋—混凝土粘结、耐磨性等；

耐久性包括抗渗性、耐腐蚀性、抗冻融性、变形（收缩与徐变）、钢筋锈蚀、碱—骨料反应等。

1. 普通减水剂对硬化混凝土物理性能的影响

（1）相对密度　若混凝土中掺入普通减水剂在减少拌合用水量、降低水灰比的同时，未引起含气量显著增加，则在强度一定的情况下，掺普通减水剂混凝土的相对密度比不掺减水剂的参比混凝土大。Vollick 研究发现，在含气量一定的情况下，掺普通减水剂使混凝土相对密度增大 0.6%～1.2%。

（2）比表面积　当水灰比一定时，掺木质素磺酸盐减水剂水泥浆的 BET 比表面积及由孔分布曲线计算得到的累积表面积都有所增大，如表 2-11 所示。

掺普通减水剂前后水泥浆 7d 龄期的比表面积　　表 2-11

水 泥 类 型	BET 比表面积（m^2/g）	
	不　　掺	掺
硅酸盐水泥	43.2	47.6
火山灰水泥	45.4	47.1
矿渣水泥	43.7	46.0

注：水泥浆水灰比为 0.5，木质素磺酸钙普通减水剂掺量为水泥用量的 0.20%。

（3）微观结构　普通减水剂对硬化混凝土微观结构的影响主要体现在以下两方面：

1）水泥石网络结构。普通减水剂可减缓水泥的早期水化进程，故掺普通减水剂混凝土的早期水泥水化速度较慢，水化结晶产物生长缓慢，有利于晶体发育完整，从而使得硬化混凝土中水泥石网络结构更加均匀密实。

2）孔隙率及孔分布。普通减水剂对水泥浆及混凝土孔隙率的影响与水化程度和水灰比有关。

对于龄期较长的水泥浆，普通减水剂掺入对水化程度的影响不大，因此和易性一定，掺入普通减水剂以减水增强为目的时，孔隙率随水灰比的降低而减小。

水灰比一定时，对于普通硅酸盐水泥、火山灰水泥及矿渣水泥，普通减水剂掺入不会引起孔隙率和孔分布规律的显著变化，如表 2-12 所示。

掺普通减水剂前后水泥浆 7d 龄期的孔容　　　　　　　　　　表 2-12

水泥类型	孔径小于 20nm 孔容/（cm³/g）	
	不掺	掺
普通硅酸盐水泥	0.12	0.11
火山灰水泥	0.11	0.11
矿渣水泥	0.10	0.10

注：水泥浆水灰比为 0.5，木质素磺酸钙普通减水剂掺量为水泥质量的 0.20%。

然而，庞煜霞等研究发现，随木质素磺酸盐掺量的增加，硬化水泥浆中 3nm 以上的孔显著减少，而 10nm 以下的微孔数量大幅度增加，平均孔径减小。

2. 普通减水剂对硬化混凝土力学性能的影响

硬化混凝土的力学性能包括抗压强度、抗拉强度、抗弯强度、弹性模量、钢筋-混凝土粘结强度、耐磨性等，这些性能之间互相关联，相互影响，其中某一性能的变化通常会引起其他性能的相似变化，只是变化幅度不同而已。

（1）强度　任何混凝土都是用以承受载荷或抵抗各种作用力的，所以强度是混凝土最重要的力学性能。此外，工程应用中还要求混凝土具有抗渗性、抗冻融性、耐腐蚀性等，而这些性质都与强度密切相关。所以，强度是混凝土配合比设计、施工控制和质量检验评定的主要技术指标，而各种强度指标中，抗压强度数值最大，也是最重要的技术指标。

1）抗压强度。按照《普通混凝土力学性能试验方法标准》（GB/T 50081—2002），混凝土抗压强度为边长 150mm 立方体标准试件抗压强度。但是，实际工程应用中，钢筋混凝土结构形式很少是立方体，大部分是棱柱体或圆柱体，所以混凝土的轴心抗压强度，亦称棱柱体抗压强度在工程中应用相对较为广泛。

在正常养护条件下，混凝土强度随龄期的增长而提高，而且在一定的温度、湿度条件下，强度增长可持续十多年之久。最开始的 7～14d 内，强度增长较快，28d 以后强度增长缓慢，所以 28d 强度至关重要，如图 2-15 所示。

水泥强度等级、骨料特性、水灰比、养护条件（温度和湿度）、龄期等都对混凝土强度及

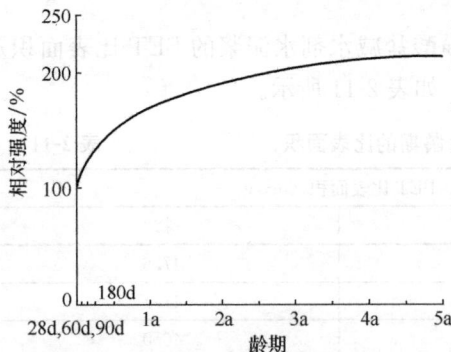
图 2-15　混凝土强度与养护时间关系

强度发展规律有影响。

① 28d 抗压强度。对于掺木质素磺酸盐或羟基羧酸类减水剂的混凝土，28d 抗压强度是水灰比的函数，可用混凝土强度经验公式（又称 Abram 鲍罗米公式）表示：

$$R = AR_c\left(\frac{C}{W} - B\right) \tag{2-1}$$

式中　R——混凝土的立方体抗压强度；

　　A、B——与骨料种类有关的经验常数；

　　　R_c——水泥的实际强度；

　　C/W——灰水比，即 1m³ 混凝土中水泥用量与水之比。

通常认为，掺入普通减水剂可提高混凝土的 28d 强度。其原因是普通减水剂在减水、降低水灰比的同时，因为其对水泥的分散作用，提高了水泥水化程度，减小了混凝土内部孔隙率。

掺用引气减水剂时需特别注意，因为其减水作用可提高抗压强度，但其引气功能会增加混凝土含气量，从而有可能降低抗压强度。为此，可将引入的空气量视为等体积的水来计算相应的隙灰比，由此来综合评价引气减水剂对抗压强度的影响。Mielenz 研究了掺入水泥质量 0.266% 的木质素磺酸钙普通减水剂前后混凝土 28d 抗压强度与水灰比、隙灰比间的关系，得到如下关系式：

$$S_a = 8518 - 183V_a \tag{2-2}$$

$$S_p = 8190 - 1992V_p \tag{2-3}$$

式中　S_p——参比混凝土的 28d 抗压强度；

　　S_a——掺普通减水剂混凝土的 28d 抗压强度；

　　V_p——参比混凝土水灰体积比；

　　V_a——掺普通减水剂混凝土的隙灰体积比。

对于水泥用量和含气量一定的基准混凝土，若掺入引气减水剂，则减水率为 5% 时，28d 强度可提高 19%；若掺入非引气型减水剂，则减水率为 10% 时，28d 强度仅提高 15%。

Wallace 和 Ore 系统研究了普通减水剂及缓凝剂对结构混凝土和大体积混凝土强度的影响。实验研究结果表明，如果水泥用量和坍落度一定，抗压强度平均可提高 20%；工程应用研究表明，若强度和坍落度一定，水含量相当，可节约水泥约 8%。

总之，不管是普通水泥，还是火山灰水泥，掺入普通减水剂都可以在坍落度和水泥用量一定的情况下，提高 28d 抗压强度；或在坍落度和 28d 抗压强度一定的情况下，减水、节约水泥，只是强度提高幅度及节约水泥量难以预测，由于不同水泥在普通减水剂存在下的行为特性差异很大。

② 其他龄期抗压强度

a. 1d 龄期抗压强度

水灰比一定时，掺入木质素磺酸盐、葡萄糖酸钠或蔗糖减水剂会降低混凝土早期（1d）抗压强度，其原因是上述普通减水剂有一定的缓凝效果，延缓了水泥的早期水化进程，而且减水剂掺量越大，对水化进程的减缓作用越显著。

坍落度一定时，掺促凝减水剂混凝土的 1d 抗压强度比基准混凝土有所提高，而且提高效果与减水剂的掺量及掺入方式、水泥种类有关。

当水泥用量和坍落度一定时，掺普通减水剂混凝土的1d抗压强度降低相对较小，而且降低幅度与普通减水剂类型有关。

b. 3d、7d龄期抗压强度

掺普通减水剂混凝土的3d、7d龄期强度的提高通常比28d龄期强度的提高更明显。当水灰比一定时，即使掺入缓凝减水剂，只要不超剂量掺用，抗压强度通常比不掺减水剂的参比混凝土高。

c. 28d以上龄期抗压强度

就耐久性而言，混凝土在28d之后若干年内强度的持续发展很重要。

掺普通减水剂混凝土的强度发展规律取决于所掺用普通减水剂对凝结特性的影响，即掺用促凝型、缓凝型或普通减水剂的强度发展规律不同。Wal lace和Ore长达5年之久的研究结果显示，普通减水剂掺入对混凝土28d后强度发展规律的影响与对28d强度的影响基本相似。

2) 抗拉强度。混凝土在直接受拉时，很小的变形就会开裂，换句话说，混凝土的抗拉强度要低很多，通常只有抗压强度的$1/10\sim1/20$，而且混凝土的强度等级越高，其比值越小。因此，混凝土在工程应用中，通常不依靠其抗拉强度，但抗拉强度对于混凝土开裂现象有重要意义，尤其是在钢筋混凝土结构设计中，抗拉强度是确定混凝土抗裂度的重要指标。

混凝土抗拉强度测定有2种方法：一种是用棱柱体试件直接测定轴向抗拉强度；另一种是测定劈裂抗拉强度，简称劈拉强度。测定轴向抗拉强度时，由于载荷作用线难于对准试件轴心方向，容易产生偏拉，且夹具处由于应力集中常发生局部破坏，所以试验测试较困难，测试值的准确度也较低。现在国内外都采用劈拉强度。《普通混凝土力学性能试验方法标准》（GB/T 50081—2002）规定，混凝土劈拉强度采用边长为150mm的立方体试件作为标准试件。

纵观现有的掺普通减水剂前后混凝土抗拉强度的实验数据结果，大体可以得到这样的规律：掺普通减水剂混凝土的抗拉强度与参比混凝土相当或稍高。

3) 抗折（抗弯拉）强度。实际工程应用中，经常出现混凝土构件在弯曲载荷作用下发生断裂破坏的现象，因此在进行路面或机场跑道结构设计及混凝土配合比设计时，抗折强度是主要强度指标。根据国家标准《普通混凝土力学性能试验方法标准》（GB/T 50081—2002），混凝土抗折强度采用150mm×150mm×600mm（550mm）的棱柱体试件作为标准试件，采用三分点荷载法测定。

抗折强度测试值通常比抗拉强度测试值稍偏大。

若坍落度和水泥用量一定，掺木质素磺酸盐、羟基羧酸类减水剂混凝土的7d至1a龄期抗折强度可提高10%左右。抗折强度一定时，掺入普通减水剂可节约水泥15%。

若水灰比一定，掺木质素磺酸盐减水剂的火山灰水泥、硅酸盐水泥、矿渣水泥的3d及更长龄期的抗折强度都有不同程度地提高。

4) 抗压强度与抗拉强度、抗折强度关系。普通减水剂掺入对混凝土抗压强度与抗拉强度、抗折强度关系曲线的影响方面，现有文献非常有限。图2-16是掺普通减水剂前后混凝土抗压强度、抗拉强度与抗折强度测定结果的部分文献资料总结。从图2-16中数据大体可以看出：木质素磺酸盐、羟基羧酸类减水剂掺入对混凝土抗压强度与抗拉强度、抗折强度的关系基本无影响。

5）抗剪强度。掺木质素磺酸盐、羟基羧酸类减水剂的混凝土的抗剪强度通常比不掺者高。

（2）弹性模量 通常认为弹性模量与抗压强度的平方根成比例。事实上，对于混凝土而言，二者之间并无确定的定量关系，而且不同文献来源的掺普通减水剂混凝土弹性模量数据的可比性不高，所以只能说普通减水剂对混凝土弹性模量影响的大体规律如下：

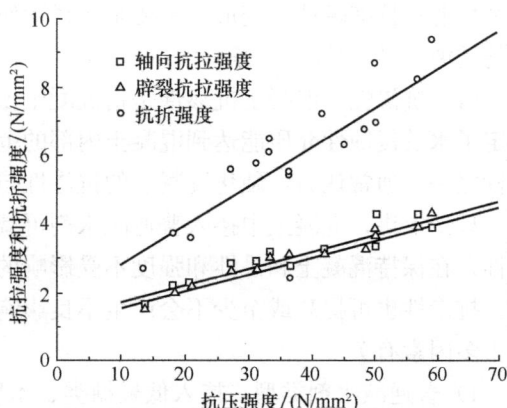

图 2-16 掺普通减水剂前后混凝土抗压强度、抗拉强度及抗折强度部分试验数据

混凝土中掺入木质素磺酸盐减水剂，以减水、节约水泥为目的时，集灰比增大，1～5a 龄期的弹性模量增加 $2\%～8\%$，是因为骨料的弹性模量比水泥高。

在和易性及 28d 抗压强度基本相当的情况下，普通减水剂对早龄期混凝土的动弹性模量的影响较大，但经过 28～35d 的养护，普通减水剂对动弹性模量的影响减小，甚至消失。

此外，普通减水剂对混凝土弹性模量的影响与骨料类型、水灰比等因素有关。

（3）钢筋—混凝土握裹（粘结）强度 一般认为，钢筋—混凝土握裹力源于：

1）化学黏附力，即由水泥水化产生胶体与钢筋表面的黏附力，数值约为1.4～2.1MPa。

2）摩擦力，即钢筋与混凝土间因表面粗糙产生的摩擦阻力，自钢筋与混凝土间产生微滑动开始，握裹力由混凝土与钢筋表面摩擦作用提供。

3）楔形作用，即当钢筋与混凝土间进一步滑移时，混凝土与钢筋竹节间的互锁作用。

到目前为止，仍然没有一种适当的标准方法来计算混凝土的握裹强度。

混凝土中掺入木质素磺酸盐减水剂后，水灰比降低，握裹强度增加 $15\%～20\%$。握裹力一定时，掺入普通减水剂可减小钢筋与混凝土间的滑移。除此之外，掺入普通减水剂可减少泌水和收缩，提高黏聚性，因此有利于提高握裹强度。

（4）耐磨性 耐磨性是路面、机场跑道、桥梁混凝土的重要性能指标之一。有文献报道，耐磨性与抗压强度成比例，所以掺入普通减水剂可提高耐磨性。也有文献认为，缓凝减水剂可改善混凝土抹平性能，尤其是在夏天，因此有利于提高耐磨性。

3. 普通减水剂对硬化混凝土耐久性的影响

混凝土耐久性是指混凝土在设计使用寿命下抵抗外部和内部不利因素的长期作用，保持其原有设计性能和使用功能的能力。外部因素包括硫酸盐、氯盐等腐蚀性介质的侵蚀，冻融循环破坏，碳化，水压渗透，干湿循环引起的风化，载荷应力等；内部因素主要有碱—骨料膨胀反应，自身体积变化等。通常，混凝土构件中各类化学物质的迁移率越低，耐久性越好，这就意味着耐久性好的混凝土必须裂纹少，密实性好，抗渗性高。

混凝土耐久性包括抗渗性；耐腐蚀性，即耐侵蚀性介质（硫酸盐、海水、氯盐等）的侵蚀性能；抗冻融性；变形，主要是无载荷作用下的干收缩和载荷作用下的徐变；碳化及钢筋锈蚀；碱-骨料反应等。

（1）抗渗性　混凝土抗渗性是指混凝土抵抗内部和外部物质渗透作用的能力。抗渗性决定了水及侵蚀性介质能达到混凝土内部的范围，所以抗渗性是决定混凝土耐久性的重要指标之一。通常认为，硬化混凝土的抗渗性与其孔隙率及孔结构有关。

理论上讲，混凝土中掺入普通减水剂可减小水灰比，降低孔隙率，所以有利于提高抗渗性。在保持混凝土和易性和强度不受影响的前提下，掺入普通减水剂以节约水泥为目的时，抗渗性也可提高或至少不会产生不良影响。显然，普通减水剂对混凝土抗渗性的影响与很多因素有关。

1）普通减水剂类型。掺入低聚糖类、木质素磺酸铵、木质素磺酸盐与羟基羧酸的混合物均可显著减小混凝土早期及较长龄期的渗透系数，提高其抗渗性。

2）水灰比。若混凝土中没有裂缝或连通孔道，则渗透性是水灰比的函数，且水灰比越高，渗透系数越大。例如水灰比为 0.4 的混凝土基本上是不可渗透的；水灰比为 0.55 的混凝土，若掺入普通减水剂使水灰比降到 0.5，则渗透性几乎可以减半。

（2）耐腐蚀性　混凝土耐腐蚀性的直观检测主要是耐海水、地下水等硫酸盐体系腐蚀的性能。海水等含硫酸盐体系对混凝土构件的腐蚀主要发生在表面，所以混凝土的耐腐蚀性与其抗渗性、孔隙率、水泥抵抗硫酸盐腐蚀的能力（主要取决于铝酸盐含量）等有关。

当混凝土配合比一定，掺入木质素磺酸盐、羟基羧酸类减水剂以减水、降低水灰比为目的时，水灰比降低，水泥铝酸盐与硫酸盐之间的反应减弱，所以掺普通减水剂混凝土的体积膨胀率比基准混凝土小，抗渗性提高，抗硫酸盐穿透能力也增强。当然，水泥本身耐硫酸盐腐蚀性低的情况除外。研究发现，水灰比从 0.5 降低到 0.4，钢筋混凝土封盖的厚度可减小 50%。

当水灰比一定，掺入普通减水剂以改善和易性为目的时，混凝土的水密性提高，蜂窝、孔洞等结构缺陷减少，所以耐硫酸盐腐蚀性增强。

在保证和易性和强度不受影响的前提下，当掺入普通减水剂以节约水泥为目的时，普通减水剂掺入对混凝土耐硫酸腐蚀性的影响需预先测定。

除此之外，鉴于含氯化钙的外加剂、甲酸钙对混凝土耐腐蚀性的负面影响，在耐硫酸盐腐蚀性要求高的混凝土中，应避免掺入促凝减水剂。

（3）抗冻融性　抗冻融性是指混凝土抵御冻融循环破坏的能力，或者混凝土在饱水状态下经受多次冻融循环作用后保持强度和外观完整性的能力。

混凝土经冻融循环后，可能产生表面剥落、开裂甚至裂散，而且冻融循环引起的混凝土表面裂缝除影响其外观外，还会增加水分和空气渗透进入混凝土内部的几率，进而导致钢筋锈蚀。所以抗冻融性是评价严寒地区混凝土及钢筋混凝土结构耐久性的重要指标之一。

1）冻融破坏机理。关于混凝土的冻融循环破坏机理，学者们曾提出了静水压假说、渗透压假说等。但是由于混凝土结构冻融破坏的复杂性，至今还没有一种完全公认的、全面反映混凝土冻融破坏的机理。通常认为，在结冰温度以下，处于饱水状态下的混凝土内部毛细孔水结冰产生体积膨胀，另一方面，毛细孔水结冰时，凝胶孔水处于过冷状态，过冷水的蒸汽压高于同温度下冰的蒸汽压，促使凝胶孔水向毛细孔中冰的界面渗透迁移。结冰水产生的体积膨胀及过冷水发生迁移都将产生很大的压力，使得混凝土内部结构受损，在多次冻融循环后，损伤逐步加剧，最终导致混凝土表面开裂、剥落甚至裂散。通常情况下，剥落发生在混凝土表层 2～3cm 范围内。混凝土开裂后，裂缝形成与骨料性质有关。

2）抗冻融性检测方法。抗冻融性按国家标准《普通混凝土长期性能和耐久性能试验方法标准》（GB/T 50082—2009）中所规定的方法测定。测试试件为 28d 龄期的混凝土标准试件。测定方法有慢冻法和快冻法，其中：

慢冻法适用于测定混凝土试件在气冻水融条件下，以经受的冻融循环次数来表示的混凝土抗冻性能。试件尺寸用 100mm×100mm×100mm 的立方体试件来表示。

快冻法适用于测定混凝土试件在水冻水融条件下，以经受的快速冻融循环次数来表示的混凝土抗冻性能，性能指标用 100mm×100mm×400mm 的棱柱体试件能经受快速冻融循环的次数或耐久性系数来表示。

比较而言，快冻法冻融循环试验时间短，所以应用较广。

3）抗冻融性影响因素。混凝土的抗冻融性与其水灰比、孔隙分布、含气量、水泥浆和骨料的饱和度等有关。

① 普通减水剂。当混凝土中掺入普通减水剂以减水、减小水灰比为目的时，水灰比降低使得混凝土结构中可冻结的游离水减少，从而有利于提高抗冻融性。有研究表明，80％的掺普通减水剂混凝土试件的抗冻融性比基准混凝土试件平均提高 39％。

当混凝土和易性和强度一定，掺入普通减水剂以节约水泥为目的时，掺普通减水剂混凝土的抗冻融性也比基准混凝土高，其原因可能是混凝土中容易受冻害影响的水泥基体减少。

除此之外，混凝土中骨料含量增大，一定程度上更有利于压力分散，从而有利于抗冻融性的提高。

② 引气减水剂。掺用普通减水剂虽然可以提高混凝土的抗冻融性，但仍不能满足混凝土对抗冻融性的要求。而掺用兼有减水和引气功能的引气减水剂，由于其引气作用，混凝土中引入一定量的独立微小气泡，可缓解结冰和过冷水迁移所产生的膨胀压力集中，所以有利于提高其耐久性。

当然，也有文献报道掺引气减水剂混凝土的耐久性降低，可能是因为含气量不足或孔隙分布不均匀。这也表明与掺用引气减水剂相比，普通减水剂和引气剂分别掺入更有利于保证混凝土体系充足的含气量和均匀合理的孔隙分布。

（4）变形 混凝土在凝结硬化和工程应用中，由于受外力及环境因素的影响，均会产生一定量的体积变形。混凝土的变形对混凝土的结构尺寸、受力状态、应力分布、裂缝开裂等都有显著影响，如增加混凝土板和混凝土梁的挠度、增加钢筋混凝土中钢筋的负荷、使得预应力混凝土丧失预应力等，进而可能引发工程事故。混凝土变形与混凝土中水泥浆的特性和质量紧密相关，所以普通减水剂对混凝土变形的影响可由普通减水剂对水泥浆特性的影响来间接反映。

混凝土的变形分为 2 类：非载荷作用下的变形和载荷作用下的变形。

1）非载荷作用下的变形。非载荷作用下的变形主要是由混凝土内部及外部环境因素引起的各种物理化学变化引起的，包括自收缩、温度收缩、塑性收缩、干收缩及碳化收缩。其中，以干收缩最为常见。

硬化混凝土中的水可分为化学键合水、物理吸附水及自由水 3 种：

① 化学键合水：以共价键形式与水化胶体结合的水，即硅酸钙水化物中所含的结晶水，所以不具有扩散或蒸发性能，只有在化学作用下分解。

② 物理吸附水：由表面张力吸附在水泥凝胶体表面的水，由于水泥胶体是薄片状，所以吸附在胶体薄片间的水亦称为层间水、胶体水。吸附水存在于胶体薄片间，不易移动，一旦移动就会造成胶体薄片间隙缩小，成为干燥收缩的主要因素。

③ 自由水：存在于气孔及毛细孔中的水，也叫游离水。

其中，化学键合水为不可蒸发水；而吸附水、自由水均有保水性能，合称为可蒸发水。

干收缩的主要原因是混凝土内部可蒸发水分的流失。具体地，混凝土在干燥过程中，首先发生气孔水和毛细孔水的蒸发。气孔水的蒸发不会引起混凝土的收缩；而毛细孔水的蒸发，使毛细孔中形成负压，随着空气湿度的降低，负压逐渐增大，产生收缩力，导致混凝土收缩。当毛细孔中的水分蒸发完后，如果继续干燥，则吸附水也发生部分蒸发，由于分子引力作用，粒子间距变小，凝胶体紧缩。凝胶体的紧缩在重新吸水后可部分恢复，但有 30%～50% 是不可逆的。

干收缩对混凝土的危害很大，若收缩受到约束，往往会引起混凝土开裂，从而降低混凝土的抗渗性、抗冻融性、抗腐蚀性等耐久性能。

干收缩与水泥浆体性质（水泥用量、水灰比、水泥品种及强度）、混凝土骨料性质、构件尺寸、环境条件（温度和湿度）等因素有关。

2）载荷作用下的变形。载荷作用下的变形是混凝土构件在受力过程中，依其自身特定的结构关系而产生的变形，包括短期载荷作用下的弹塑性变形和长期载荷作用下的徐变。

① 短期载荷作用下的弹塑性变形。混凝土是一种弹塑性体，所以在载荷作用下，既会产生可恢复的弹性变形，也会产生不可恢复的塑性变形，其应力－应变关系为曲线，如图 2-17 所示。塑性变形的主要原因是水泥凝胶体的塑性流动和各组成间的滑移。

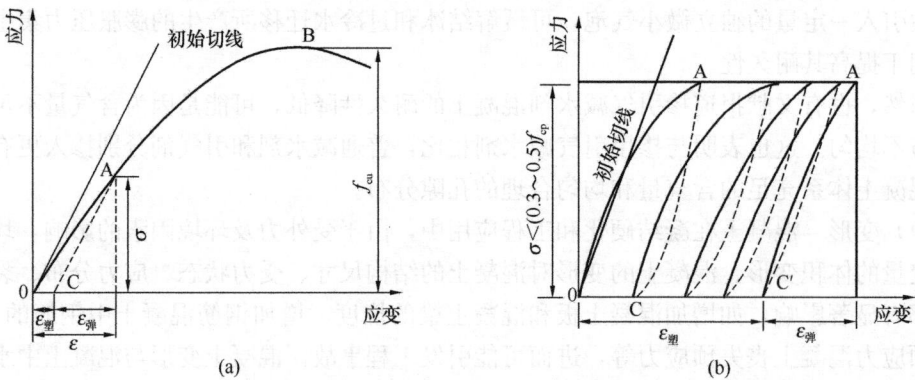

图 2-17　混凝土在载荷作用下的应力-应变关系

（a）混凝土在载荷作用下的应力—应变曲线；（b）混凝土在低载荷重复作用下的应力—应变曲线

② 长期载荷作用下的徐变。混凝土在小于极限应力的恒定载荷长期作用下，塑性变形随负载时间的延续而逐渐增加，造成晶体间相对位移或破坏而产生的变形称为徐变。这种变形通常要延续 2～3a 才能趋于稳定。混凝土应变与载荷作用时间的关系曲线如图 2-18

所示。

一般认为徐变源于以下 4 种物理
现象：

　　a. 吸附于水泥凝胶颗粒表面的吸
附水在载荷作用下向凝胶体毛细孔中
迁移而造成体积收缩，这种现象又叫
作压密作用，在水化初期速率较快，
待后期达到水分平衡才逐渐停止。

　　b. 由粒料与胶体所组成的架构因
水泥砂浆会对弹性变形产生束缚而形
成延迟弹性现象。

　　c. 吸附于水泥凝胶体片层之间的
层间水除了可能被挤压渗出外，还可

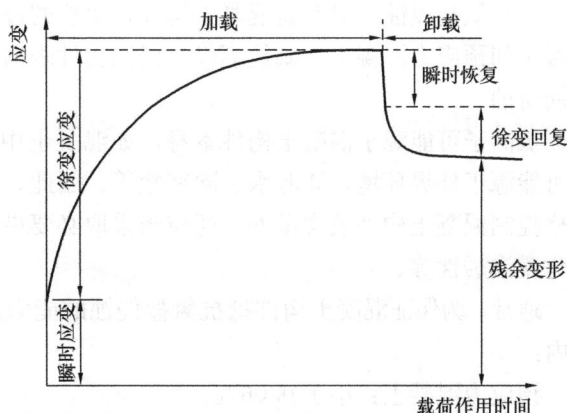

图 2-18　混凝土应变与载荷作用时间的关系

能起到润滑作用，使得胶体粒子间产生滑动而造成水泥砂浆的黏滞流，尤其是在掺入普通
减水剂后，其表面活性剂作用使润滑现象更为明显。

　　d. 于较早期的载荷造成微裂缝，裂缝界面处尚未完全水化的胶结材料在形成新的键
结后造成无法恢复的永久变形。

混凝土在长期载荷作用下的徐变受诸多因素影响，如水泥类型、混凝土配合比、骨料
类型及级配、负载时试件龄期、试件尺寸、应力水平、外界环境条件等。关于普通减水剂
对混凝土徐变影响的文献资料非常有限，而且多数文献未能完全考虑上述因素。

　　3）普通减水剂掺入对混凝土收缩和徐变的影响。混凝土失水干燥过程中，无论加载
与否，都会有不同程度的变形。尽管混凝土构件实际使用环境的湿度难以预测，但是气候
变化时，薄混凝土构件或大体积混凝土构件的表层更易于与外界环境进行水分交换。

当混凝土水灰比一定，掺入普通减水剂以改善和易性为目的时，掺各种普通减水剂混凝
土的收缩（特别是早期干收缩）和徐变略有增大，而且与掺用木质素磺酸盐的混凝土相比，
掺用含氯化钙或三乙醇胺的木质素磺酸盐促凝型减水剂混凝土的收缩和徐变增大相对明显。

当混凝土和易性一定，掺入普通减水剂以减水增强为目的时，掺普通减水剂混凝土的
水灰比减小，收缩和徐变减小。

当混凝土和易性及 28d 抗压强度一定，掺入普通减水剂以节约水泥为目的时，尽管不同
研究者的试验条件差异很大，但总体变化规律可概括为：如果掺用木质素磺酸盐减水剂会引
起混凝土徐变和收缩变化，那么变化会很小；掺用羟基羧酸减水剂可能会增大混凝土收缩和
徐变；掺用含氯化钙或三乙醇胺的木质素磺酸盐促凝减水剂会增大混凝土徐变和收缩。

　　4）普通减水剂掺入引起干收缩及徐变增大的原因。

掺普通减水剂引起干收缩增大的原因在于：水灰比一定时，掺普通减水剂混凝土的比
表面积有所增大。此外，水化程度高，水泥浆早期体积偏大是普通减水剂促进早期干收缩
的重要因素之一。

掺普通减水剂引起徐变增大的主要原因在于：混凝土内水分与外界环境水分交换容易
进行。水灰比一定时，掺木质素磺酸盐减水剂的水泥-水体系表面张力降低、大孔径孔的
体积分数有所增大等可以进一步佐证徐变增大。

（5）氯盐侵蚀　对普通混凝土构件，氯盐的侵蚀通常仅发生在构件表面；而对于钢筋混凝土和预应力混凝土，氯盐不仅会侵蚀构件表面，而且会穿透钢筋表面的钝化膜而导致钢筋锈蚀。

氯离子可能源于混凝土构件本身，如混凝土中掺用的普通减水剂、防冻剂等外加剂；也可能源于外界环境，如海水、除冰盐等。因此，为保证混凝土构件抗氯盐侵蚀能力，除严格控制混凝土构件氯含量外，还应当采取必要措施，如增加钢筋表面钝化膜厚度、降低钝化膜渗透性等。

通常，为保证混凝土构件抵抗氯盐侵蚀的能力，各类混凝土的氯含量需控制在以下范围内：

预应力混凝土：小于0.06%。

潮湿且有氯存在的环境中使用的钢筋混凝土：小于0.10%。

在潮湿但无氯环境中使用的钢筋混凝土：小于0.15%。

掺入不含氯或氯含量很低的普通减水剂以降低水灰比、增大密实度、提高抗渗性、降低钢筋保护膜渗透性，是提高混凝土构件抗氯盐侵蚀的有效措施之一。

（6）钢筋锈蚀　在钢筋混凝土承重构件中，钢筋可以增强混凝土的抗拉强度，而混凝土则对钢筋起保护作用。钢筋混凝土构件暴露在水或空气中时，钢筋会在电化学作用下发生锈蚀，进而导致两方面的严重后果：一方面，钢筋锈蚀后形成蓬松的铁锈，体积膨胀，由此产生的压力使得混凝土表面开裂，甚至裂散而破坏；另一方面，钢筋会因锈蚀而失去对混凝土的增强作用。钢筋锈蚀的电化学反应如下：

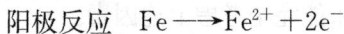

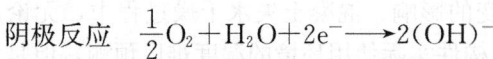

阳极反应　$Fe \longrightarrow Fe^{2+} + 2e^-$

阴极反应　$\frac{1}{2}O_2 + H_2O + 2e^- \longrightarrow 2(OH)^-$

1）钢筋的化学腐蚀。腐蚀性介质对钢筋的锈蚀作用包括两方面，一方面是直接与钢筋发生化学反应，另一方面是破坏对钢筋有保护作用的表面钝化层。从这个角度讲，任何含氯化钙的促凝减水剂都有促进钢筋腐蚀的可能性，特别是当混凝土中氯化钙质量含量高于1.5%时。有研究表明，混凝土中掺入木质素磺酸盐减水剂不仅可以增强钢筋钝化，还可以在一定程度上抵消氯化钙的不良影响。

2）钢筋-混凝土粘结（握裹）。钢筋-混凝土粘结对钢筋混凝土材料至关重要。若钢筋-混凝土粘结强度受损而出现滑移，则有可能增大水分、空气等腐蚀性介质渗入钢筋混凝土结构内部的概率，进而导致钢筋锈蚀。

与基准混凝土相比，掺用木质素磺酸钙减水剂可增强钢筋混凝土的钢筋-混凝土粘结。除此之外，从化学特性分析，掺入羟基羧酸类、低聚糖类减水剂不会对钢筋-混凝土粘结产生不良影响。

总之，当混凝土的水泥用量和和易性恒定，掺入普通减水剂以减小水灰比为目的时，如果所掺用普通减水剂不含氯化钙，那么不仅不会促进钢筋腐蚀，而且会在钢筋表面形成一层抗渗性更好、更耐久的保护层。

（7）混凝土碳化　混凝土碳化是由于酸性气体（如CO_2）与硬化水泥浆或混凝土内水化产物$Ca(OH)_2$在一定湿度条件下发生反应所致。具体反应过程如下。

首先，CO_2扩散进入混凝土内部孔隙，并溶解于孔隙内的溶液中；之后与其中的可溶性金属氢氧化物反应，使得溶液 pH 降低，促使更多的水泥水化产物 $Ca(OH)_2$ 进入溶液，CO_2 与 $Ca(OH)_2$ 反应首先生成 $Ca(HCO_3)_2$，然后进一步反应生成终产物 $CaCO_3$，并沉积于孔壁或孔隙中。它的反应方程式为：

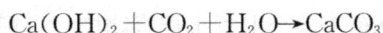

$$Ca(OH)_2 + CO_2 + H_2O \rightarrow CaCO_3$$

同时，pH 的降低也会促进其他水化产物，如铝酸盐、C-S-H 凝胶及硫铝酸盐的分解。

碳化过程是由表及里逐步向混凝土内部发展的。有研究者认为，碳化深度与碳化时间的平方根成比例，即：

$$L = K\sqrt{t} \tag{2-4}$$

式中 L——碳化深度（mm）；

   t——碳化时间（d）；

   K——碳化速率系数。

其中，碳化速率系数与混凝土的渗透性有关，且受混凝土原材料及配比、孔结构和孔隙率、空气中二氧化碳浓度（D_{max}浓度）、相对湿度、温度等因素影响。在外部条件（D_{max}浓度、温度和湿度）一定的情况下，碳化速率系数可反映混凝土的抗碳化能力。碳化速率系数越大，混凝土碳化速度越快，抗碳化能力越差。

碳化作用对混凝土的不良影响主要有两方面，一方面使得混凝土的收缩增大，导致混凝土产生拉应力，从而降低抗拉强度和抗折强度，严重时会直接导致混凝土开裂，进而降低混凝土的抗渗性能，使得 CO_2 及其他腐蚀性介质更易于进入混凝土内部，进一步加速碳化作用而降低耐久性；另一方面使得混凝土的碱度降低，失去混凝土碱性环境对钢筋的保护作用，导致钢筋锈蚀膨胀，严重时会使混凝土保护层沿钢筋纵向开裂，直到剥落，进一步加速碳化和腐蚀，严重影响钢筋混凝土结构的力学性能和耐久性能。

总之，混凝土密实、抗渗性好才不易于碳化。掺入普通减水剂可提高混凝土的抗渗性、改善孔结构，从而有利于减缓、抑制碳化。

（8）碱-骨料反应 碱-骨料反应是混凝土中所含的碱（K_2O、Na_2O）与骨料中的活性组分（SiO_2）间发生化学反应，在骨料表面形成碱-硅酸凝胶，凝胶吸水后体积膨胀，导致混凝土开裂、破坏。按活性组分类型不同，碱-骨料反应可分为碱-硅酸盐反应和碱-碳酸盐反应。

外界的水分可参与碱-骨料反应，因此需减少，甚至避免含活性骨料的混凝土与水分接触。研究表明，掺入木质素磺酸钙减水剂可适当降低碱-骨料反应的剧烈程度。

（9）提高混凝土耐久性的措施 由上述混凝土耐久性的影响因素分析可知，密实度高、抗渗透性好是高耐久性的基本保证，因此提高混凝土的耐久性可以从以下几方面进行：

1）控制混凝土最大水灰比和最小水泥用量。

2）合理选择水泥品种。

3）选用良好的骨料质量和级配。

4）加强施工质量控制。

5）掺用适宜的外加剂。

6）掺入粉煤灰、矿粉、硅灰或沸石粉等活性掺合料。

2.3 普通减水剂的应用

为了保证减水剂能均匀分布于整个混凝土拌合物中，一般应将其配制成一定浓度的溶液，按规定量与拌合水一起加入混凝土中，如果减水剂有不溶的组分，则应将其加入水泥或干砂中干拌后再加入其他组分进行搅拌，减水剂的掺量应尽可能准确。

根据应用目的，减水剂可以以 3 种途径来使用：

（1）不改变原来混凝土的配合比，提高混凝土拌合物的和易性。

（2）对于某一规定和易性的混凝土，可降低水灰比，提高混凝土强度。

（3）在混凝土和易性和 28d 抗压强度保持基本相同时，可降低水灰比，减少水泥用量。在这种情况下，有时也称减水剂为"节约水泥剂"。

为了更加清楚地表示掺与不掺减水剂的 3 种用途，特进行对比，如图 2-19 所示。

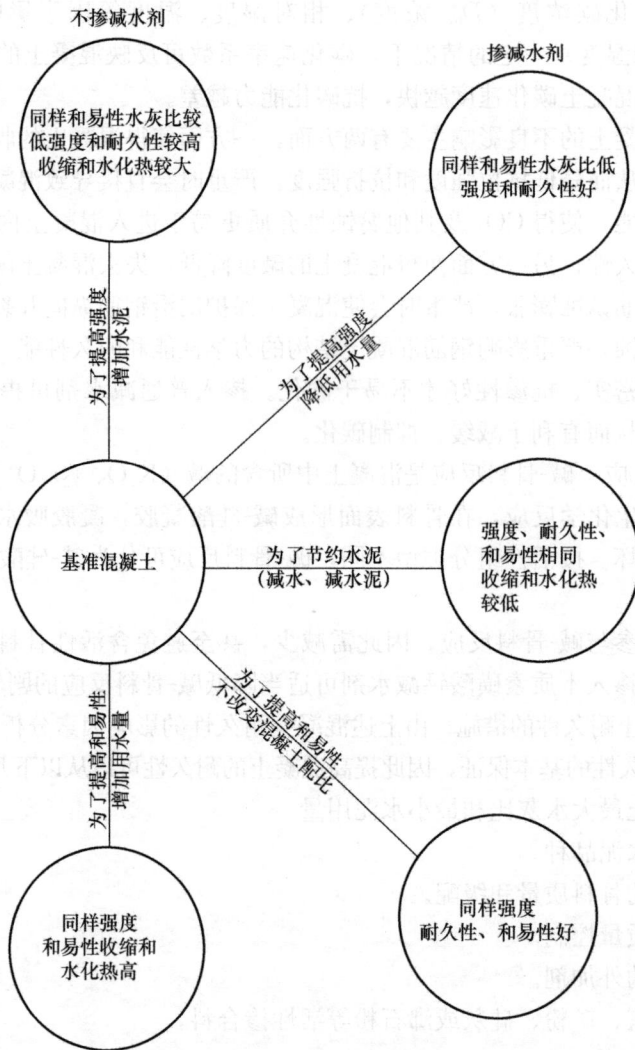

图 2-19 减水剂对新拌和硬化混凝土的效果示意

1. 普通型减水剂的主要用途

（1）普通减水剂的有效塑化作用，提高了混凝土拌合物的和易性而不降低强度，当浇筑混凝土的部位钢筋密集或是薄截面时，这种性能特别有用。

（2）当用碎石骨料生产混凝土时，对含有粗糙骨料的拌合物，能大幅度地提高混凝土的和易性。

（3）利用其减水效果时，在早期和后期能获得较高的强度。在规定最大水泥用量范围之内难以获得所需强度和生产构件需要尽快起吊的地方，可以利用这种外加剂。

（4）掺入普通减水剂的同时改变混凝土的配比，可节约 10% 的水泥。可以有效地节约混凝土的材料费用。在水利水电工程中应用效果显著。

2. 早强型减水剂的主要用途

早强型减水剂可赋予混凝土和易性，又能提高早期强度，或在和易性与基准混凝土相同时，也能得到较高的早期强度，鉴于这种情况，这类外加剂可用于以下几个方面：

（1）能赋予混凝土较高的早期强度和极限强度，在现浇混凝土工地，混凝土可以较快脱模；在预制构件的生产过程中，能够较快地升至起吊强度。这种效果在低温环境时特别有用。

（2）能有效塑化各种混凝土拌合物以利于浇筑，而且能提高早期的抗压强度。能够降低混凝土的拌合水用量，而对和易性无不利影响，并且在强度、不渗透性和耐久性方面会继续提高。

早强型减水剂已在矿井混凝土支护工程中得到广泛应用，并取得良好效果。

3. 缓凝型减水剂的主要用途

缓凝型减水剂用于需延长混凝土浇筑时间的地方以提高其和易性，因此，对于钢筋密集的难以浇筑的混凝土，能有效地延长凝结时间若干小时。其主要应用范围如下：

（1）在高强、高水泥用量的情况下，尤其是可塑性拌合物，利用缓凝型减水剂，不降低混凝土密度，不损失耐久性和强度。

（2）需要长距离运输的混凝土，利用缓凝型减水剂，可以有效避免过早凝结。

（3）当混凝土在高温环境下运输和浇筑时，可以避免过早凝结，在地面建筑炎热天气施工中，已广泛应用缓凝型减水剂。

（4）利用缓凝型减水剂可以避免"冷接缝"，因为能延缓水泥水化放热，可用于大体积混凝土的浇筑。

3 高效减水剂

高效减水剂又称超塑化剂或分散剂。高效减水剂是一种在不改变混凝土和易性、混凝土坍落度基本相同的条件下能大幅度减少拌合用水量，显著提高混凝土强度的外加剂。

3.1 概述

3.1.1 高效减水剂的特性

（1）高效减水剂对水泥的分散作用

1）水泥粒子对高效减水剂的吸附以及高效减水剂对水泥的分散作用

水泥加水转变成水泥浆后，在微观上是一种絮凝状结构。这是因为粒子间的范德华引力作用，水化初期开始形成絮状水泥水化矿物，水泥主要矿物在水化过程中带不同电荷因而产生互相吸引等原因造成的。絮凝状结构中包裹了不少水，当减水剂分子被浆体中的水泥粒子吸附时，在其表面形成扩散双电层成为一个个极性分子或分子团，憎水端吸附于水泥颗粒表面而亲水端朝向水溶液，形成单分子层或多分子层的吸附膜。这种效果是拉拢水分子而隔开絮凝状的水泥粒子，使水泥粒子处于高度的分散状态，释放出絮凝体中被包裹的水分子。同时，由于表面活性剂的定向吸附，使水泥颗粒朝外一侧带有同种电荷，产生了相斥作用，其结果使水泥浆体形成一种不很稳定的悬浮状态。

2）水泥颗粒表面的润滑作用

减水剂的极性亲水端朝向水溶液，多以氢键形式与水分子缔合，构成了水泥微粒表面的一层水膜，防止水泥颗粒间的直接接触，起到润滑作用。

水泥浆中的微小气泡，同样被减水剂分子的定向吸附极性基团所包围，使气泡与气泡及气泡与水泥微粒间也因同电性相斥而类似在水泥微粒间加入许多滚珠。只是非引气性高效减水剂引入的微细气泡较少而引气性高效减水剂引入的微细气泡多罢了。

3）新型高效减水剂与水泥微粒间的立体吸附层结构

掺有高效减水剂的水泥浆中，高效减水剂的有机分子长链实际上在水泥微粒表面是呈现各种吸附状态的，如图 3-1 所示。

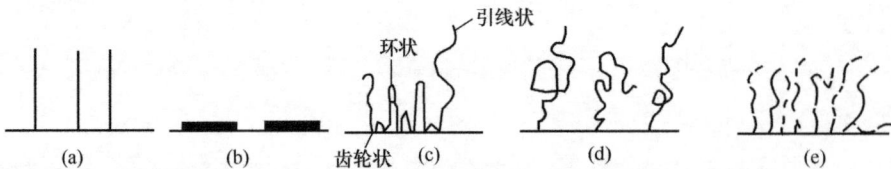

图 3-1 高分子链的几种吸附形态

不同的吸附态则是因高效减水剂分子链结构不同所致，它直接影响到掺有该类减水剂混凝土的坍落度经时变化。近年来研究表明，萘基和蜜胺树脂基减水剂的吸附状态是如图 3-1 (a)、(b) 所示的棒状链，因此是平直吸附，静电排斥作用较弱，其结果是 ζ-电位降低很快，静电平衡容易随着水泥水化进程的发展而受到破坏，使范德华引力占主导，坍落度经时变化大，也就是说坍落度损失大。而氨基磺酸类高效减水剂分子在水泥微粒表面呈环状、引线状和齿轮状吸附，如图 3-1 (c)、(d) 所示。它使水泥微粒之间的静电斥力呈现立体的交错纵横式，立体的静电斥力的 ζ-电位经时变化小，宏观表现为分散性更好，坍落度经时变化小。而多羧酸系接枝共聚物高效减水剂大分子在水泥微粒表面的吸附状态多呈现齿形，如图 3-1 (e) 所示。这种减水剂不仅具有对水泥微粒极好的分散性，而且能保持坍落度经时变化很小。据分析，第一是由于接枝共聚物有很大量的羟基存在，具有一定的螯合能力，加之枝链的立体静电斥力构成对粒子间凝聚作用的阻碍。第二是因为在强碱性介质例如水泥浆体中，接枝共聚链逐渐断裂开，释放出羧酸分子，使上述第一个效应不断得以重现。其三是接枝共聚物 ζ-电位绝对值比萘基（NS）和蜜胺树脂基（MS）减水剂的低，因此要达到相同的分散状态时，所需要的电荷总量也不如 NS 及 MS 那样多。也就是说，掺量一样时，接枝共聚物对水泥粒子的分散效果更好。

（2）高效减水剂的使用能大幅度降低混凝土的拌合用水量，即降低水胶比。因此硬化后混凝土的空隙率就较低。此外，高效减水剂对水泥的分散性能好，因而改善水泥水化程度。二者综合效果是显著提高混凝土各个龄期的强度。但 1a 龄期或更长期的抗压强度则与不掺减水剂的基准混凝土相差不大。

（3）能提高混凝土的抗弯、抗拉强度，但幅度小于抗压强度的提高，尤其对于高强混凝土此趋势更明显。

（4）对中低强度混凝土来说，掺高效减水剂后混凝土静力弹性模量有所提高。但 C60以上高强混凝土则很少提高，而且强度越高，骨料弹性模量的大小对混凝土弹性模量的影响越显著。例如石灰岩碎石混凝土弹性模量比花岗岩碎石混凝土的大 35%。混凝土弹性模量实测值一般为：C30 级 $E=3.0\times10^4$ MPa，C60 级 $E=4.0\times10^4$ MPa，C90 级石灰岩混凝土 $E=4.5\times10^4$ MPa，C90 级花岗岩混凝土 $E=3.35\times10^4$ MPa。

（5）高效减水剂用于减少混凝土用水量而提高强度或节约水泥时，混凝土收缩值小于不掺的空白混凝土；当用于增加坍落度而改善和易性时，收缩值略高于或相等于不掺的空白混凝土，但也不会超过技术标准规定限值 1×10^{-4}。

（6）高效减水剂对混凝土徐变的影响与对收缩的影响规律相同，只是当掺高效减水剂而不节约水泥、抗压强度明显提高时，徐变显著减小。

（7）混凝土不同于钢材，不存在绝对疲劳极限。普通混凝土受压疲劳强度极限由荷载循环次数、循环特征次数决定。掺高效减水剂混凝土经疲劳后的试件静压破坏值略高于未疲劳的构件静压破坏强度。受压疲劳强度等于或大于静压破坏强度的 60%~65%。

（8）非引气性高效减水剂由于减水率高而使混凝土抗冻融性有所提高。引气性高效减水剂则因具有引气性而使抗冻融性大大提高。掺减水剂混凝土抗渗性大大高于不掺的空白混凝土。

（9）只要掺入减水剂，就能使混凝土密实性提高，所以对混凝土抗碳化破坏有好处。高效减水剂中含氯量很低，微量氯离子主要由水和中使用的隔膜碱带入。高浓度产品含

氯离子量在 $0.3\%\sim2\%$，折合成水泥含氯量约为 $0.004\%\sim0.02\%$。低浓度产品中芒硝含量高，氯离子也较高，约为 $2.0\%\sim3.5\%$，折合为水泥中含氯量为 $0.02\%\sim0.06\%$，都不会对钢筋造成锈蚀危害。

3.1.2 高效减水剂的适用范围

（1）高效减水剂可用于素混凝土、钢筋混凝土、预应力混凝土，并可用于制备高强混凝土。

（2）缓凝型高效减水剂可用于大体积混凝土、碾压混凝土、炎热气候条件下施工的混凝土、大面积浇筑的混凝土、避免冷缝产生的混凝土、需较长时间停放或长距离运输的混凝土、自密实混凝土、滑模施工或拉模施工的混凝土及其他需要延缓凝结时间且有较高减水率要求的混凝土。

（3）标准型高效减水剂宜用于日最低气温 0℃ 以上施工的混凝土，也可用于蒸养混凝土。

（4）缓凝型高效减水剂宜用于日最低气温 5℃ 以上施工的混凝土。

3.1.3 高效减水剂的主要品种及性能

1. 高效减水剂的主要品种

国内研制和生产的混凝土高效减水剂，在 20 世纪 90 年代已经形成两大类。一是合成型单一组分高效减水剂，二是复合型多组分高效减水剂。单一组分高效减水剂又称超塑化剂，对水泥和混凝土的减水增强效果非常好，但往往难于满足新拌混凝土的和易性及对硬化混凝土特定性能的多种要求，因此目前直接用于工程的数量渐少，而代之以复合高效减水剂。高效减水剂技术要求如表 3-1 所示，匀质性指标如表 3-2 所示。

高效减水剂技术要求（混凝土性能） 表 3-1

类别	减水率/%	泌水率比/%	含气量/%	凝结时间之差/min	抗压强度比/%，不小于				收缩率比/% 28d	对钢筋锈蚀作用
					1d	3d	7d	28d		
高效减水剂	≥14	≤90	≤3.0	−90~+120	140	130	125	120	≤135	应说明对钢筋有无锈蚀危害
缓凝高效减水剂	≥14	≤100	≤4.5	初凝 >+90	—	—	125	120	≤135	应说明对钢筋有无锈蚀危害

注：1. 凝结时间之差指标"—"表示提前，"+"表示延缓。
　　2. 除含气量外，表中所列数据为掺外加剂混凝土与基准混凝土的差值或比值。

匀 质 性 指 标 表 3-2

试 验 项 目	指 标
氯离子含量（%）	不超过生产厂控制值
总碱量（%）	不超过生产厂控制值
含固量（%）	$S>25\%$时，应控制在 $0.95S\sim1.05S$ $S\leq25\%$时，应控制在 $0.95S\sim1.05S$

试　验　项　目	指　　标
含水率（%）	$W>5\%$时，应控制在$0.90W\sim1.10W$ $W\leqslant5\%$时，应控制在$0.80W\sim1.20W$
密度/（g/cm³）	$D>1.1$时，应控制在$D\pm0.03$ $D\leqslant1.1$时，应控制在$D\pm0.02$
细度（%）	应在生产厂控制范围内
pH 值	应在生产厂控制范围内
硫酸钠含量（%）	不超过生产厂控制值

注：1. 生产厂应在相关的技术资料中明显产品匀质性指标的控制值。

　　2. 对相同和不同批次之间的匀质性和等效性的其他要求，可由供需双方商定。

　　3. 表中的 S、W、D 分别为含固量、含水率和密度的生产厂控制值。

复合型高效减水剂因掺入其他组分从而满足对混凝土不同性能的需求而分别被称为高效泵送剂、高效防冻剂等等，本书将在其他章节中叙述。本章所涉及的是合成型高效减水剂。

合成型高效减水剂按主要化学结构的不同可分为以下几类：

（1）环状分子结构的芳香烃系

1）单环芳烃——氨基磺酸盐高效减水剂。结构特点是主链由亚甲基和苯基交替连接而成，苯基的单环芳烃上接有磺基、羟基、氨基等多种亲水官能团结构，如图 3-2 所示。

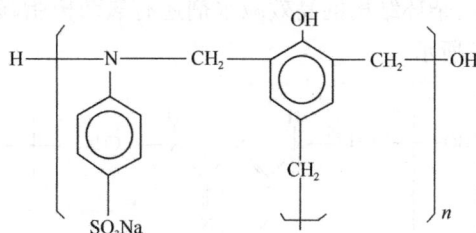

图 3-2　氨基磺酸盐高效减水剂分子结构式

单环芳烃结构的产品有用苯酚、对氨基苯磺酸或其钠盐合成的氨基苯磺酸盐高效减水剂。因为是二元共聚物，分子链结构较复杂，如图 3-2 所示，坍落度保持性及混凝土增强率均优于一元共聚的萘基或蜜胺树脂基减水剂。

据报道，有在环上接入其他共聚物长链，因而性能进一步优化的单环芳烃减水剂；也有报道，用废聚苯乙烯塑料经改性剂作用后聚合，在苯环上接入极性基团而合成的高效减水剂。

2）多环芳烃——萘基、蒽基减水剂。结构主链是亚甲基—CH₂—连接萘环（双环）或甲基萘环，双环端的亲水官能团是磺酸基 SO₃H 或其盐类。属于此类结构的高效减水剂有 β-萘磺酸盐甲醛缩合物 NS，通称萘基高效减水剂，结构如图 3-3 所示。

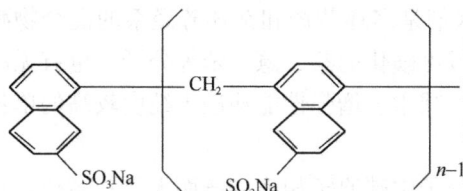

图 3-3　萘基高效减水剂化学结构式

同属萘基结构的还有甲基萘磺酸盐甲醛缩合物 MF，通称 MF 扩散剂或建－1 减水剂，主要原料是甲基萘等，结构如图 3-4 所示。

属此类结构的主要产品还有稠环芳烃磺酸盐甲醛缩合物，即蒽基高效减水剂。粗蒽或脱晶蒽油是其主要原料成分，结构式如图 3-5 所示。

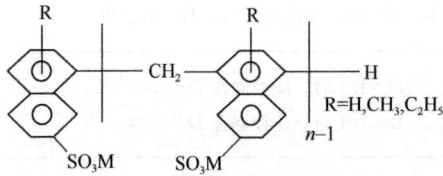

图 3-4　甲基萘高效减水剂化学结构式　　图 3-5　蒽基高效减水剂化学结构式

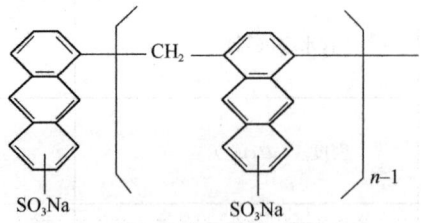

特点是一元的聚合，因此，结构较简单。一般是 5～13 个分子聚合成链。

3）杂环芳烃型。结构特点是主链由亚甲基连接的六元或五元含 N（氮）或 O（氧）的杂环聚合物，在杂环上连有磺基—SO_3H 等官能团。杂环结构的高效减水剂有磺化三聚氰胺甲醛缩合物，也叫水溶性蜜胺树脂（MS），其结构式如图 3-6 所示。

结构中的 M 代表 Na^+，K^+，NH_4^+ 等。近年来有改性三聚氰胺减水剂出现，其实质是调整传统合成工艺参数，以蜜胺$(H_2NCN)_3$、焦亚硫酸钠或亚硫酸氢钠为主要原料羟甲基化、磺化缩合而成，其中 M 离子部分改用 Ca^{2+} 置换。

杂环结构的高效减水剂还有氧茚树脂磺酸钠，也叫古玛隆树脂（GS），其结构式如图 3-7 所示。

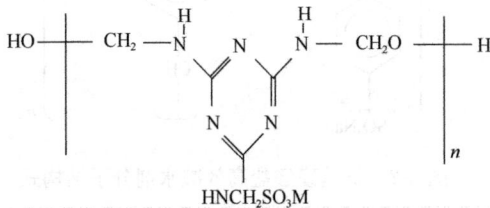

图 3-6　蜜胺树脂高效减水剂化学结构式　　图 3-7　氧茚树脂高效减水剂化学结构式

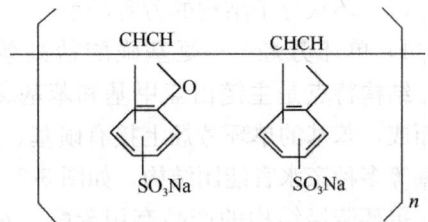

它是以古玛隆、亚硫酸钠为主要成分经磺化、缩合而成。以上 2 种杂环型高效减水剂均属一元聚合，其主要混凝土特性均与萘基高效减水剂接近。但蜜胺系高效减水剂的耐温性好，可用于耐火混凝土，而且硬化混凝土表面光亮。而古玛隆系高效减水剂的低温增强性能更优于其他。

20 世纪 80 年代在我国出现的磺化煤焦油减水剂是多环芳烃和杂环芳烃系的混合物减水剂，以未经分馏的煤焦油为主要原料。其中既有可磺化的萘、蒽、苯等分子，也有无法磺化的三环、四环物质，因此在混凝土中的塑化、减水、增强性能均逊于纯度较高的单物质磺酸盐甲醛缩合物，现已较少生产应用。

（2）链状分子结构的脂肪烃系列　结构主链分子中碳原子相连如链而无环状结构，且主链为饱和开链即烷烃化合物。当前常见的有以下 3 类：

1）酮基磺酸盐高效减水剂。酮基磺酸盐高效减水剂也称脂肪族高效减水剂，主要合成原料是丙酮、丁酮和亚硫酸氢钠等。亲水官能团以磺酸基为主，结构式如图 3-8 所示。

由于仍为一元聚合物，因此性能与萘基高效减水剂接近。

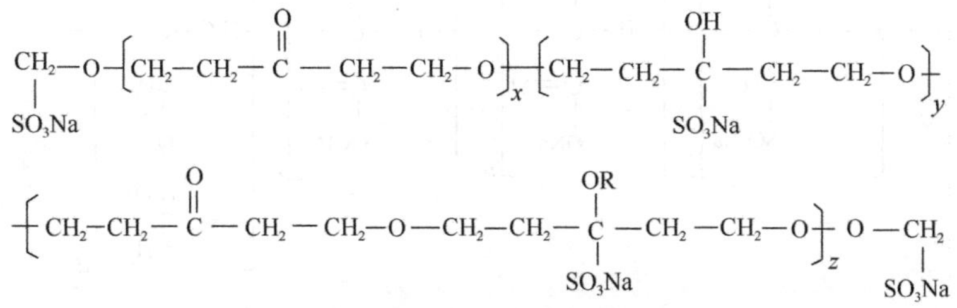

图 3-8　酮基磺酸盐减水剂化学结构式

2）聚羧酸系高效减水剂（PC）。聚羧酸高效减水剂多是三元共聚物，起分散、减水、增强作用的主导官能团是羧酸基—COOM，按化学结构大致可分为 3 类。

① 含不同侧链基团的结构。此类结构如丙烯酸—烯酸甲酯共聚物，主支链的连接是酯键含长侧链基团的共聚物，如图 3-9 所示。

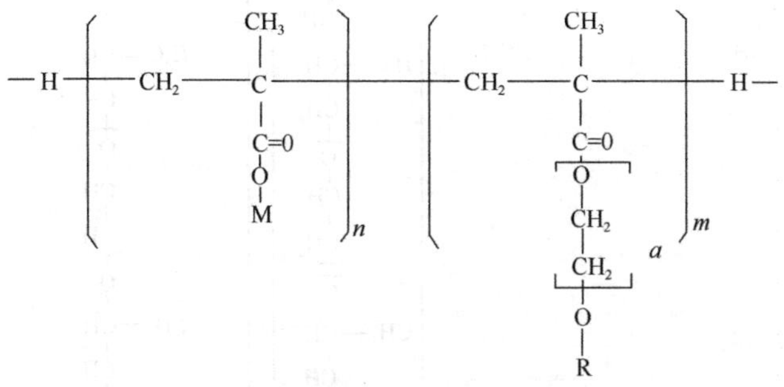

图 3-9　长侧链聚羧酸化学结构式（其中 R＝CH₃）

含短侧链基团的聚羧酸共聚物如马来酸酐聚氧乙烯酯磺酸盐，如图 3-10 所示。

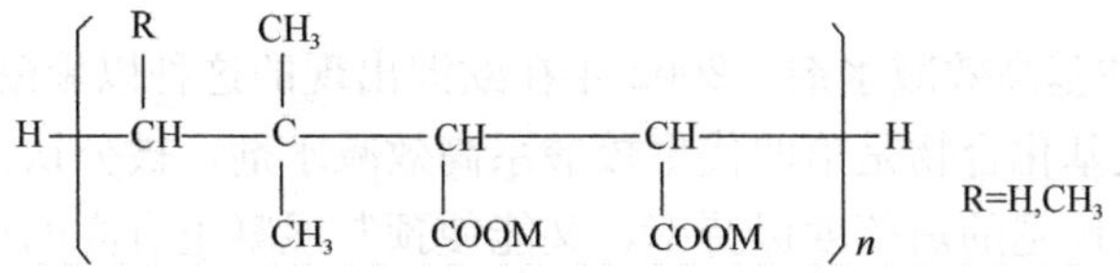

图 3-10　短侧链聚羧酸化学结构式

兼有长、短侧链结构的聚羧酸酯结构。

以上几种聚羧酸基（PCE）结构，在国际上统称第一代聚羧酸系高效减水剂。

② 含羧酸基和磺酸基的接枝共聚高效减水剂——丙烯基醚共聚物。国际上称为第二代聚羧酸系高效减水剂，是含磺酸结构单元和羧酸基结构单元严格交替的均聚物。例如甲基丙烯酸-丙烯酸-丙烯基磺酸钠共聚体，其化学结构如图 3-11 所示。我国已批量生产这类高效减水剂。

由于主链和支链之间有 1 个醚键（R—O—R），因此在高温下应用也有很好的稳定性，在强碱性环境中也同样有好的稳定性。由于支链的不同使这类化合物有多种结构，产品品种非常多。

③ 酰胺-酰亚胺型 PCE 高效减水剂。通过在丙烯酸-甲基丙烯酸和含甲氧基酯共聚物

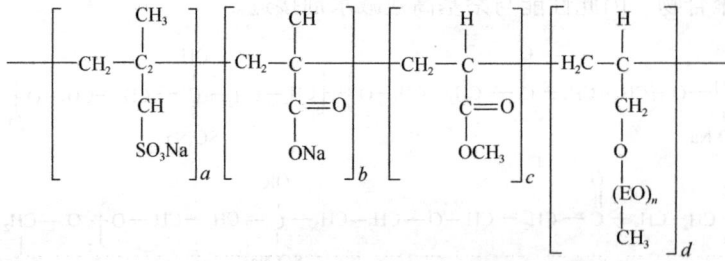

图 3-11　接枝共聚物高效减水剂化学结构式

中接 EO－PO 卤氮化合物得到。其结构式如图 3-12 所示，是国际上通称的第三代聚羧酸系高效减水剂。

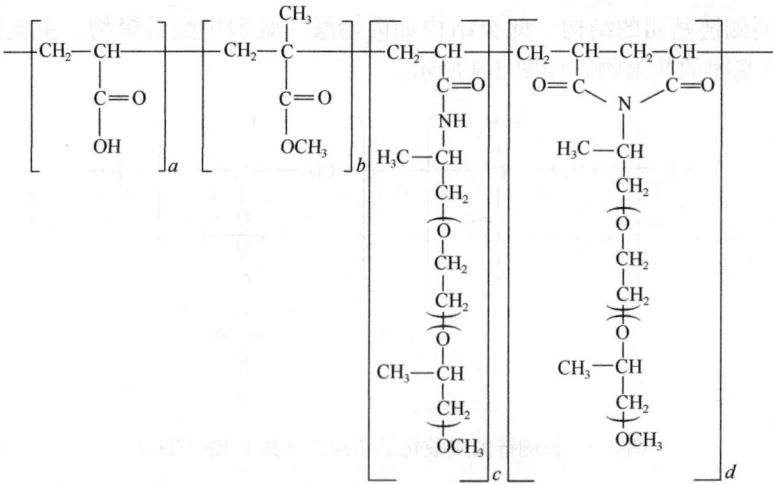

图 3-12　第三代聚羧酸化合物分子结构

④ 两性型聚羧酸基高效减水剂。2002 年在欧洲出现的这种以聚酰胺-聚烯乙二醇为支链的两性型聚羧酸基化合物是第四代聚羧酸系高效减水剂，被公认为两性型，原因是它能使预拌混凝土具有优越的坍落度保持率，又能使预制混凝土有高的早期强度。

3）"小分子"高效减水剂。这是一大类 20 世纪末才出现的全新类型减水剂。其理论基础是聚合物主链只有末端有吸附水泥颗粒的作用，而无效的主链使产品成本大大提高。所以把起作用的末端即"小分子"接在一个很短的阴离子锚固基团如聚乙烯乙二醇上。这类高效减水剂的首个产品是亚甲基膦酸盐，其结构如图 3-13 所示。2 个二价负电荷膦酸酯连在聚乙烯乙二醇链上。

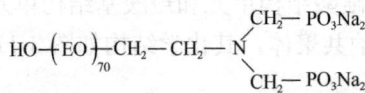

图 3-13　"小分子"高效减水剂

2. 高效减水剂的性能

根据收集到的试验结果整理为表 3-3，可供参考。

掺高效减水剂混凝土性能　　　　　　　　　　　　　　　表 3-3

| 外加剂品种 | 掺量 /% | 0.5h 坍落度 损失 | 相对抗压强度/% | | 减水率 /% | 引气量 /% | 节约水泥 /% |
			3d	28d			
萘基高效（粉）	0.5～1.2	较大	130～150	120～140	12～18	1.7	≥10
蒽基高效（粉）	0.5～0.8	大	130～150	120～125	12～18	2.5～3.5	～10
蜜氨基（液）	1.5～2.5	大	130～160	120～150	12～18	1.7	≥10
古玛隆基（粉）	0.5～1.2	～	130～150	120～140	12～18	1.7	～10
酮基（羟基）（液）	2～2.5	中度	130～170	120～150	12～30	2.2	≥10
氨基（液）	1.8～2.31	很小	130～160	130～160	22～32	1.3	≥15
聚羧酸基（液）	0.8～1.41	很小	>20	150～200	16～26	2.5	>15

注：1. 液体含固量，酮基和氨基均为 30%，蜜氨基和聚羧酸基为 25%。

　　2. 各种高效减水剂的混凝土坍落度损失大小与水泥品种、强度等级有关，故此只给出模糊值。

（1）氨基磺酸钠高效减水剂　这类高效减水剂的基本特点之一是使混凝土坍落度在 2h 内很少损失，如表 3-4 所示。

混凝土坍落度　　　　　　　　　　　　　　　表 3-4

| 掺量/ % | 水灰比 (W/C) | 坍落度保留值/mm | | | | 坍落扩展度保留值/mm | | | |
		初始	60min	120min	180min	初始	60min	120min	180min
2.0	0.29	$\frac{210}{100}$	$\frac{215}{102}$	$\frac{180}{86}$	$\frac{170}{81}$	$\frac{570}{100}$	$\frac{540}{95}$	—	—
2.8	0.28	$\frac{250}{100}$	$\frac{240}{96}$	$\frac{235}{94}$	$\frac{220}{88}$	$\frac{520}{100}$	$\frac{520}{100}$	$\frac{450}{87}$	$\frac{410}{79}$

注：此为用水量相同的同一批试验数据。

它的基本特点之二是抗压强度增长高于古玛隆树脂类、萘基、蜜胺树脂类高效减水剂，非常适合配制高强、超高强混凝土，如表 3-5 所示。

不同磺酸基减水剂性能对比　　　　　　　　　　　　表 3-5

| 外加剂种类 | 掺量/ (%×C) | 坍落度/mm | | | 坍落扩展度/mm | 抗压强度/MPa | | |
		初始	60min	120min	初始	3d	7d	28d
氨基高效	2.0	215	210	210	550	28.0	52.5	68.3
蜜胺类高效	2.5	220	150	110	440	27.8	50.4	61.1
萘基高效	2.0	190	65		340	34.2	42.7	57.3
古玛隆树脂	2.0	85	30		—	18.7	35.0	51.4

注：1. 掺量为溶液用量，折干为 0.7%。

　　2. 混凝土用水量相同、配合比一致的同批试验。

它的基本特点之三是对各种水泥有较广泛的适应性，表 3-6 表明对普通硅酸盐水泥和矿渣硅酸盐水泥及用不同火山灰质掺合料的普通硅酸盐水泥均有良好的适应性，强度发展及坍落度经时变化（损失）保持一致。

氨基减水剂在不同水泥混凝土中的性能变化　　　　　表 3-6

水泥品牌	配合比 $(C+F)：W：S：G$	坍落度变化/cm			抗压强度/MPa			
		0min	60min	120min	1d	3d	7d	28d
长城矿 32.5	(320+45)：170： 760：1100	18.7	20.0	17.6	2.5	17.1	27.4	38.7
京都普 32.5	(320+45)： 170：760：1100	26.0	26.7	—	1.6	20.6	38.3	46.0
云岗普 42.5	(450+70)：177： 618：1100	21.0	—	21.5	11.6	38.7	44.6	50.4
盾石普 42.5	(320+45)：170： 760：1100	19.0	19.0	16.0	10.7	—	44.0	52.0
长城普 42.5	(356+35)：190： 690：1223	21.2	21.0	19.0	—	36.4	45.0	54.8

它的基本特点之四是减水剂作用达最大效果的掺量范围小，即对掺量敏感，如表 3-7 所示。

不同掺量的性能变化　　　　　表 3-7

序号	掺量 /%	减水率 /%	坍落度/mm			抗压强度/MPa		
			0min	60min	120min	3d	7d	28d
1	0.3	0	17.8	7.0	2.0	15.6	26.4	40.4
2	0.5	10	18.0	10.0	5.5	18.2	28.8	44.3
3	0.7	18	17.0	18.0	16.7	—	44.0	51.9
4	0.75	25	19.0	18.0	18.0	24.4	42.2	55.7
5	1.0	28	17.5	17.5	18.5	27.5	46.0	62.7
6	1.25	28	18.3	19.5	17.0	31.5	46.5	64.0

注：实验用盾石牌 P·O42.5 级水泥，其用量为 350kg/m³。

随着掺量的增加，混凝土减水率、扩展度、各龄期强度均有大幅度提高。最佳掺量按干基计算在水泥用量的 0.7%～1.0% 之间。此时扩展度达 50cm 左右，坍落度保持率达 95%～100%，各龄期强度均可达到最佳状态，28 天强度可提高 35%～50%。超过巅峰态，减水率虽有增加，但施工性能变差，例如泌水、沉降均开始出现，扩展度不再增大，反而有所减小。若掺量过小，例如只掺加水泥量的 0.3%，拌合物的分散性保持率小，即说明坍落度损失无法有效控制。

氨基磺酸钠减水剂的混凝土耐久性较萘基减水剂的好，较不掺高效减水剂的空白混凝土更优异。表 3-8 列出了若干试验结果。抗渗性能比较，水压 1.7MPa 时基准试件已经透水，掺 FDN 混凝土渗透高度达到 50%，而掺氨基减水剂的渗透高度才达到 33%。根据美国 ASTM 所规定的试验方法进行 $[Cl]^-$ 直流电量法渗透测试，6h 通过的总电量，基准混凝土为 1470C（电荷量单位），而掺氨基减水剂的是 500C，属于"渗透性非常低"级别。其余测试如收缩率、50 次冻融强度损失率比等性能也表明氨基减水剂的致密性要明显优于萘基减水剂。

氨基减水剂混凝土耐久性试验　　　　表 3-8

检　验　项　目		基准混凝土	掺 2%AN3000 混凝土	掺 0.8%FDN 混凝土
抗渗性能	1.7MPa 水压时渗透高度/cm	5.2	1.7	2.6
	渗透高度比/%	—	32.7	50.0
50 次冻融强度损失率/%		3.4	1.9	2.3
50 次冻融强度损失率比/%		100	56	67.6
28d 收缩率/%		0.02	0.02	—
28d 收缩率比/%		—	100	—
对钢筋锈蚀作用		无锈蚀	无锈蚀	无锈蚀

21 世纪最初的几年，由于市场需求量大及其性价比优于萘基及蜜胺类高效减水剂等缘故，这种新型高效减水剂获得迅速发展，据统计，2003 年国内市场覆盖率已达 10.14%，仅次于萘基高效减水剂而占合成型高效减水剂产量第二位。

(2) 萘基高效减水剂　化学全称是 β- 萘磺酸盐甲醛缩合物。是迄今全球应用最广泛、产量最大的高效减水剂，这得益于它能很容易制成干粉并且可以长久储存。本章前面叙述过的特性分析均是用萘基高效减水剂进行试验得出的结论。

萘基高效减水剂与其他类型高效减水剂的相容性也很好，对氨基、酮基、蜜胺类的复配效果都很好。但对于聚羧酸系的相容性则要经试验确定，有复配效果不佳的实例。

双环结构、三环结构和杂环结构高效减水剂的掺量和性能比较如表 3-3 和表 3-5 所示。从表 3-3 和表 3-5 中结果可知，单环结构氨基的减水、增强和节约水泥效果最好，萘基和蜜胺树脂类减水剂效果相当，但不如氨基磺酸盐。

(3) 蒽基高效减水剂　三环芳烃结构中的蒽基高效减水剂，主要以粗蒽为主原料。从表 3-3 可分析出其技术性能与萘基高效减水剂接近，可以部分替代使用。表 3-3 中未能反映的特点还有：由于减水剂为棕黑色，因而使混凝土颜色也略显暗，但与其他高效减水剂复配后则可克服；硫酸钠含量较高，通常在 25%～30%，气温低结晶沉淀多；有少量引气，但气泡较大，气泡稳定性差，因此多用它配制粉剂外加剂。

三环芳烃中的菲也可以合成高效减水剂。

(4) 杂环芳烃磺酸基减水剂　杂环芳烃型高效减水剂中，蜜胺树脂磺酸类减水剂与萘基高效减水剂对硅酸盐水泥的减水率和强度增长率几乎相同，其坍落度损失大的缺点也一样。但在硫铝酸盐水泥和铝酸盐水泥中的效果则比萘基高效减水剂要好得多，表 3-9 显示出两种减水剂在硫铝酸盐水泥砂浆中的不同效果。蜜胺树脂类高效减水剂对铝酸盐水泥适应性较好，所以蜜胺树脂高效减水剂也用于耐火混凝土。它的另一特点是硬化混凝土表面光洁，气孔少且有反光，常用作彩砖光亮剂。

两种减水剂的硫铝酸盐水泥砂浆性能　　　　表 3-9

外加剂及掺量 /%	水灰比	沉落度/mm	流动度/mm	抗压强度/MPa	
				3d	28d
—	7.4	26	72	62.53	74.3
FDN 1%	0.32	30	91	76.1	85.1
SM 1%	0.31	52	193	85.1	96.7

古玛隆磺酸钠甲醛缩合物（亦称氧茚树脂）同属杂环芳烃结构。其混凝土性能如表3-3（掺高效减水剂混凝土性能）至表3-7（不同掺量的性能变化）所示。水剂和粉剂均为棕黑色，较黏稠。低温早强效果优于萘基高效减水剂。

（5）酮基磺酸盐高效减水剂　亦称脂肪族或醛酮缩合物高效减水剂，因分子链状结构上有酮基而得名。

产品为呈深紫红色水溶液，掺入混凝土有时产生延迟泌水，使硬化的混凝土染色，养护一段时间后会逐渐褪去。不用丙酮合成也可使染色缺点改变，不同合成工艺也可使颜色变浅。

表3-10列出酮基磺酸盐及萘基、氨基减水剂的净浆流动度及保持情况、净浆及混凝土的凝结时间、混凝土的减水率及引气性的比较数据。用不同水泥配制的混凝土其不同龄期强度值可参见表3-11，也显示酮基减水剂对不同水泥的适应性好。

3 种高效减水剂比较　表 3-10

	水泥净浆		净浆凝结时间		混凝土凝结时间		减水率/%	引气量
	初始	60min	初凝	终凝	初凝	终凝		
空白	—	—	1∶45	2∶20	6∶10	11∶45	—	—
萘基0.75%	200	64	2∶00	2∶20	7∶30	12∶50	16.7	1.7
酮基0.75%	217	180	2∶30	2∶50	8∶30	14∶35	18.7	2.2
氨基0.6%	235	225	3∶10	3∶30	9∶58	15∶00	25.0	1.3

注：萘基、氨基掺量0.75%、氨基0.6%（干基）。

酮基减水剂混凝土性能　表 3-11

序号	用水量/kg	坍落度保留值/mm			龄期强度/MPa			水泥等级
		0h	0.5h	1.0h	3d	7d	28d	
1	190	235	200	175	19.6	31.5	44.0	P·S32.5
2	185	210	210	195	23.6	33.4	44.1	P·O32.5
3	182	220	220	215	33.4	48.9	49.4	P·O42.5

21世纪初，由于市场需求和酮基减水剂性价比优于萘基减水剂等原因，因此其发展很快，尤其我国华南、西南地区应用范围迅速扩大。一些固有的缺点，如使混凝土染色、坍落度损失大等也通过合成原料的改变和合成工艺的调整得到较明显的克服和改进。

（6）聚羧酸系高效减水剂　聚羧酸系高效减水剂中，具有磺酸基和羧酸基，同时还具有其他官能团的支链接枝共聚物，是最近10多年发展最迅速的合成高效减水剂。

1）坍落度保持率

聚羧酸系接枝共聚高效减水剂1h的坍落度保持率很好，低于0℃时保持不变，扩展度还有增加；气温超过20℃，1h坍落度略有损失但也保持在95%以上；气温超过30℃，1h坍落度保留值仍有92.8%。变化情况如表3-12所示。

聚羧酸系高效减水剂对温度的适应性 表 3-12

外加剂掺量/%	环境温度/℃	水灰比	泌水率/%	坍落度经时变化/cm	
				0min	60min
0.2	−2	0.435	0	19.2	21.2
0.2	4	0.42	0	21.3	22.0
0.2	10	0.41	0.96	21.2	21.5
0.2	18	0.395	0.5	18.0	19.0
0.2	26	0.40	0	21	20.5
0.2	32	0.40	0.5	21	19.5

2) 高减水率和对用水量的敏感性

接枝共聚物高效减水剂具有很高的减水率，折固计算掺量为 0.2% 时减水率达到 28%，最佳掺量 0.3% 时减水率超过 30%，如图 3-14 所示。

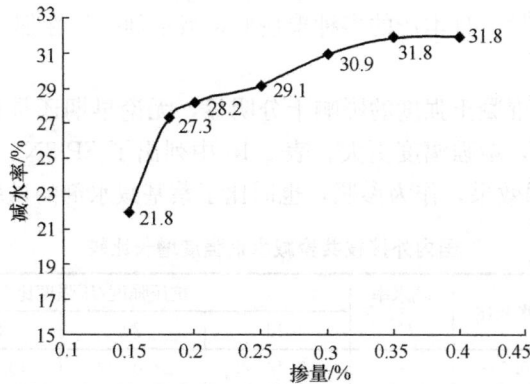

图 3-14 聚羧酸基高效减水剂掺量与减水率关系

由于采用聚羧酸系减水剂后，混凝土的用水量大幅度减少，单方混凝土的用水量大多在 130～165kg；水胶比为 0.3～0.4，甚至不足 0.3。在低用量水的情况下，加水量波动可能导致坍落度变化很大，然而对强度的影响相对较小。表 3-13 反映了用水量的敏感性。用水量过小，坍落度损失就大。

聚羧酸系高效减水剂与用水量的关系 表 3-13

水/kg	水泥/粉煤灰/kg	砂/kg	石/kg	LEX-9H/kg	坍落度/mm	R_3/MPa	R_{28}/MPa
148	330/100	770	1030	3.6	35	39.8	50.5
151	—	770	1030	3.6	160	38.3	51.7
154	—	—	1030	3.6	200	35.2	48.6
158	—	—	1030	3.6	220	34.4	45.3

3) 聚羧酸系高效减水剂对新拌混凝土性能的影响

聚羧酸系高效减水剂对新拌混凝土性能的影响如表 3-14 所示。

聚羧酸系高效减水剂不同掺量对新拌混凝土性能的影响   表 3-14

序号	掺量/%	减水率/%	坍落度经时变化/cm		混凝土凝结时间		含气量/%	泌水率/%
			0h	1h	初凝	终凝		
1	—	—	18.5	—	7h15min	9h15min	1.4	8.6
2	0.15	21.8	17.5(31)	17.0(31)	10h20min	13h10min	1.9	3.0
3	0.18	27.3	20.0(39)	19.0(38)	11h20min	13h50min	2.1	1.5
4	0.20	28.2	18.0(31)	19.0(34)	10h10min	13h30min	2.5	0.5
5	0.25	29.1	20.0(39)	21.0(44)	11h10min	14h10min	2.9	0
6	0.30	30.9	19.0(38)	19.0(45.5)	12h	15h10min	2.9	0
7	0.35	31.8	19.2(42.0)	20.5(48.0)	13h25min	16h42min	3.1	0.5
8	0.40	31.8	19.5(40.0)	19.0(47.0)	15h15min	19h	3.3	0.3

此种高效减水剂对新拌混凝土略有引气，掺量为 0.4% 时，含气量比不掺的空白混凝土高 1 倍左右，初凝和终凝时间延长 0.8～1 倍。聚羧酸系减水剂分子设计和合成工艺选择时可以选定其引气性的基本范围，当不需要引气时则加入消泡成分，也可以通过消泡剂不同用量而控制其引气性。日本产的多种聚羧酸系减水剂引气性都比较大，给使用时改性提供大的可控范围。

此种高效减水剂对混凝土强度的影响十分明显，无论早期还是长龄期强度均是如此。与萘基高效减水剂相比，增强幅度更大。表 3-15 中列出了 SP-8N、ViS-3010 同类产品与 JIM-PCA 的减水、增强效果，作为参照，也同比了萘基减水剂的试验结果。

国内外接枝共聚减水剂强度增长比较   表 3-15

外加剂	掺量/%	水灰比	减水率/%	抗压强度/压强度比/（MPa/%）			
				3d	7d	28d	90d
基准	—	0.553	—	15.7/100	23.0/100	40.9/100	52.9/100
JIM-PCA	0.2	0.553	28.2	30.7/196	23.0/100	71.7/175	78.5/148
SP-8N	0.2	0.41	25.5	25.0/159	44.5/193	67.1/164	70.4/133
Vis-3010	0.2	0.39	29.0	26.7/170	43.6/190	64.2/157	68.5/129
FDN	0.5	0.41	25.5	23.4/149	42.0/183	56.1/137	62.1/117

此种减水剂在低掺量范围内，强度的增长随掺量增加明显，但在超过最佳掺量后强度不会随掺量进一步提高，甚至会有降低，这也是一个特点。表 3-16 数据反映了这一特点。

不同掺量 JM-PCA 混凝土的抗压强度   表 3-16

掺量/%	抗压强度/抗压强度比/（MPa/%）			
	3d	7d	28d	90d
—	16.0/100	28.9/100	35.0/100	37.4/100
0.15	31.1/194	46.5/161	59.7/171	58.4/156
0.20	40.5/253	63.0/218	74.7/213	83.9/224
0.30	40.3/252	67.0/232	73.5/210	80.4/215
0.35	42.1/263	77.0/266	72.6/207	83.0/222
0.40	39.2/245	70.0/242	75.3/215	78.4/210

注：表格中除基准混凝土的抗压强度值外，其余各栏中的数据，斜线前面的数值表示混凝土的抗压强度，斜线后面的数值表示该混凝土的抗压强度与基准混凝土的抗压强度的比值。

3.1.4　高效减水剂的作用机理

关于高效减水剂的作用机理，目前国内外学者普遍认可的理论主要有 3 种：以"吸附-ξ-电位（静电斥力）-分散"为主体的静电斥力理论、以"吸附-空间效应-分散"为核心的空间位阻效应理论和反应性高分子缓慢释放理论。

1. 静电斥力理论

静电斥力理论以 DLVO（Derjaguin-Landau-Verwey-Ovenbeek）胶体分散和凝聚理论为基础，认为高效减水剂对水泥浆体的分散作用主要与吸附、静电斥力（ξ-电位）和分散 3 种物理与化学作用有关。具体地，高效减水剂大多属于阴离子表面活性剂。由于水泥颗粒在水化初期表面带正电荷（Ca^{2+}），减水剂分子解离形成的负离子—SO_3^-、—COO^- 会吸附在水泥颗粒表面形成吸附双电层，此时相互接近的水泥颗粒间同时存在静电斥力作用和范德华引力作用。随着水泥颗粒表面减水剂吸附量的增加，水泥-水体系的 ξ-电位进一步变负，同时绝对值增大，水泥颗粒逐渐以斥力为主。静电斥力作用使水泥颗粒得以分散，体系处于良好而稳定的分散状态，同时还可以将凝聚状水泥颗粒团簇内包裹的游离水释放出来，使更多的游离水用于拌合物流化，从而提高水泥浆体的和易性。另一方面，随着水化的进行，吸附在水泥颗粒表面的高效减水剂的量大大减少，导致体系的 ξ-电位降低，水泥颗粒趋于物理聚集，因此水泥净浆流动度和混凝土坍落度表现出经时损失性。

2. 空间位阻效应理论

聚合物空间位阻理论由 R. Evans 和 D. H. Napper 等人提出，该理论认为如果同体颗粒表面吸附有大分子聚合物，聚合物吸附层将在颗粒相互靠近时产生排斥作用，此时，任意两个颗粒间作用总位能（V_T）由范德华（Van der Waals）力作用位能（V_A）和立体位阻作用位能（V_S）决定，即：

$$V_T = V_A + V_S$$

其中，V_A 和 V_S 均为粒子间距（r）的函数。整个分散体系的稳定性可根据位能-粒子间距关系曲线来预测。根据空间位阻理论得到的位能曲线存在一个最低位能峰 V_{min}，V_{min} 的大小与所吸附的（接枝）聚合物的支链链节数 n 有关。n 越大，V_{min} 值越小，即聚合物的支链越大（或长），聚合物吸附层越厚，V_{min} 越小，体系越趋于稳定。

高效减水剂聚合物分子结构中支链多且长，容易在水泥颗粒表面吸附形成庞大的立体吸附结构，尽管其饱和吸附量较小，水泥-水体系的 ξ-电位较低，但空间位阻大，能有效地防止水泥颗粒的聚集，同时易于在水泥颗粒表面形成较大的吸附区，增强吸附力。因此带支链结构的高效减水剂分子不易随水化的进行而脱离颗粒表面，即其吸附量随初期水化的进行而减少的幅度较小，从而有利于改善水泥净浆流动度和混凝土坍落度的保持性。

3. 反应性高分子缓慢释放理论

反应性高分子缓慢释放理论主要针对新型的聚羧酸系高效减水剂而言。聚羧酸系高效减水剂分子结构中有内酯、酸酐、酰胺等反应性基团，某种程度上具有反应性高分子的特性，可在混凝土碱性环境中发生水解反应，不断补充由于水泥颗粒水化、吸附造成的减水剂浓度下降；另一方面，梳形聚羧酸系高效减水剂分子结构中的含聚氧化烯基链节的长侧链在碱性水溶液环境中容易断裂，生成更低分子量的产物，但不改变分子结构，从而有利于提高水泥-水体系的分散性和分散保持性，即控制水泥净浆流动度和混凝土坍落度的

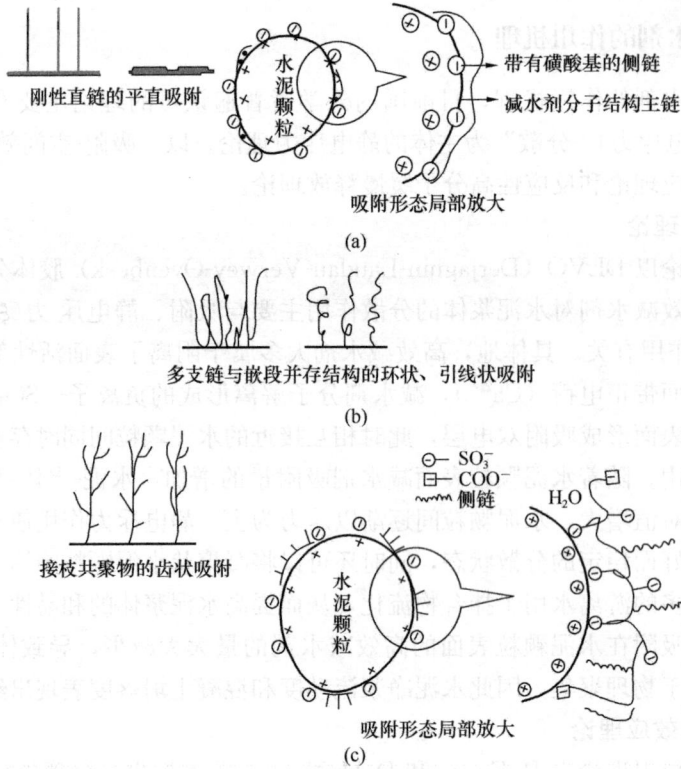

图 3-15 不同分子结构的高效减水剂在水泥颗粒表面的吸附形态
（a）萘系、蜜胺树脂系高效减水剂；（b）氨基磺酸系高效减水剂；（c）聚羧酸系高效减水剂

损失。

当然，高效减水剂分子链的结构不同，其在水泥颗粒表面的吸附形态也不同，如图 3-15 所示。

其中，分子结构中含有—SO_3^- 基团的萘系、蒽系、三聚氰胺系及改性木质素磺酸盐系等高效减水剂属于离子型表面活性剂，主要作用特征是磺酸基阴离子静电斥力作用，形成双电层而改变水泥-水体系的 ξ-电位，使水泥颗粒在静电斥力作用下分散。这些减水剂的分子结构呈棒状链，具有平面刚性，在水泥颗粒表面呈平直吸附态，如图 3-15（a）所示，因此静电斥力作用较弱，体系的 ξ-电位降低很快，宏观表现为水泥净浆流动度和混凝土坍落度经时损失大。

氨基磺酸系减水剂分子结构为多支链与嵌段并存结构，在水泥颗粒表面呈环状、引线状吸附，如图 3-15（b）所示。使得水泥颗粒间的静电斥力呈立体交错纵横式，水泥-水体系的 ξ-电位经时变化小，宏观表现为水泥净浆流动度和混凝土坍落度经时损失较小。

聚羧酸系高效减水剂分子呈梳形多支链立体结构，主链上带多个极性较强的活性基团，侧链也带有亲水性的活性基团，且侧链较长、数量多，因此该类减水剂在水泥颗粒表面呈齿状吸附，如图 3-15（c）所示。这种吸附形式使得水泥颗粒表面形成较厚的立体包裹层，从而具有较大的空间位阻，有效阻滞、延长水泥的水化进程，延缓水泥颗粒的物理凝聚作用，提高水泥-水体系的分散性，宏观表现为水泥净浆流动度和混凝土坍落度经时损失小。

3.2 高效减水剂对混凝土性能的影响

与普通减水剂类似，高效减水剂对混凝土性能的影响也可分2个阶段考虑：

（1）新拌混凝土 高效减水剂对新拌混凝土性能的影响主要体现在对和易性、含气量、凝结特性、抗离析泌水性、水化进程等性能的影响。

（2）硬化混凝土 高效减水剂对硬化混凝土性能的影响主要体现在对抗压强度、收缩、徐变等物理力学性能和抗渗性、抗冻融性等耐久性能的影响。

此外，高效减水剂对水泥—水体系性能的影响，可通过其对水泥浆性能的影响来间接地反映。

3.2.1 高效减水剂对新拌混凝土性能的影响

1. 高效减水剂对新拌混凝土和易性的影响

混凝土的和易性通常用坍落度、密实因子、坍落扩展度等来表示。不过，这些指标并不能全面准确地反映大流动度混凝土的和易性，因为坍落度法仅适用于最大坍落度为220～250mm的混凝土。

在水灰比一定的条件下，掺入高效减水剂可显著改善混凝土的和易性，而和易性的改善效果与高效减水剂的类别、混凝土的水灰比、掺量及掺入方式、水泥和骨料的特性、工作温度等因素有关。

（1）高效减水剂的类型 通常，高效减水剂的类型决定了其改善混凝土和易性的效果。如掺入0.6%的三聚氰胺系高效减水剂或改性木质素磺酸盐，混凝土坍落度可从50mm增大到260mm，若用萘系高效减水剂，则掺量为0.4%就可以获得同样的坍落度增大效果；又如掺入0.1%的聚丙烯磺酸钙，混凝土坍落度可从80mm增加到180mm，若用萘系高效减水剂，则掺量需增大到0.15%才能获得同样的坍落度增大效果。可见，当掺量一定时，不同类型高效减水剂改善混凝土和易性的效果为聚羧酸系＞萘系＞三聚氰胺系。

（2）高效减水剂的掺量 通常情况下，高效减水剂改善混凝土和易性的效果随掺量增加而明显增强，但掺量超过一定值后，和易性改善效果不再明显。

图3-16是水灰比为0.28时，水泥净浆流动度与萘系（FDN）、氨基磺酸系（ASP）高效减水剂掺量的关系曲线。由图3-16可见，当高效减水剂掺量小于0.2%时，水泥净浆的流动性很差；掺量超过0.2%后，水泥净浆的流动度显著增大；当掺量为0.5%时，掺FDN、ASP的水泥净浆流动度分别达164mm和280mm。

（3）高效减水剂的掺入方式 高效减水剂的掺入方式对新拌混凝土坍落度有很大影响。按照掺入时间的不同，高效减水剂的掺入方法可分为同掺法和后掺法。同掺法是指高效减水剂与拌合水一起加入，而后掺法是指高效减水剂（溶液）在拌合水加入之后加入。图3-17是脂肪族系高效减水剂（磺化丙酮-甲醛缩合物的钠盐）在不同掺量、掺入方法时的水泥净浆流动度。由图3-17可见，与同掺法相比，后掺法增加坍落度的效果更好。其中，减水剂掺量为水泥质量的百分数（%），后掺法为加水1min后再掺入高效减水剂溶液。

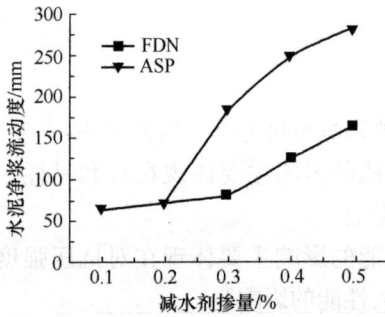

图 3-16　水泥净浆流动度与萘系（FDN）、氨基磺酸系（ASP）高效减水剂掺量的关系曲线

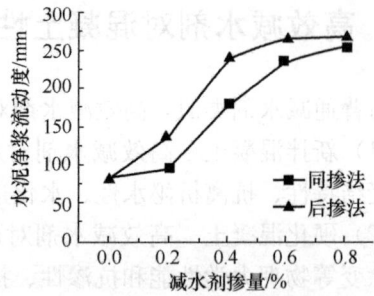

图 3-17　脂肪族系高效减水剂的掺量及掺入方式对水泥浆流动度的影响

也有研究表明，如果在水泥和水混合 5～50min 后再掺入高效减水剂，有可能降低坍落度。

（4）水泥浆或混凝土的初始坍落度　在高效减水剂种类、掺量一定的条件下，高效减水剂改善和易性的效果与混凝土初始坍落度有关，初始坍落度越小，达到一定工作坍落度所需的高效减水剂掺量越大。当高效减水剂掺量大于一定范围后，坍落度随掺量增大而增加的效果不再明显，如图 3-18 所示。

（5）水泥种类　对于大多数硅酸盐水泥，掺入高效减水剂都可以显著改善新拌混凝土的和易性。而对于火山灰质硅酸盐水泥、矿渣硅酸盐水泥等，由于其对高效减水剂分子的强烈吸附，和易性改善效果对高效减水剂掺量的敏感性稍差，所以需预先测定"高效减水剂掺量-和易性效果改善"曲线。

（6）水泥用量或水灰比　高效减水剂掺量一定的条件下，高效减水剂改善混凝土和易性效果与水灰比或水泥用量有关。水泥用量越大、水灰比越高，高效减水剂改善和易性的效果越显著。因为即使不掺入高效减水剂，水泥用量或水灰比增大，混凝土的流动性也会提高。图 3-19 是掺萘系（FDN）、氨基磺酸系（ASP）高效减水剂的水泥净浆在不同水灰比时的流动度测定结果。图 3-19 中，高效减水剂掺量为水泥质量的 0.5%。

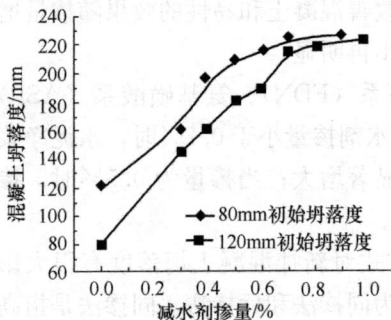

图 3-18　高效减水剂掺量对混凝土坍落度的影响

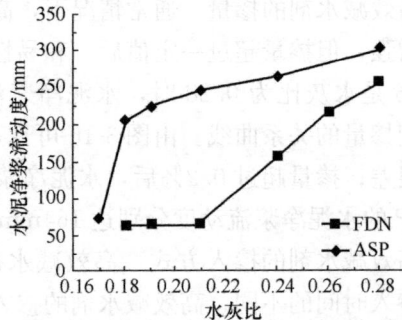

图 3-19　掺萘系（FDN）、氨基磺酸系（ASP）高效减水剂水泥净浆在不同水灰比时的流动度

（7）工作温度　在 5～30℃ 的范围内，温度对掺高效减水剂混凝土的和易性基本无影响。

2. 高效减水剂对新拌混凝土减水率的影响

在混凝土和易性一定的条件下,掺入高效减水剂可以大大减少拌合用水量,显著降低水灰比。当然,减水率与高效减水剂的类型及掺量、水泥的种类及用量等因素有关。

(1) 高效减水剂的类型 各类高效减水剂在各自最佳掺量范围内的减水率由大到小的顺序大致为聚羧酸系>氨基磺酸系>脂肪族系>三聚氰胺系、萘系>古玛隆系>蒽系>甲基萘系。

图 3-20 是掺萘系(FDN)、氨基磺酸系(ASP)高效减水剂水泥净浆的流动度基本相同时,减水率与高效减水剂掺量的关系曲线。显然,相同掺量下,ASP 的减水率明显高于 FDN。掺量为 0.5%时,ASP 的减水率高达 24%,而 FDN 只有 11.5%;掺量高于 0.5%之后,减水率随着掺量的增加而缓慢增大。

(2) 高效减水剂分子中的阳离子类型 高效减水剂的减水效果与减水剂分子中的阳离子类型有关。图 3-21 是水灰比基本相同时,固含量约 35%的脂肪族系高效减水剂(磺化丙酮-甲醛缩合物)的钠盐、锌盐及铝盐减水率与掺量的关系曲线。根据图 3-21 可见,磺化丙酮—甲醛缩合物钠盐、锌盐及铝盐的减水率均随掺量增加而增大;在相同掺量下,钠盐的减水率最大,而铝盐的减水率最小,在最佳掺量(2.0%)时,钠盐、锌盐及铝盐的减水率分别为 28%、17.5%和 12%。其原因可能在于阳离子的价态高,缩合物间易于形成特殊的桥键,从而影响缩合物的减水性能。

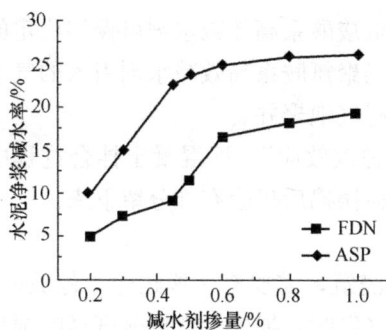

图 3-20 掺萘系(FDN)、氨基磺酸系(ASP)高效减水剂水泥净浆减水率与减水剂掺量的关系曲线

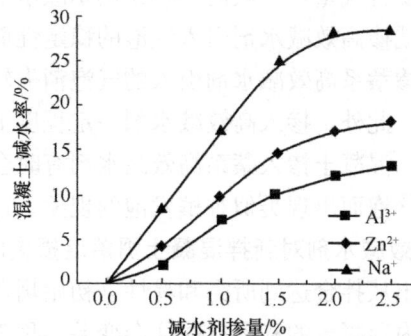

图 3-21 脂肪族高效减水剂金属盐类对减水率的影响

(混凝土配合比为水泥:砂:石=1:2.26:3.39,水泥用量为 330kg/m³;用水量为使混凝土坍落度达 70~90mm 时的量)

(3) 高效减水剂的掺量 通常,高效减水剂的减水率为 15%~35%,而且减水率随减水剂掺量的增加而增大,但实际减水率与减水剂掺量及混凝土的设计坍落度有关。表 3-17 是混凝土设计坍落度、萘系高效减水剂掺量对减水率的影响。由表 3-17 可以看出,当高效减水剂的掺量一定时,混凝土的设计坍落度越大,减水率越高;当混凝土的设计坍落度一定时,高效减水剂的掺量越大,减水率越高。但当高效减水剂掺量超过一定范围后,减水率随掺量增加而增大的幅度不再明显,如图 3-21 所示。

混凝土的设计坍落度、萘系高效减水剂的掺量对高效减水剂混凝土减水率的影响　　表 3-17

萘系高效减水剂掺量	水灰比	减水率/%	坍落度/mm	萘系高效减水剂掺量	水灰比	减水率/%	坍落度/mm
基准混凝土	0.60	0	100	基准混凝土	0.55	0	50
常规掺量	0.57	5	100	常规掺量	0.48	13	55
2倍掺量	0.52	15	100	2倍掺量	0.44	20	50
3倍掺量	0.48	20	100	3倍掺量	0.39	28	45

（4）水泥种类及用量　减水剂的减水效果与水泥种类及水泥用量有关。研究发现，所有硅酸盐水泥中掺入高效减水剂都有不同程度的减水效果，且减水率随水泥用量的增加而增大。

3. 高效减水剂对新拌混凝土含气量的影响

掺用高效减水剂会引起混凝土含气量的变化，基本规律如下：

（1）当混凝土中掺入高效减水剂以提高和易性为目的时，掺改性木质素磺酸盐、萘系或聚羧酸系高效减水剂会导致混凝土的含气量比基准混凝土高，所以有时需同时掺入消泡剂。而掺用三聚氰胺系、氨基磺酸系高效减水剂对混凝土的含气量影响不大。

（2）当混凝土中掺入高效减水剂以减小水灰比为目的时，如果掺高效减水剂会引起含气量增大，那么增大幅度也非常小，尤其是对于水灰比较高的混凝土拌合物。此时，为达到工程需要含气量，一般需要考虑调整减水剂掺量。

（3）就掺高效减水剂引入气泡的稳定性而言，掺聚羧酸系高效减水剂可保持稳定的气隙体系，掺萘系高效减水剂引入的气泡消失较快，而三聚氰胺系高效减水剂引入的气泡消失得更快。此外，掺入高效减水剂一定程度上可能引起气泡聚并。

最后，混凝土掺入萘系高效减水剂有时会出现"香槟效应"，即混凝土拌合过程中会引入大量气泡而出现类似香槟发泡的现象。这些气泡在振捣后仍会有部分留下来。

4. 高效减水剂对新拌混凝土坍落度损失的影响

混凝土从拌合达到所需和易性（初始坍落度）到浇筑，需要有一段运输、停放时间，这段时间内混凝土的和易性往往会变差，称为坍落度（经时）损失。就坍落度经时损失的机理而言，不同研究者的观点并不完全一致。由 Hattori 和 Izumi 的研究结果可知，静止状态时，水泥浆稠度均一性损失是由于水泥颗粒的物理凝聚，而非化学作用。坍落度损失阶段，水泥矿物 C_3A 与石膏反应生成具有晶体结构的产物并分散于水泥浆中，表明铝酸相反应与混凝土和易性紧密相关。掺入高效减水剂会促进铝酸相与石膏的反应，而且反应速率随铝酸盐含量的增加而加快，因此水泥中 C_3A 含量越高，掺高效减水剂后坍落度经时损失越快。而 Young 研究了 $C_3A^-30\%$ 石膏-水、$C_3S^+C_3A^+$ 石膏-水、C_3S-水体系的坍落度损失情况，发现 C_3A^+ 石膏体系未见坍落度损失，表明坍落度损失与 C_3S 相有关，也即能减缓 C_3S 水化的措施都能减缓坍落度损失。

掺高效减水剂混凝土的坍落度经时损失与混凝土初始坍落度，高效减水剂的种类、掺量及掺入时间，水泥强度等级及用量，环境条件（温度、湿度），拌合标准等密切相关。

（1）高效减水剂的类型　掺高效减水剂混凝土坍落度的损失速率与高效减水剂的类型有关。通常情况下，与萘系、三聚氰胺系相比，脂肪族的坍落度保持性稍好，氨基磺酸系和聚羧酸系高效减水剂的坍落度保持性更好。表 3-18 是掺萘系（FDN）、氨基磺酸系（ASP）高效减水剂混凝土的坍落度经时损失测定结果。可见，当 ASP 掺量分别为 0.5％～0.75％时，掺 ASP 混凝土的坍落度 60min 内基本无变化，120min 后分别仍可保持 86％和 90％的初始坍落度。比较而言，相同掺量下，掺 FDN 混凝土的坍落度损失明显且快。

掺萘系（FDN）、氨基磺酸系（ASP）高效减水剂混凝土的坍落度经时损失　　表 3-18

减水剂	掺量/%	坍落度/mm				
		初始值	30min	60min	90min	120min
FDN	0.5	165	165	150	130	100
	0.75	190	185	170	150	115
ASP	0.5	180	180	175	165	155
	0.75	215	215	210	205	195

注：混凝土配合比为水泥∶砂∶碎石＝1∶2.27∶3.58，水泥用量为 325kg/m³。

图 3-22 是掺 0.4％的萘系（FDN）、0.3％的聚羧酸系（CAE）高效减水剂混凝土的坍落度经时损失曲线。由图 3-22 可见，掺 CAE 的混凝土可在 2h 内保持很好的和易性，相比之下，掺 FDN 的混凝土坍落度损失明显且快。

总之，各类高效减水剂的坍落度保持性能顺序大体如下：聚羧酸系＞氨基磺酸系＞脂肪族系＞古玛隆系＞萘系、三聚氰胺系＞甲基萘系＞蒽系。以上排序只是一般规律，混凝土体系的其他因素也会影响上述变化规律。

（2）高效减水剂的掺量　掺高效减水剂混凝土的坍落度保持性与高效减水剂的掺量有关，一般坍落度保持性随减水剂掺量的增大而增强。图 3-23 是掺脂肪族系（SAF）高效减水剂混凝土的坍落度经时损失随掺量变化曲线。由图 3-23 可见，SAF 掺量增大，坍落度经时损失减小。

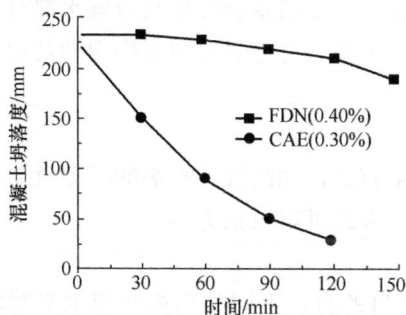

图 3-22　掺萘系（FDN）、聚羧酸系（CAE）高效减水剂混凝土的坍落度经时损失

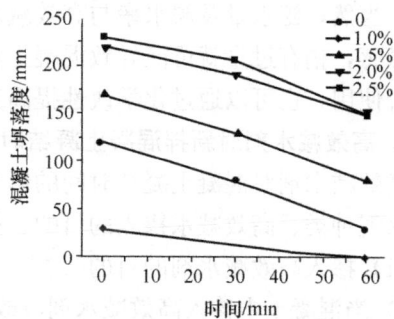

图 3-23　掺脂肪族系（SAF）高效减水剂混凝土的坍落度经时损失随掺量变化曲线

（3）环境条件　混凝土坍落度损失速率与温度、湿度、外界风速等环境条件均有关，下面的内容只介绍温度的影响。

图 3-24 是掺三聚氰胺系（SMF）高效减水剂的混凝土在不同工作温度下的坍落度经时损失曲线，三聚氰胺系高效减水剂掺量为水泥用量的 3.0％。由图 3-24 可见，温度越高，坍落度经时损失越快、越明显；若温度较高，掺入高效减水剂的同时，掺入少量缓凝

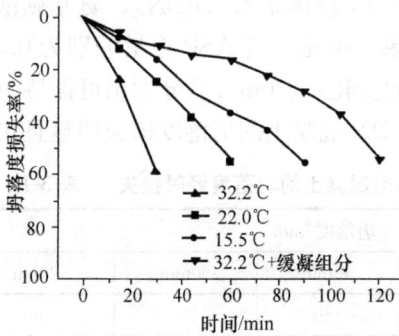

图 3-24 掺三聚氰胺系（SMF）高效减水剂混
凝土在不同温度时的坍落度经时损失曲线

组分，则可以大大改善坍落度保持性能。

（4）水泥用量 水泥用量对混凝土坍落度损失率的影响很大。通常情况下，水泥用量增大，混凝土的坍落度损失率减小。

综上所述，控制掺高效减水剂混凝土坍落度损失的方法很多，常用的有适当增大高效减水剂的掺量、高效减水剂分次掺入、使用粗糙的球形掺合料、与具有缓凝效果的外加剂复合使用、掺入水溶性聚合物等。

5. 高效减水剂对新拌混凝土泌水和离析的影响

离析是由于混凝土拌合物各组分的粒径及密度不同而出现的分层现象。泌水则是离析的一种表现形式。通常适度的泌水是无害的，若过度泌水，则可能影响硬化混凝土的性能。

当混凝土和易性一定时，掺入高效减水剂以降低水灰比为目的时，掺入高效减水剂可减少拌合用水量，因而泌水量也会随之减少。但是，如果高效减水剂掺入过量，则可能促进含石灰、硫酸钙和碳酸钙沉淀物的形成，增大出现离析现象的可能性。此时，可增加水泥用量来改善或补救。

当混凝土水灰比一定，掺入高效减水剂以改善和易性为目的时，掺用高效减水剂可拌制高坍落度的流态混凝土，同时，新拌混凝土不发生离析、泌水现象，稍加振捣或不加振捣就可以进行浇筑，从而为制作大型或断面复杂的混凝土构筑物、泵送工艺提供了有利条件。

有研究表明，掺高效减水剂混凝土坍落度达 200mm 时，泌水量仅为普通混凝土的 30%。当然，泌水量及泌水率与高效减水剂的类型有关。如氨基磺酸系高效减水剂对掺量较为敏感，稍有过量就可能导致混凝土泌水、离析。为此，可与具有缓凝作用的其他外加剂复合使用，也可以通过化学改性提高其性能。

6. 高效减水剂对新拌混凝土凝结时间的影响

高效减水剂对混凝土凝结时间的影响与许多因素有关，如高效减水剂的类型及掺入方式、水泥种类、高效减水掺入的目的、操作温度等。大致可以概括为：

（1）掺入高效减水剂的目的

1）当混凝土中掺入高效减水剂以改善和易性为目的时，不同类型高效减水剂对混凝土的缓凝效果顺序大体为聚羧酸系＞氨基磺酸系＞脂肪族系＞古玛隆系＞萘系、三聚氰胺系＞甲基萘系＞蒽系。

表 3-19 是掺萘系（FDN）、氨基磺酸系（ASP）高效减水剂混凝土的凝结时间测定结果。由表 3-19 可见，掺 FDN 混凝土的初凝时间与不掺减水剂的基准混凝土差不多，而终凝时间略有提前。掺 ASP 混凝土的初凝、终凝时间比基准混凝土延缓 320min 和 450min。

2）当混凝土中掺入高效减水剂以降低水灰比为目的时，高效减水剂对混凝土凝结时间的影响不显著。更准确地讲，在高效减水剂的适宜掺量范围内，掺入高效减水剂引起的混凝土凝结时间延长或缩短的幅度一般不超过 1h。

掺萘系（FDN）、氨基磺酸系（ASP）高效减水剂混凝土的凝结时间   表 3-19

减 水 剂	凝结时间/min		凝结时间差/min	
	初凝	终凝	初凝	终凝
空白	270	470	—	—
萘系（FDN）	290	440	＋20	－30
氨基磺酸系（ASP）	590	920	＋320	＋450

注：1. 混凝土配合比为水泥：砂：碎石＝1：2.27：3.58。

    2. 水泥用量为 325kg/m³。

    3. 高效减水剂掺量为水泥质量的 0.5%。

    4. 凝结时间差中"—"表示提前，"＋"表示延缓。

需特别指出，聚羧酸系高效减水剂的特点之一是可以通过"分子结构设计"来调整技术性能，特别是通过调控含聚氧化烯基链节的侧链长度来调整凝结时间，此时，聚羧酸系高效减水剂对混凝土凝结特性的影响不适用上述规律。表 3-20 是分子结构中含不同聚合度 PEO 链节长侧链的标准型（PEO 聚合度为 9、23）、促凝型（PEO 聚合度为 46、92）和缓凝型（PEO 聚合度为 4、9）聚羧酸系高效减水剂对混凝土凝结特性的影响。

掺含不同聚合度 PEO 链节长侧链的标准型、缓凝型及

促凝型聚羧酸系高效减水剂混凝土的凝结时间差   表 3-20

聚羧酸系高效减水剂	减水率/%	凝结时间差/min	
		初 凝	终 凝
标准型	24.9	＋60	＋80
缓凝型	22.8	＋230	＋200
促凝型	26.1	－50	＋30

注：1. 混凝土配合比为水泥：砂：石子＝1：1.94：2.69，水泥用量为 390kg/m³，砂率为 42%。

    2. 混凝土初始坍落度为 180～200mm。

    3. 标准型、缓凝型、促凝型聚羧酸系高效减水剂分子结构中含 PEO 链节长侧链的 PEO 聚合度分别为 9 和 23、4 和 9、46 和 92。

    4. 聚羧酸系高效减水剂（粉剂）掺量为水泥用量的 0.45%。

    5. 凝结时间差中"—"表示提前，"＋"表示延缓。

（2）高效减水剂的掺量　高效减水剂对混凝土凝结特性的影响与减水剂掺量有关。通常，高效减水剂延长或缩短凝结时间的效果随掺量的增加而显著。表 3-21 是氨基磺酸系（ASP）高效减水剂掺量对水泥净浆凝结特性的影响。由表 3-21 可以看出，ASP 是一种缓凝型高效减水剂，而且缓凝效果随掺量的增加而变得明显。

氨基磺酸系（ASP）高效减水剂对水泥净浆凝结特性的影响   表 3-21

减水剂掺量/%	凝结时间/min		凝结时间差/min	
	初凝	初凝	终凝	初凝
0（空白）	85	245	—	—
0.3	150	290	＋65	＋45
0.4	175	395	＋90	＋150
0.5	200	635	＋115	＋390

注：1. 氨基磺酸系（ASP）高效减水剂掺量为水泥质量的百分数。

    2. 凝结时间差中"—"表示提前，"＋"表示延缓。

（3）操作温度 高效减水剂对混凝土凝结特性的影响与操作温度有关。表 3-22 是掺三聚氰胺系（SMF）高效减水剂水泥浆在不同温度下的凝结时间测定结果。由表 3-22 可以看出，操作温度越高，掺三聚氰胺系高效减水剂引起的凝结时间差越小。

掺三聚氰胺系（SMF）高效减水剂水泥浆在不同温度下的凝结时间　　　　表 3-22

操作温度/℃	基准水泥浆		掺 SMF 水泥浆	
	初凝时间/min	终凝时间/min	初凝时间差/min	终凝时间差/min
20	225	257	＋58	＋73
40	134	159	＋13	＋22
55	100	125	＋13	＋14

注：1. 三聚氰胺系（SMF）高效减水剂掺量为水泥质量的 0.1％。

　　2. 凝结时间差中"＋"表示延缓。

3.2.2 高效减水剂对硬化混凝土性能的影响

混凝土作为建筑材料，高强度、高耐久性是其基本性能的保证。通常，掺高效减水剂可提高混凝土强度，而对其抗冻融性、抗硫酸盐腐蚀性、抗氯盐侵蚀性、钢筋-混凝土粘结强度等不会产生不利影响。

1. 高效减水剂对硬化混凝土强度的影响

混凝土中掺用高效减水剂可显著减少拌合用水量，降低水灰比，进而减小硬化混凝土的孔隙率；另一方面，混凝土中掺用高效减水剂可改善水泥水化程度，提高混凝土拌合物的匀质性，从而提高混凝土的抗压强度、抗折强度、弹性模量等力学性能。但抗拉强度、抗折强度提高幅度小于抗压强度提高幅度；1a 和更长龄期的抗压强度提高幅度小于 28d 和更短龄期的抗压强度提高幅度。显然，强度提高效果还与所掺高效减水剂的种类及掺量、掺用减水剂的目的等因素有关。

（1）高效减水剂的种类及掺量 高效减水剂对混凝土的增强效果与减水剂的种类及掺量有关。表 3-23 是不同掺量的氨基磺酸系高效减水剂用于配制不同强度等级混凝土时的增强效果。

氨基磺酸系高效减水剂用于不同强度等级混凝土　　　　表 3-23

强度等级	混凝土配合比 水泥：砂：骨料：粉煤灰	水泥用量/（kg/m³）	水胶比/％	减水剂掺量/％	坍落度/mm		流动度扩展度/mm	28d 抗压强度/MPa
					初始	90min		
C25*	1：2.47：3.71：0.49	204	0.55	0.70	255	—	660	34.5
C30*	1：2.15：3.22：0.40	245	0.50	0.80	250	—	650	38.1
C40*	1：1.69：2.53：0.35	306	0.40	0.90	260		670	49.8
C50*	1：1.45：2.19：0.25	400	0.35	1.05	230	215	—	61.2
C60*	1：1.13：2.10：0.44	505	0.32	1.10	220	205	687	—

注：1. 水泥：52.5 硅酸盐水泥，细骨料：模数为 2.76 的细石英砂，粗骨料：最大粒径 25mm。

　　2. 水胶比：水/（水泥＋细骨料），减水剂掺量：减水剂/（水泥＋细骨料）。

　　3. ＊为自密实混凝土。

表 3-24 是萘系（FDN）、氨基磺酸系（ASP）高效减水剂掺量相同时，混凝土的抗压

强度发展规律。由表 3-24 可知：ASP 和 FDN 对混凝土均有很好的减水增强作用，但混凝土的强度发展规律因减水剂的特性差异而有所不同。具体地，虽然 ASP 的早强效果不及 FDN 的早强效果，但并不影响混凝土的后期强度发展。其原因在于 FDN 具有较好的减水分散性能，能加快水泥水化，水化结晶产物生长较快，所以掺 FDN 混凝土的早期强度较高；尽管 ASP 的减水分散性能比 FDN 好。但 ASP 分子结构中的极性基团（－OH、－NH$_2$）具有抑制水泥初期水化的作用，即掺 ASP 混凝土的初期水泥水化速度较慢，所以掺 ASP 混凝土的早期强度不及掺 FDN 的混凝土。

掺萘系、氨基磺酸系高效减水剂混凝土的抗压强度比　　表 3-24

减水剂	掺量/%	减水率/%	抗压强度比/%		
			3d	7d	28d
空白	0	—	100	100	100
氨基磺酸系（ASP）	0.5	28.6	142	143	138
萘系（FDN）	0.5	17.5	151	136	125

注：混凝土配合比为水泥：水：砂：石＝1：0.25：2.65：3.67，水泥用量为 288kg/m^3。

（2）掺入高效减水剂的目的

1）当混凝土中掺入高效减水剂以降低水灰比为目的时，掺三聚氰胺系高效减水剂混凝土不同龄期的抗压强度测定结果如表 3-25 所示。由表 3-25 可以看出，当混凝土坍落度一定，掺入高效减水剂以降低水灰比为目的时，混凝土水灰比降低的幅度越大，所需三聚氰胺系高效减水剂的掺量越大，抗压强度提高越明显。

坍落度一定时，掺三聚氰胺系高效减水剂混凝土的水灰比、抗压强度　　表 3-25

掺量/%	水灰比	减水率/%	抗压强度/抗压强度比/（MPa/%)		
			3d	7d	28d
0	0.68	0	12.2/100	19.9/100	31.8/100
0.5	0.56	17.8	19.6/161	33.3/167	45.5/143
0.75	0.54	20.5	24.4/200	38.8/195	52.1/164
1.0	0.51	24.9	28.6/234	42.3/213	53.3/168
1.25	0.47	30.9	33.1/271	44.8/225	58.9/185
1.5	0.45	33.8	37.4/306	50.5/254	66.0/207

注：混凝土坍落度为 70～90mm。

2）当混凝土中掺入高效减水剂以改善和易性为目的时，掺三聚氰胺系高效减水剂混凝土的不同龄期抗压强度测定结果如表 3-26 所示。由表 3-26 可以看出，当混凝土的水泥用量一定，掺入高效减水剂以改善和易性为目的时，混凝土的和易性改善效果越明显（也即坍落度增加值越大），所需三聚氰胺系高效减水剂的掺量越大，抗压强度提高越明显。换句话说，混凝土的水灰比越小，达到相同和易性要求（也即工作坍落度）所需的三聚氰胺系高效减水剂的掺量越大，混凝土的增强效果越明显。

水泥用量一定时，掺三聚氰胺系高效减水剂混凝土的水灰比、抗压强度　　表 3-26

水灰比	减水剂掺量/%	抗压强度/抗压强度比/（MPa/%）		
		3d	7d	28d
0.47	—	1.5/100	33.0/100	38.5/100
	1.5	13.0/113	38.5/117	46.5/121
0.42	—	14.5/100	36.5/100	42.5/100
	2.5	20.5/141	45.5/125	55.0/129
0.38	—	16.5/100	42.5/100	44.0/100
	3.5	26.0/158	53.0/125	60.0/136
0.37	—	17.0/100	42.0/100	48.5/100
	4.5	29.5/174	52.5/125	64.0/132

注：硅酸盐水泥用量为 400kg/m³，水灰比为 0.37～0.47，基准混凝土坍落度为 25～100mm。

　　此外，对于流态混凝土，不管是否经过振捣，掺入推荐量高效减水剂的混凝土圆柱形试件的 28d 抗压强度与基准混凝土基本相同，或高于基准混凝土。这就表明，对密实性无特殊要求的混凝土中掺入高效减水剂后，由于省去了振捣操作，因此可节约时间和金钱。但是对于钢筋混凝土板及构件，最好还是适度振捣以提高钢筋-混凝土粘结。对于预制混凝土，高效减水剂的掺用对减水、早强特别重要。

2. 高效减水剂对硬化混凝土收缩和徐变的影响

　　就高效减水剂对混凝土收缩和徐变的影响而言，尽管现有文献中不同试验所用水泥种类、载荷、相对湿度等条件各不相同，可比性不是很高，但是，除了一些特例外，仍可以看到如下大体变化规律：在坍落度基本相同的条件下，高效减水剂对混凝土的收缩和徐变特性无显著影响。

　　此外，不同类型高效减水剂对混凝土徐变、干缩的影响不同，如掺三聚氰胺系高效减水剂混凝土的短期干缩有所增大，但长龄期的干缩会减小，徐变有相似变化规律；而掺萘系高效减水剂混凝土的干缩有所减小，但徐变无明显变化。

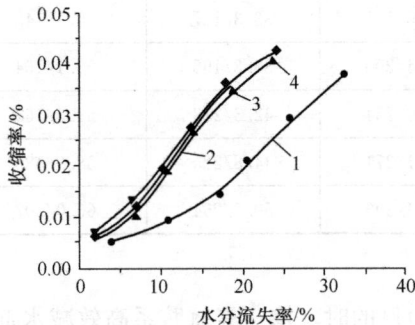

图 3-25　掺萘系、三聚氰胺系、改性木质
素磺酸盐高效减水剂混凝土随
龄期增长的水分流失与收缩变化
1—基准混凝土；2—萘系；3—改性木质
素磺酸盐；4—三聚氰胺系

　　图 3-25 是掺萘系、三聚氰胺系、木质素磺酸盐高效减水剂混凝土随龄期增长的水分流失与收缩曲线。由图 3-25 可见，水分流失率相同的条件下，与基准混凝土相比，掺高效减水剂混凝土的收缩要大，其原因可能是掺高效减水剂混凝土中水泥及其水化产物的分散性更好。

3. 高效减水剂对硬化混凝土耐久性的影响

　　硬化混凝土的耐久性包括抗渗性、抗冻融性、抗硫酸盐腐蚀性、抗氯盐腐蚀性、钢筋锈蚀、钢筋-混凝土粘结强度等几个方面。

　　通常情况下，适度引气、水灰比低的硬化混凝土在严酷环境条件下的耐久性良好。掺入高效减水剂可起到适度引气、降低水灰比的作用，所以掺入高效减水剂可提高硬化混凝土耐久性，至少可以说，高效减水剂的掺入不会对耐久性产生不利影响。

（1）抗渗性 混凝土的抗渗性与其孔隙率及孔结构有关。混凝土内孔隙按孔径大小大致可以分为小于4～5nm、5～50nm、50～100nm及大于100nm四级。若孔径大于50nm的孔隙体积分数增大，则会对混凝土强度和抗渗性带来不利影响；若孔径小于50nm的孔隙体积分数增大，则混凝土的抗渗性、强度、耐腐蚀性等均有提高。

掺入高效减水剂后，混凝土的水灰比降低，孔结构得以改善，有利于增加混凝土内部结构的密实度，减少泌水通道，从而提高抗渗性。

（2）抗冻融性 高效减水剂对混凝土抗冻融性的影响与普通减水剂类似。

当混凝土中掺入非引气型高效减水剂时，减水剂的高效减水作用可使得混凝土的水灰比显著降低，混凝土结构中可冻结的游离水减少，混凝土抗渗性提高，从而有利于提高抗冻融性。

当混凝土中掺入引气型高效减水剂或掺入非引气型高效减水剂与适量引气剂时，由于所掺外加剂的引气作用，混凝土体系中会引入一定量的微小、独立、稳定的气泡，可缓解冻结和过冷水迁移所产生的膨胀压力集中，从而可显著提高抗冻融性。

（3）抗硫酸盐、氯盐腐蚀性 研究发现，掺高效减水剂混凝土的抗硫酸盐、氯盐腐蚀性与普通混凝土无明显差异。虽然萘系、三聚氰胺系等缩聚型磺酸盐类高效减水剂中会含有一定量的硫酸盐，但是在推荐掺量范围内，一般不会影响硬化混凝土的抗冻融性。

（4）钢筋锈蚀 一般，掺入高效减水剂对钢筋混凝土中的钢筋无锈蚀作用。

图3-26是掺脂肪族系高效减水剂（磺化丙酮—甲醛缩合物，SAF）的砂浆中钢筋锈蚀试验的阳极极化电位-时间曲线。由图3-26可见，掺入SAF不会增加钢筋锈蚀，其原因是SAF本身不含氯离子，且掺入SAF可提高混凝土内部密实度，改善其抗碳化能力，从而提高混凝土整体的耐久性。

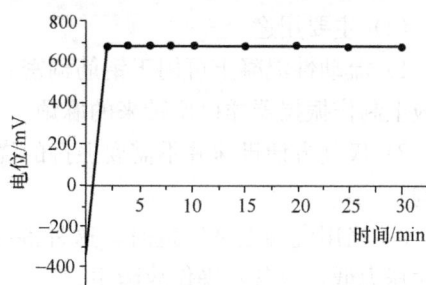

图3-26 掺磺化丙酮-甲醛缩合物（SAF）的砂浆中钢筋锈蚀试验的阳极极化电位-时间曲线

（5）钢筋-混凝土粘结强度 对于普通混凝土和轻质混凝土，高效减水剂的掺入可增强钢筋-混凝土的粘结强度。有资料显示：对于普通钢筋混凝土，如果用平圆钢，则掺入高效减水剂可使7d龄期混凝土的钢筋-混凝土粘结强度从1.2MPa增加到3.5MPa；若用螺纹钢，则粘结强度从15.0MPa增加到27.5MPa。

3.3 高效减水剂的应用

1. 配制流动性混凝土

长期以来工程界所期望的目标是在保持水灰比相同时，可制备一种实际上可安全自流平的混凝土，在浇筑过程中或浇筑之后，混凝土不泌水、不离析和不降低强度。使用高砂率、高水泥用量和普通减水剂可部分达到目的，但有一定的局限性，混凝土的坍落度最高只能达到大约 18cm 左右。

选用初始坍落度为 7.5cm 的基准混凝土，掺入适量的高效减水剂，可以拌制坍落度超过 20cm 以上的流动混凝土，它与普通混凝土的根本区别在于，既能保持凝聚性，又极易流动而成自流平。

（1）流动混凝土的配比设计

1）用普通混凝土配合比设计方法，或者用现场骨料试验确定的坍落度为 7.5cm 的混凝土，可用加入高效减水剂和另外再加 4%～5% 砂的方法来制备流动性混凝土。

2）根据最大骨料尺寸，确定细骨料的总用量。如果最大骨料尺寸为 38mm，则总的细物料（包括水泥和小于 300μm 的砂）应为 400kg/m³；如果最大骨料尺寸为 20mm，则总的细物料需 450kg/m³。

对于水泥量为 270kg/m³ 或 270/m³ 以上的混凝土，0～1.18mm 的砂应占 24%～25%（占总骨料的百分数）。如果水泥用量小于 270kg/m³，通过 1.18mm 筛砂的百分数应提到 35% 以上，若达不到合适的砂量，将会造成离析和明显的泌水。

在砂缺少细粒的情况下，利用惰性材料（如火山灰或合适建筑用的尾矿）来代替部分砂，能改善所配制混凝土的流动性，利用合适成分的碎石粉对早期强度也有一定的效果。

应该指出，高效减水剂不能使初始坍落度为 7.5m 的所有混凝土流化。如果要使混凝土不离析，设计的配比需要反复调整。因此，在选择确定配比之前，试配和验证是非常重要的。

（2）主要用途

1）流动性混凝土可用于钢筋稠密和不易通过的地方浇筑，这样可避免切割钢筋和在模板上制作振捣器插口所带来的麻烦。

2）极其方便迅速并不需要振捣的浇筑性能，适用于底座、屋面、地板等及其类似的结构。

3）当用混凝土泵浇筑时，这种混凝土具有良好的黏聚性和易浇筑性。泵送速度快，泵送压力低，设备及操作故障少。

4）用导管法浇筑混凝土，尤其是水下混凝土，不用辅助设备，混凝土从下料位置铺开 5～6m，这是比用导管法浇筑传统混凝土的一个突出优点。

5）易于得到表面美观均匀密实的混凝土制品。

应该指出，在下列情况下使用流动性混凝土是不合适的：

1）用升降机和小推车浇筑较慢的地方。

2）浇筑混凝土平面斜度大于 3°。

3）需要触变性而不是流动的混凝土，即挤压成型混凝土。

4）加水能获得高流动性而无害的地方，如真空成型混凝土，压制成型板和离心管道等。

2. 配制减水高强混凝土

减水高强混凝土主要用于下列几个方面：

（1）在预制构件生产中，利用其早强性能，有利于提前脱模和剪断钢筋。大量试验表明，利用高效减水剂适当减水，减水混凝土与基准混凝土的强度相同时，减水混凝土 3d 就能达到基准混凝土的 7d 强度，减水混凝土 7d 就能达到基准混凝土的 28d 强度，这能够提高劳动效率，加速模板周转，增加产量。

（2）可以生产 C100 的混凝土构件，并且可减少构件的损伤。

（3）用低水灰比配制大坍落度混凝土，更便于浇筑。

利用 MF、FDN、NF、BW 等其他高效减水剂配制高强混凝土已进行了较广泛的研究，并获得成功。C100 的混凝土已用于某些特殊工程，而 C50～C60 的混凝土已较广泛地用于铁路轨枕和桥梁工程，收到了良好的技术、经济和社会效益。

3. 生产降低水泥用量的混凝土

在相同的强度要求下，保持和易性和水灰比不变，由于高效减水剂的作用，促进了混凝土强度增长，每立方米混凝土的水泥用量随高效减水剂掺量的增加而减少。掺 MF 高效减水剂的试验结果表明：掺 0.3％MF 一般可节约水泥用量 50～55kg/m³，0.5％可减少 74kg/m³，0.7％可减少 84～86kg/m³，如表 3-27 所示。

掺 MF 高效减水剂节约水泥试验结果 表 3-27

水泥品种	水泥用量/（kg/m³）	MF 掺量/％	坍落度/cm	抗压强度/MPa			节约水泥/％
				1d	7d	28d	
普通硅酸盐水泥	380	0	11.0	3.8	21.5	30.4	—
	360	0.05	9.7	3.5	22.2	31.2	5.0
	350	0.1	9.2	3.3	20.0	30.9	7.9
	325	0.3	13.0	3.1	20.9	30.4	14.5
	306	0.5	15.2	3.4	20.5	28.3	19.5
	296	0.7	13.0	3.0	19.5	29.8	22.1
矿渣硅酸盐水泥	380	0	5.5	3.0	—	20.2	—
	330	0.3	5.5	2.6	—	29.1	13.0
	306	0.5	7.0	3.0	—	20.0	19.5
	294	0.7	16.0	2.4	—	21.2	22.6

4 高性能减水剂

4.1 概述

4.1.1 高性能减水剂的特点

1. 性能特点

减水率高，至少在20％以上；坍落度损失小，2h内损失率为10％直至基本无损失，所以预拌混凝土有优良的和易性；硬化混凝土密实、强度高、耐久性好。

2. 组成结构特点

高性能减水剂的结构组分可分为3种类型，即减水和分散性保持功能兼而有之的单一组分系；减水组分和分散性保持成分的两成分复合系；有一定分散保持性的减水成分和分散性保持成分的两成分复合系。前一类是指氨基磺酸盐聚合物（AS）以及聚羧酸类接枝共聚物这两种单一组分的合成反应产物，后两类是指萘磺酸盐甲醛缩合物或三聚氰胺甲醛缩合物与缓凝剂和其他外加剂组分的复合产品。

4.1.2 高性能减水剂的适用范围

（1）聚羧酸系高性能减水剂可用于素混凝土、钢筋混凝土和预应力混凝土。

（2）聚羧酸系高性能减水剂宜用于高强混凝土、自密实混凝土、泵送混凝土、清水混凝土、预制构件混凝土和钢管混凝土。

（3）聚羧酸系高性能减水剂宜用于高体积稳定性、高耐久性或高工作性要求的混凝土。

（4）缓凝型聚羧酸系高性能减水剂宜用于大体积混凝土，不宜用于日最低气温5℃以下施工的混凝土。

（5）早强型聚羧酸系高性能减水剂宜用于有早强要求或低温季节施工的混凝土，但不宜用于日最低气温−5℃以下施工的混凝土，且不宜用于大体积混凝土。

（6）具有引气性的聚羧酸系高性能减水剂用于蒸养混凝土时，应经试验验证。

4.1.3 高性能减水剂的主要品种及性能

1. 主要品种

（1）单一组分高性能减水剂　高性能混凝土所要求的外加剂必须具备：

1）减水剂对水泥颗粒的分散性要好，对混凝土减水率要高，至少在20％以上。

2）混凝土坍落度和扩展度的经时变化都应当小。

3）含碱量低、不含氯离子，因此能显著改善混凝土耐久性。

4）有一定的引气性但不超过 3%。

5）成本适中，掺量小，便于推广应用。

高性能减水剂能同时满足前述 5 项要求的主要是第二、三代的新型高效减水剂，有固定生产工艺和控制参数，有确定的化学结构和组成，如氨基苯磺酸盐减水剂，酮基减水剂、聚羧酸基和兼有磺酸基和羧酸基的接枝共聚物减水剂等。

（2）复配型多组分高性能减水剂　传统的萘磺酸钠甲醛缩合物和蜜胺树脂甲醛缩合物均无法单独完成高性能减水剂所要求的指标，必须与其他种类外加剂进行复配。在混凝土有特定要求的情况下，上述单一组分高性能减水剂也需要复合某些种类外加剂，因此复配在很多时候是必需的。高性能减水剂常由以下几种外加剂组分复配而成。

1）高性能减水剂。不同种类的高性能减水剂在水泥浆体内固-液界面上的吸附形态不同，从而使减水率及坍落度经时损失有很大不同。萘系及三聚氰胺系是棒状结构，呈刚性垂直链或横卧链吸附状态，与水泥粒子的吸附形式单一，ξ-电位随时间而降低很快，表现为坍落度损失大，必须与控制坍落度损失的外加剂进行复配才能构成高性能减水剂。

常用的高性能减水剂有：

萘磺酸盐甲醛缩合物，掺量 0.35%～1.5%。

蜜胺磺酸基，掺量（液体）1.5%～3%。

氨基磺酸基，掺量（液体）1.4%～2%。

聚羧酸基，掺量 0.15%～0.35%。

木质素磺酸盐，掺量 0.10%～0.35%。

当混凝土强度越高，使用不同的高效减水剂对最终强度的影响就越大。因此配制不同要求的高性能混凝土，要选择合适的高性能减水剂。

2）缓凝剂。在复合型高性能减水剂中，缓凝剂的作用在于抑制水泥初期水化速度，使水化初期的水泥浆中游离水分子能多一些（因为延缓水化而使被结合进去的水分子数量较少），达到坍落度损失较小的目的。高性能混凝土中常用的缓凝剂有羟基羧酸盐和柠檬酸、磷酸盐，如聚磷酸钠、多聚磷酸钠、磷酸二氢钠、焦磷酸钠、磷酸二氢钾、六偏磷酸钠等。但是由于此处缓凝剂的主要功能是用来调节和控制高性能混凝土的坍落度经时变化，而不能影响早期强度的增长，因此最佳掺量的变化范围较窄。

3）引气剂。为改善高性能混凝土的耐久性，有必要引入一定的含气量。混凝土中含气量有一定的适宜范围，超过适宜值将引起强度降低——无论是短龄期还是长龄期；低于适宜值则引气的效果不明显，即达不到改善和易性、提高抗冻融性和抗渗性的预期目标要求。引气剂对混凝土性质的影响以及混凝土含气量的影响因素在第五章中将详细叙述。

常用的引气剂有：

松香皂和松香热聚物，掺量 0.004%～0.01%；

脂肪醇硫酸钠，掺量通常小于 0.01%；

烷基磺酸盐和烷基苯磺酸盐，掺量 0.005%～0.01%；

皂甙掺量约为 0.005%～0.015%。

为保持气泡的稳定性可添加微量稳泡剂，如月桂酰二乙醇胺。

4）增稠剂。或称稳定剂，能显著增加水溶液的黏度，从而能用来解决高流动度、高扩展度的预拌混凝土的变形能力和抗离析性的矛盾。掺增稠剂的水泥浆由于自由水约束没有挤出来，使水泥粒子间隙被保持住，粒子间摩擦阻力减小，拌合物易于变形。而增稠剂的存在又使其在一定范围内随正应力的增加但抗剪力不变，因而提高了抗离析性。但是掺过量的增稠剂却限制了水泥浆的变形性能，也就是物料太黏了，反而使总抗剪力提高，不利于物料的变形和流动。

纤维素类增稠剂在水中溶解时，其长链上的羟基和醚键上的氧原子与水分子缔合成氢键，导致水失去流动性，游离水不再"自由"，致使溶液变稠。丙烯类增稠剂在水中溶解时，其阴离子型高分子在碱性的水泥浆中离解成多电荷大分子量的阴离子，同性电荷强烈相斥作用使线团状大分子变成曲线状，增强溶液黏度。

常用的纤维素类增稠剂有羟基丙酰甲基纤维素、羧甲基羟乙基纤维素、水溶性聚乙烯醇等，掺量在 0.001%～0.05% 的水泥质量范围内。

丙烯类增稠剂如聚丙烯酰胺、聚丙烯酸钠、丙烯基磺酸钠等，掺量在水泥质量的 0.001%～0.1%。

5）消泡剂。高性能混凝土常常使用聚羧酸系减水剂，而这类减水剂有引气性能，因此常伴随消泡剂以调节和控制所需的含气量。常用的消泡剂是有机硅化合物、高碳醇、磷酸酯等。

2. 性能及其技术要求

（1）主要性能

1）凝结时间。掺高性能减水剂的混凝土初凝及终凝时间均较普通混凝土长，掺量越多，初凝时间延迟也越长。

2）坍落度及坍落度经时变化。掺高性能减水剂混凝土的特点是水灰比即使很低，也能得到流动化、大坍落度的混凝土，而且坍落度的经时损失很小。国产高性能减水剂（液剂）掺量在 1.7%～2.5%、混凝土水胶比在 0.30 左右时，坍落度通常可达到 19～23cm，坍落度损失 60min 时为 0～1.5cm。虽然由于水泥品种不同或质量波动而使坍落度损失有所不同，但是坍落度的流动值初始能达到 46～55cm，60min 时也只损失 5～10cm。

3）强度增长。不同品种的高性能减水剂在配制超高强混凝土时，尽管试验条件相同，所达到的强度等级也相差较大。所以配制高性能混凝土时应注意选择使用，特别要注意其缓凝性和引气性。

一般而言，水胶比 0.30 左右的混凝土 28d 抗压强度可达到 90MPa；水胶比 0.25 时可达到 100MPa 左右；水胶比 0.22 左右时可达 110MPa 以上，但后两种水胶比当要求混凝土强度高于 100MPa 时仍掺有硅粉掺合料。当 28d 抗压强度达到上述指标时，长龄期混凝土强度仍然增长，无论是否掺入硅粉，90d 抗压强度一般均可发展到 100MPa。

4）耐久性。与一般高效减水剂的规律类似，当高性能减水剂的加入量越高，混凝土的干缩也越大，但收缩率较一般高效减水剂小。

抗冻融性能随高性能减水剂掺量的增大而有所提高，是因为减水剂掺量增大后水胶比可降低。

（2）技术性能要求 高性能减水剂技术性能要求如表 4-1 所示。

高性能减水剂性能要求　　　　　　　　　　　表 4-1

项　目		外 加 剂 品 种					
		高性能减水剂		高性能 AE 减水剂 JIS6204		高强混凝土用高性能 AE 减水剂	超高强混凝土高性能 AE 减水剂
		GB 8076—2008(中国)		(日本工业)		(住宅公团·日本)	(建设省·日本)
		标准	缓凝	标准	缓凝		
减水率/%		≥25	≥25	>18	>18	—	—
泌水率比/%		≤60	≤70	<60	<70	<50	
凝结时间差/min	初凝	−90~+120	>+90	−30~+120	+90~+240	0~+180	5：00~12：00
	终凝		—	−30~+120	<240	−30~+150	15：00 以内
抗压强度比/%	3d	≥160		>135	>135	>140	>100
	7d	≥150	≥140	>125	>125	>130	>100
	28d	≥140	≥130	>115	>115	>120	>10
收缩率比/%		≤110	≤110	<110	<110	<110	<110
相对耐久性(200 次)/%		—	—	>80	>80	>80	>85
1h 经时变化量	坍落度/mm	—	—	<60	<60	<50	<50
	含气量/%	—	—	<±1.5	<±1.5	<±1.5	<±1.5
[Cl^-]含量		应说明对钢筋有无锈蚀危害		①<0.02；②<0.2；③0.6			
试验条件	水泥品种	普通硅酸盐水泥		3 种普通水泥混合		同左	同左
	水泥量/kg	卵石：310±5 碎石：330±5		坍落度 80.300 坍落度 180.320		450	—
	粗骨料细骨料	最大粒径 20mm 卵石 μ_f=2.6~2.9 中砂		最大粒径 20mm 碎砂		石砂	砂
	单位水量/(kg/m³)	达 80±10mm 坍落度所需水量		达上述坍落度所需水量		掺 AE 剂坍落度达 180±10mm 时水量为基准混凝土，上述 −15% 水量为试验混凝土	基准混凝土 205±10mm，受检混凝土 165mm
	砂率/%	36~40		基准混凝土 40~50 受检混凝土±1%		40~50	—
	含气量/%	—		基准混凝土<2% 受检混凝土：基准＋3 ±0.5		4±0.5	3.5±1.0

4.2　高性能减水剂的应用

1. 水泥品种的影响

水泥品种不同，高性能减水剂用量也不相同。普通硅酸盐水泥可以比矿渣硅酸盐水泥减少外加剂用量。掺量相同时，普通硅酸盐水泥的混凝土用水量低于矿渣硅酸盐水泥。

2. 骨料的影响

一般来说，细骨料种类不同对高性能减水剂使用影响不大，但细度有一定影响。当减水剂掺量相同时，骨料越细，减水率就越低，坍落度也越小，必须增大掺量或调整混凝土配合比。细砂较河砂（中、粗砂）要多用 1～2 倍的减水剂或是减水剂不变而加大用水量 15～20kg/m³。

3. 配合比对掺量的影响

不同品种、牌号的高性能减水剂的主要成分对水泥的分散性能和机制不尽相同，因此各自适应的范围也不一样。用于一般强度混凝土时，由于水泥用量较小，稍增加减水剂掺量，减水效果就明显，掺量再加大就会引起明显缓凝或混凝土黏性增大而成型困难。高强混凝土由于水泥用量大，减水剂掺量低会无法保持坍落度，因而经时损失大、混凝土和易性差。为确保混凝土良好的和易性，水泥用量不得少于 290kg/m³。

4. 混凝土入模温度的影响

要根据混凝土入模时可能处于哪个温度范围来确定是使用标准型高性能减水剂还是缓凝型的。温度偏低时易于产生缓凝现象，应综合考虑掺合料种类数量、配合比条件而确定掺量。成型温度高时，例如夏季环境，坍落度经时变化大，甚至会发生速凝，因此使用缓凝型或适当加大掺量有利于混凝土成型质量。

5. 搅拌时间及投料顺序的影响

高性能减水剂的减水效率能否充分发挥、坍落度保持率、引气性（含气量）保持是否合适与混凝土搅拌时的投料顺序、外加剂添加方法及时间、混凝土搅拌时间长短和一次投料量均有关。搅拌时间除受搅拌机型制约之外，还必须注意延续时间过长会影响到坍落度损失加快，含气量损失，而搅拌时间短易使混凝土产生离析。通常，高强混凝土中细粉料含量比普通强度混凝土大，而搅拌时间应当适当延长。

外加剂则不宜直接投入干料中，最佳时间是在水加入后或加水过程中添加减水剂，液体型尤应如此。

6. 对泌水量的影响

高性能减水剂品种不同则泌水量也不同。高性能减水剂的减水率高，混凝土用水量低因而泌水量少。当然，增加细骨料和掺合料细粉也是减少泌水的有效方法。

7. 对凝结时间的影响

高性能减水剂使混凝土凝结时间稍有延长，且掺量增加，缓凝时间也稍有延长，其影响甚于引气减水剂和高效减水剂。因此要按照产品使用说明书的要求使用。

8. 不同外加剂混用的影响

未经相应试验，高性能减水剂一般不能随意与其他品种减水剂混合使用。随意混用易使减水剂溶液产生沉淀，或使混凝土产生急凝。

9. 高性能减水剂的选用

可参考表 4-2 进行。

高性能混凝土用有机外加剂及发挥性能的机理   表 4-2

要求性能	发挥性能的机理	发挥要求性能的组成及构造的主要因素	适宜物质举例
1. 在低水灰比下提高流动性（提高减水率）	增加粒子表面的电位	能形成横卧吸附层，在骨架上具有多元环，辅加亲水基密度高的链状高分子	NS，MS
		以疏齿环及尾部伸入水中的形式吸附，具有均衡疏水基和亲水基的直链状高分子	AS
	降低拌合水的表面张力	分子链环有旋转的自由度，由于亲水基和疏水基的取向易于吸附在液体界面的链状高分子	低分子量 NS
2. 流动性的经时变化小	控制间隙质水化生成的硫铝酸钙水化物及其形态 陆续供给能有效分散水泥粒子的外加剂分子（徐放）	分子中的—OH 及—COOH 数量少，且它们是易于与 Ca^{2+} 形成络合物的高分子	NS，MS
		形成间隙物和厚的稳定吸附层的高分子	PC 交联聚合物
		具有因钠离子而开口（酯结合）的高分子	
3. 少缓凝或不缓凝	确保 C—S—H 的生成速度和生成量	分子中的—OH 和—COOH 数量少，且易于与 Ca^{2+} 形成络合物的高分子	NS，MS
4. 材料分离少	增加混凝土的塑性黏度	非离子性水溶性高分子	MC，PAA，G
5. 引气性小	增加拌合水的表面张力，降低混凝土的塑性黏度	与 1 的相反	NS，MS PC
6. 强度和耐久性高	减低孔隙率 孔隙径变小及其分布变适当 孔隙形状的球形化	水隙：同 1	NS，MS，PC，LS，AS
		气泡：与 1 相反	NS，MS
7. 抗冻融性高	降低拌合水的表面张力	与 1 相同	LS，PC

注：NS：萘磺酸系，MS：蜜胺磺酸系，PC：聚羧酸系，LS：木质素磺酸系，AS：氨基磺酸系，MC：甲基纤维素，PAA：聚丙烯酰胺，G：β-1，3-葡萄糖。

5 引气剂及引气减水剂

5.1 引气剂及其应用

5.1.1 引气剂的特点

引气剂是表面活性剂的一类。它加入溶液后会附着在气泡膜上降低液膜的表面张力使泡稳定存在，表面张力越低，微细气泡越容易稳定存在，这些气泡是球形的、大小均匀的、直径在 $20\sim1000\mu m$ 之间且绝大多数小于 $200\mu m$。

引气剂有以下多种特点。

适量引气剂可提高混凝土流动性，优质引气剂具有一定的减水作用，引气剂不增大混凝土坍落度损失，相反还可以降低新拌合物的坍落度损失。

引气剂的使用大大提高了混凝土抗冻性，能减少混凝土早期受冻产生的冻胀力，使早期受冻混凝土的强度损失明显减少，同时大大提高混凝土抗冻融循环尤其是早期冻融循环能力。混凝土受盐冻会使表面产生严重剥蚀，引气剂产生的大量微泡阻止了混凝土向上泌水，因而防止盐冻的剥蚀破坏。

引气剂形成的微小气泡既封闭了混凝土结构内许多毛细孔道，又会在水泥水化矿物表面形成憎水膜降低毛细管抽吸效应。混凝土引入 4％含气量可提高抗渗性 15％。

引气所形成的微气泡能降低混凝土的碳化速度。

引气剂减少混凝土表面缺陷，改善界面特性，因而提高混凝土抗折强度和抗压强度。换句话说，即引气能提高混凝土的韧性。我们常说每增高含气量 1％，混凝土抗压强度降低 4％，但抗折强度的降低远小于此比率。此外，对贫混凝土、碾压混凝土和干硬性混凝土，适量引气不会降低反而提高强度。但对于不同类的混凝土，这个"适量"是不同值的。例如碾压混凝土要引普通混凝土同样数量的气泡，引气剂的量是普通混凝土的 5～10 倍。

添加引气剂可以有效降低混凝土碱-骨料反应的危害。

引气剂掺量是极低的，通常只有胶凝材料总量的十万分之几到万分之一或二。产生的气泡稳定性及大小均不同。气泡越小，泡内外压差就越大。拌合物运输、放置、浇筑过程中气泡受扰动产生运动（迁移），小泡容易并成大泡，多数则逐渐上升到混凝土表面破灭。这个过程在混凝土拌合物初凝前持续进行，给调控含气量并使其稳定在某一要求范围内带来很大困难。混凝土中的气泡处在多相体系中情况复杂。

5.1.2 引气剂的适用范围

（1）引气剂宜用于有抗冻融要求的混凝土、泵送混凝土和易产生泌水的混凝土。

（2）引气剂可用于抗渗混凝土、抗硫酸盐混凝土、贫混凝土、轻骨料混凝土、人工砂混凝土和有饰面要求的混凝土。

（3）引气剂不宜用于蒸养混凝土及预应力混凝土。必要时，应经试验确定。

5.1.3 引气剂的主要品种

在阳离子、阴离子、非离子系 3 类引气剂中，建材业基本只用阴离子型表面活性剂。随着水泥品种及掺合料种类越来越多，建筑业对混凝土性能要求越来越"个性化"的情况下，非离子型和两性型以及高分子水溶物表面活性剂也开始在建材工业中应用了，这些新领域是混凝土外加剂研究开发的新方向，值得重视。

1. 阴离子型引气剂

工业与民用建筑常用混凝土引气剂如表 5-1 所示，水工混凝土常用引气剂及掺量如表 5-2 所示。

混凝土常用引气剂   表 5-1

类　别	掺量/%	含气量/%	抗压强度比/%		
			7d	28d	90d
松香热聚物及松脂皂	0.003～0.02	3～7	90	90	90
烷基苯磺酸钠	0.005～0.02	2～7	—	87～92	90～93
脂肪醇硫酸钠	0.005～0.02	2～5	95	94	95
OP 乳化剂	0.012～0.07	3～6		85	
皂角粉	0.005～0.02	1.5～4		90～100	

水工混凝土常用引气剂   表 5-2

类　别	掺　量/%	含气量/%	说　明
松香热聚物及松脂皂	0.01～0.04	3～8	每增 1% 含气量，强度降 5%
OP 乳化剂	0.05	4	减水 7%，强度降 15%
脂肪醇硫酸钠（801）	0.03	5	减水 7% 左右

（1）松香类　松香类引气剂品种及性能如表 5-3 所示。

常用松香类引气剂性状   表 5-3

名　称	匀质性指标	混凝土砂浆性能	主要用途
松香酸钠	黑褐色黏稠体，pH7.5～8.5，消泡时间长	掺量 0.005%～0.01%，减水率大于 10%，可节省砂浆中 50% 灰料	耐冻融、抗渗及不泌水离析
改性松香酸盐	粉状，0.63mm 方孔筛余小于 10%	掺量 0.4%～0.8%，减水率 10%～15%，引气 3.5%～6.0%，300 次快冻耐久性指标 80% 以上	耐冻融、抗渗及泵送，轻骨料混凝土，砌筑砂浆
改性松香热聚物	胶状体，pH7～9	掺量 0.01%，减水率 8%～10%，引气量 4%～6%，28d 抗压强度不降低	耐久性要求高的混凝土

名　称	匀质性指标	混凝土砂浆性能	主要用途
松脂胺皂	有效成分 78%，pH7~9，消泡时间长于 7h	掺量 0.005%~0.02%，抗渗大于 P10，抗冻性提高 12 倍	耐久、抗渗，减水增强
松香酸盐	棕黄色稠液，[Cl^-]<0.2%	掺量 0.005%~0.01%，引气量 3.5%~8.5%	抗冻、抗渗、水工及道路工程

（2）烷基磺酸盐

1）十二烷基磺酸钠（简写 SDS）。为易溶于水的白色粉末，起泡性强，但泡较大稳定性差。

2）十二烷基苯磺酸钠（简写 LAS）。本品为黄色油状体，中性，起泡能力强，较十二烷基磺酸钠的泡沫稳定性好，但耐硬水较差，脱脂能力强，在合成洗涤剂中大量应用，是国际安全组织认定的安全化工原料。常与螯合剂或 OP 乳化剂复配使用。

（3）十二烷基硫酸钠　商品名称 K12 或 FAS-12，有液剂和粉剂 2 种，后者有刺激鼻孔的特征气味。无毒，1%水溶液 pH7.5~9.0，对碱稳定。在 20℃水中溶解度为 60g/L。它的分散性、乳化性和增溶性都非常好，特别是对钙盐增溶作用优良。起泡性强，泡沫细小而且稳定持久。可以与 LAS 以 1:3 复配或与螯合剂复配。同样是安全化工原料。

在阴离子型表面活性剂中还有多种化合物可作为引气剂使用。

2. 非离子型引气剂

在混凝土中有使用聚乙二醇型烷基酸聚氧乙烯醚的报道。水溶性强且泡沫力和泡沫稳定性都很强的是 EO 摩尔数 8、9、10 的酚醚，商品名称为 OP-8、OP-9、OP-10。OP-6 和以下的水溶性差。高摩尔数的酚醚是好的消泡剂，如 OP-20，但 EO 摩尔数大于 15 的酚醚在常温下是固体，只有在高温下才有好的水溶性。

3. 天然（生物）引气剂

这是一些来源于动物、植物体内的具有表面活性、具有起泡性能的物质。

目前成功用于混凝土中作为引气剂的是三萜皂甙，来源是多年生植物皂荚树，能显著降低水的表面张力，起泡能力强，泡沫细腻，稳定性好。缺点是容易变质、使引气能力降低。因此不宜久置，有过储存期 3 个月以上引气能力即明显变小的报道。

动物皮毛和水解牲血都能作引气剂。但一般泡沫大，稳定性各不相同，多做泡沫剂用。

天然引气剂中应用最多的是磺化木质素盐即木质素磺酸钙和木质素磺酸镁、腐植酸钠等，由于泡大，稳定性差，引气量稍大则令混凝土缓凝严重，因此是较差的引气剂，但作为引气性普通减水剂却很好。

生物引气剂中的第四类是树脂酸盐，引气量较小，但是生物降解性强。除了前面单独阐述的松香以外，椰子油、吐尔油（造纸工业副产品），均可作为引气剂，其中吐尔油含一半脂肪酸和一半树脂酸。

5.1.4　引气剂的作用机理

混凝土引气剂是一种表面活性剂，掺入混凝土后，可使混凝土在搅拌过程中引入大量均匀分布且独立封闭的微小气泡。这些微小气泡与混凝土搅拌过程中引入空气生成的气泡不同，靠机械搅拌引入空气生成的气泡既不均匀也不稳定，在混凝土搅拌与振捣过程中很容易由小变大而逸出，若要形成稳定、细小的气泡则必须使用引气剂。

引气剂最重要的性质就是降低表面自由能（表面张力），改变体系界面状态，从而产生润湿、乳化、起泡、增溶等一系列作用，这恰是气泡形成的必要条件。因为溶液中产生气泡后，大大扩展了气-液两相的界面，使表面能也随之增加，而对任何一个体系来说都有一个自由能自动趋于最小才稳定的趋势，因此要产生稳定的气泡必须是气-液界面的表面能足够低。引气剂能在气-液分界面处形成正吸附，分子呈定向排列，极性基朝向水中，非极性基朝向空气，使气-液界面的表面能显著降低，为气泡的形成提供了必要条件。

稳定气泡产生的另一个条件是气泡周围形成的液膜应当有一定的机械强度。当引气剂形成吸附层后，它们相当于形成了一个膜层，由于引气剂分子间的引力使膜层有了一定强度，再加上引气剂分子的水化作用，使形成的膜层更加厚，这就使气泡的合并变难。

许多引气剂属于离子型，它们带有某种电性。故引气剂在液膜的两边整齐排列后，它们的同种电荷要互相排斥，使气泡间不易进一步靠近，减弱了亲水基间的电荷斥力，使得疏水基密度增加，气体透过性降低，延长了泡沫的寿命。此外，吸附引气剂的泡膜有更大的表面弹性效应，减小了液膜的流失，使气体在液膜中的溶解度降低，使气泡更为稳定。

通常，随着引气剂浓度的提高，表面张力会下降很大，起泡能力也提高，但当达到最高点以后，浓度再提高，起泡能力反而会下降。另外也有少数引气剂，它降低表面张力虽不太大，但其起泡能力却不小。

5.1.5 引气剂对混凝土性能的影响

掺加引气剂可以使混凝土在搅拌过程中引入大量微小、封闭、分布均匀的极性气泡，这对改善混凝土和易性和提高混凝土耐久性都十分有益，也能起到一定的减水效果。但应注意的是，有些引气剂对混凝土强度的负面影响较大，所以应严格控制混凝土的含气量。

1. 对新拌混凝土性能的影响

在相同坍落度条件下，掺有引气剂的混凝土，其浆体的和易性、流动性、塑性、浇筑性、捣实性等非测量指标是不掺引气剂的混凝土浆体所不能比拟的。引气剂所引入的微小气泡宛如微细骨料，对级配不良，尤其是细颗粒缺少的细骨料有补偿作用，可以使混凝土显得砂浆富余；在新拌混凝土中这些微小气泡联结和支撑着水泥颗粒，填塞水泥颗粒间的空隙，从而阻止或减少了水泥和骨料颗粒周围的水流，减少混凝土的泌水、沉降和离析。同时，由于这些气泡的"拨开"或"分散"作用，极大地增加了水泥和细骨料的自由（非凝聚）表面积，增加拌合物的黏聚性和和易性。

引气剂对新拌混凝土性能的具体影响如下：

（1）增大混凝土坍落度 在保持水泥用量和水灰比不变的情况下，在混凝土中掺加引气剂，由于混凝土含气量的增加，相应增加了混凝土的坍落度。

图 5-1 表示混凝土含气量对坍落度的

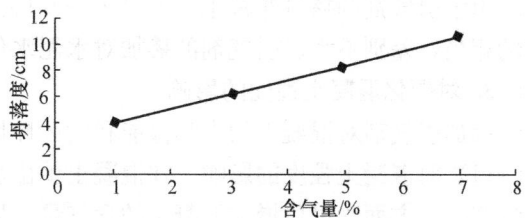

图 5-1 混凝土含气量对坍落度的影响

影响，可以看出，在水灰比不变的情况下，随着含气量的增加，坍落度增加。相当于每增加含气量 1%，混凝土坍落度可提高 1cm。

（2）减水作用　如果保持坍落度不变，则在混凝土内部引气后可以减小水灰比，所以，可以认为，掺加引气剂也有助于减水。一般而言，混凝土含气量每增加 1%，在保持相同坍落度的情况下，水灰比可以减小 2%～4%（单位用水量减少 4～6kg）。

引气剂的减水率常因引气量大小、骨料大小及级配、水泥种类和用量等的不同而有所差异。但是有一点是肯定的，即引气剂掺量越大，混凝土含气量越大，减水率越高。尽管引气剂的减水作用有助于弥补引气对强度所产生的负效应，但是混凝土的含气量仍不得过高，否则强度会严重下降。

（3）减少泌水　由于引气剂的掺加，对减少混凝土的泌水、沉降现象效果十分显著。

Kreijger 通过实验，提出了相对泌水速度与外加剂浓度的关系式。对于 $W/C=0.50$ 的水泥浆，掺阴离子型减水剂时，相对泌水速度为

$$Q_x/Q = 1 - 10x \tag{5-1}$$

而对掺加阴离子型引气剂和非离子型减水剂者，相对泌水速度为

$$Q_x/Q = 1 - 4x \tag{5-2}$$

式中　Q_x/Q——相对泌水速度；

　　　Q_x——不掺外加剂的水泥浆的泌水速度；

　　　Q——掺外加剂的水泥浆的泌水速度；

　　　x——外加剂浓度。

使用相同浓度的外加剂时，由水泥浆的泌水速度可以计算混凝土的泌水速度。

泌水和沉降的程度如何，与混凝土中水泥浆的黏度有密切关系，而水泥浆的黏度又与其微粒对引气剂的吸附及气泡在粒子表面的附着情况有关。由于大量微小气泡的存在，使整个浆体体系的表面积增大，黏度提高，必然导致泌水和沉降的减少。另外，大量微小气泡的存在且相对稳定，实际上相当于阻碍混凝土内部水分向表面迁移，堵塞了泌水通道。再则，由于吸附作用，气泡和水泥颗粒、骨料表面都带有相同电荷，这样一来，气泡、水泥颗粒以及骨料之间处于相对的"悬浮"状态，阻止重颗粒沉降，也有助于减少泌水和沉降。

因掺加引气剂所带来的减少沉降和泌水的效果，极大地改善了混凝土的均匀性，骨料下方形成水囊的可能性减小。另外，复合掺加引气剂也是配制大流动度混凝土、自流平混凝土的技术保证之一。

2. 对混凝土凝结硬化的影响

由于引气剂的掺量非常小（0.01%～0.1%），掺加引气剂的混凝土，其凝结时间与不掺的相当，差别不大。引气剂的掺加对水泥水化热的影响也不大。

3. 对硬化混凝土性能的影响

掺加引气剂对混凝土的力学性能和耐久性均有较大影响，具体如下。

（1）对混凝土强度的影响　在混凝土单位水泥用量和坍落度不变的情况下，由于掺入引气剂，一方面，可以增加混凝土的含气量；另一方面，可减少混凝土的单位用水量，即降低水灰比，因而会对其强度产生影响。

从减水的效果来讲，混凝土的强度会提高，然而，从引气的角度来讲，混凝土的强度一般是下降的（多数情况如此）。因此，掺加引气剂后对混凝土强度的影响是两种作用的综合结果。

一般在水泥用量和坍落度不变的情况下，每增加含气量1%，28d抗压强度降低2%~3%；若保持水灰比不变，则每增加含气量1%，28d抗压强度降低5%~6%。

（2）对弹性模量的影响　掺加引气剂的混凝土，其弹性模量比不掺的普遍降低，且降低的幅度大于强度的变化幅度。其原因是水泥浆体中大量微小气泡的存在，使浆体的弹性模量降低了。

（3）对干缩的影响　掺加引气剂对干缩的影响情况是这样的：引气作用会使干缩增大，而减水作用又会使干缩减小，所以其最终结果实际上是两种作用的综合作用。

一般掺加引气剂后，混凝土的干缩会增加，但增加的不多。

（4）对抗渗性的影响　混凝土的抗渗性一直被认为是评价混凝土耐久性的重要指标，这是由于混凝土的渗透性反映了外部介质（水、侵蚀性离子）在混凝土中渗透、扩散和迁移的难易程度，而混凝土的劣化或破坏就是由于外部介质侵入混凝土内部造成的。例如混凝土的碳化是由于CO_2气体渗入混凝土并与浆体中的$Ca(OH)_2$或水化硅酸钙等水化产物发生反应所致；而钢筋发生锈蚀破坏，则是由于氯离子破坏了钢筋的钝化膜或CO_2气体破坏了混凝土的高碱性环境所造成的。因此，大幅度提高混凝土的抗渗性是改善其耐久性的关键。而造成混凝土抗渗性降低的主要原因是混凝土内存在许多互相连通的毛细孔隙。实验证明，水灰比愈低，混凝土的密实度愈高，各方面的性能愈好；体积稳定性愈强，抗渗性愈高。因此，提高混凝土抗渗性的最有效途径便是降低水灰比和毛细孔率。

混凝土拌合物由于工艺的需要，通常水灰比都要大于水泥水化所需的理论水灰比。这些过量的水分在水泥凝结硬化过程中停留在混凝土内部形成通道，在硬化后期过量水蒸发而造成内部空隙。此外，水泥水化后，水化物体积缩小也会造成结构内部孔隙和通道的产生。这些孔隙和通道在混凝土遇水后就成了水分渗透的天然途径。引气剂掺入混凝土后，可以使抗渗性提高50%或更多。这是因为引气剂不但能减小用水量，改善和易性，防止泌水和沉降，使骨料与胶结材料界面上的大毛细孔减少，而且引气剂产生的大量微小气泡分布在混凝土结构中的空隙中，又多汇集于毛细管的道路上，由于局部突然变大，就相当于切断了毛细管，只有在更大的静水压力下才会产生渗透。

图5-2为相同强度等级下，引气量对混凝土渗透性能的影响。可以看到，龄期为28d时，引气可使普通混凝土的抗渗性有较大幅度的提高，且随着含气量的增大其渗透系数进一步降低，但趋于平缓；随着龄期增长，引气混凝土的抗渗性能有所提高，但提高幅度并不大。在龄期为90d时，在含气量为1.0%~6.5%的范围内，随着含气量增大，混凝土的渗透系数呈平

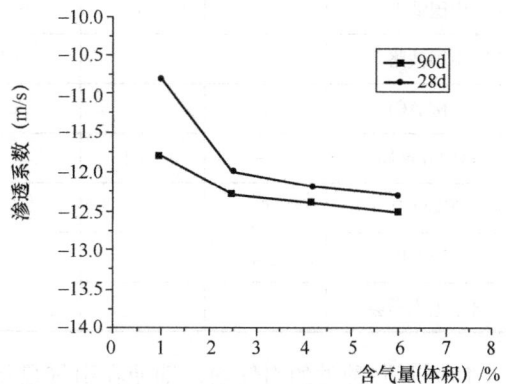

图5-2　含气量对混凝土渗透性能的影响

缓下降趋势。

由于掺用引气剂方法简单易行，目前已成为防水混凝土、防渗混凝土、道路混凝土等必须掺用的外加剂。

（5）对抗化学侵蚀性的影响　与基准混凝土相比，掺加引气剂的混凝土，由于抗渗性提高和独立微气泡的存在，其抗化学侵蚀性有所提高。但是据有关单位的试验证明，掺引气剂的作用仅表现在使混凝土受化学介质作用的破坏程度减轻，而不存在质的变化。影响混凝土抗化学侵蚀性的最根本因素是水泥品种、矿物组成和水灰比。

（6）对抗冻融循环性能的影响　如果在混凝土中掺加一定量的引气剂，则在拌合过程中，混凝土内部产生适量微小气泡，将大大改善混凝土的耐久性，尤其是混凝土的抗冻融循环性能显著提高（几倍甚至几十倍），这对延长混凝土结构的使用寿命十分重要。

要使混凝土的抗冻融性能良好，气泡间隔系数 L 值最好控制在 $100\sim200\mu m$ 以下。实验表明，混凝土的含气量与冻融性能密切相关。

图 5-3 是引气混凝土的含气量与耐久性指数的关系。可见，当混凝土含气量为 3％～6％时，混凝土有良好的耐久性，而含气量超过 6％时，耐久性随含气量的增大呈下降趋势。混凝土含气量太大，其耐久性不但不随含气量的增加而提高，反而有下降趋势，其原因之一是其强度产生了大幅度下降，如图 5-4 所示。表 5-4 是几个国家对引气混凝土适宜含气量的推荐值，可供参考。应注意的是，砂浆的含气量为 9％时，对改善抗冻融循环性的效果最好。

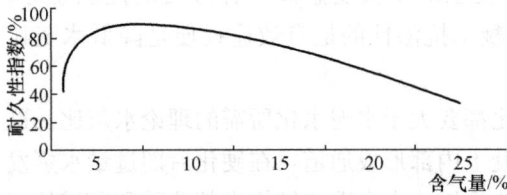

图 5-3　含气量与混凝土耐久性的关系　　　图 5-4　混凝土强度与含气量的关系

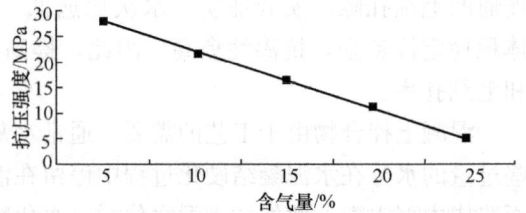

几个国家对引气混凝土适宜含气量的推荐值　　　　　　　　表 5-4

骨料最大粒径/mm	15	20	25	40	50	80	100
中国港工	—	5	—	4.5		3.5	
中国铁路	—	—	5±1	4±1	—	3.5±1	3±1
美国 ACI	7	6	5	4.5	4	3.5	3
美国开垦局		5±1	4.5±1	4±1	4±1	3.5±1	3±1
英国 CP	6	5		4			
德国 DIN	≥4	—		≥3.5	≥3		
日本土木学会	6	5	4.5		3.5	3	

使用不同种类的引气剂，即使在引气量相同的情况下，由于引入气泡的组织即气泡大小和分布状态不同，其对混凝土抗冻融性的改善效果有差异，如表 5-5 所示。

掺加不同引气剂对混凝土抗冻融性的改善效果 表 5-5

水泥用量/（kg/m³）		276			
引气剂种类及掺量/%	—	松香热聚物	烷基苯磺酸钠	烷基磺酸钠	脂肪醇硫酸钠
		0.004	0.008	0.008	0.012
水灰比	0.70	0.65	0.65	0.65	0.65
含气量/%	1.60	3.70	4.40	3.70	3.60
冻融 25 次 质量损失/%	11.4	0	0.10	0.20	0.50
冻融 25 次 强度损失/%	65.00	11.90	9.00	13.00	4.00
冻融 75 次 质量损失/%	溃散	2.10	1.40	4.00	3.60
冻融 75 次 强度损失/%	溃散	28.00	13.00	32.00	41.00

5.1.6 引气剂的应用

（1）引气剂的常用掺量为水泥质量的 0.005%～0.05%，建筑工程混凝土中引气剂掺量接近低限，可参考表 5-1。而水工混凝土用量接近高限，可参考表 5-2。

（2）抗冻融要求较高的混凝土，以及引气剂防水混凝土、冬期施工混凝土中必须使用引气剂或引气减水剂，其掺量应根据混凝土的含气量要求，通过试验确定。由于骨料粒径越大，引气量越低，因此最大含气量不宜超过表 5-4 的规定。

（3）引气剂配制溶液时，必须充分溶解，若有絮凝现象应加热使其溶解，或适当加入乳化剂。

（4）由于引气量受配制混凝土的材料及配制操作环境温度等影响大，故必须尽量保持稳定，才能控制含气量波动尽量小。当施工条件有变化时，要相应增、减引气剂。

（5）对含气量有考核要求的混凝土，施工时需要有规律地间隔时间进行现场测试，以控制含气量。只有一般要求的则可在搅拌机出口处测试。无论哪一种测法，测定值都应当超过需要值。

（6）高频振捣不超过 20s　由于高频振捣作业会使混凝土中气泡大量逸出而导致含气量明显降低，因此振捣应均匀，同一部位振捣不宜超过 20s。试验室实验的振捣方式和时间长短要尽可能与现场一致。

（7）注意拌合物的体积变化　含气量增大会使混凝土体积增加，设计时应从湿密度或含气量变化而对混凝土配合比进行调整，避免每立方米混凝土中实际水泥用量的不足。

（8）辅助引气剂的使用　当单独一种引气剂的引气量不足时，应当将其复配使用。复配时量小的品种即称为辅助引气剂，如十二烷基硫酸钠、烷基芳基磺酸盐、油酸皂、尿素、苯甲磺酸钠等。

（9）稳泡剂的使用　前已述及有的引气剂起泡性好，泡沫丰富但稳定性较差，尤其受水质影响较明显，如在含钙、镁离子的水（即常称为硬水）中起泡力下降等，宜用稳泡剂加强其功能。

此外需要混凝土有稳定的含气量而施工条件又做不到这一点时，也宜考虑加入稳泡剂。

常用的稳泡剂是几种非离子表面活性剂。最常用的是烷基醇酰胺（1：2 型），商品名

6501 或尼纳尔，pH 值（1％水溶液）为 9.8±1.5，溶于水、醇中，外观为浅黄色液体，能稳定存在的 pH 值范围是 9～12 之间。它具有稳泡、增泡、增稠、防锈等功能。

在各种表面活性剂中，当作稳泡剂使用的还有月桂酰异丙醇胺、明胶等。

（10）消泡剂的使用　消泡剂和引气剂实际上是相辅相成的。在若干作为商品出售的引气剂中掺有少量消泡剂，其效果是引气剂的掺量与含气量的正比增长有优良的稳定性。消泡剂主要是消除混凝土中较大的气泡。不同消泡剂的效果各异，自行配制添加消泡剂的引气剂时，须经试验后确定。

（11）引气剂与早强剂、防冻剂复配时，有时会因组分间的交互作用而产生沉淀、混浊、絮凝等现象，应调换引气组分或分别配制最后混合，甚至分别添加。

（12）配料程序影响引气剂掺量　引气剂在搅拌混凝土时最后加入可以最小掺量得到最大含气量，而与胶凝材料同时加则得到的含气量最小。粉剂先溶于水中再掺加效果好。

5.2　引气减水剂及其应用

5.2.1　引气减水剂的特点

引气减水剂具有引气剂的性能：改善和易性、引气，减少泌水和沉降，提高混凝土的耐久性（抗冻融循环、抗渗，抗侵蚀能力）；同时具备减水剂的性能：减水、增加强度，以及对混凝土其他性能的普遍改善。

其最大特点是在提高混凝土含气量的同时，不降低混凝土后期强度。在普遍改善混凝土物理力学性能的基础上，提高了混凝土的抗冻融、抗渗等耐久性。具有缓凝作用的引气减水剂还能有效地控制混凝土的坍落度损失。因此，目前在混凝土中单独使用引气剂的比较少，一般都使用引气减水剂。

5.2.2　引气减水剂的适用范围

（1）引气减水剂宜用于有抗冻融要求的混凝土、泵送混凝土和易产生泌水的混凝土。

（2）引气减水剂可用于抗渗混凝土、抗硫酸盐混凝土、贫混凝土、轻骨料混凝土、人工砂混凝土和有饰面要求的混凝土。

（3）引气减水剂不宜用于蒸养混凝土及预应力混凝土。必要时，应经试验确定。

5.2.3　引气减水剂的主要品种及性能

引气减水剂可分为普通型和高效型 2 类。

1. 普通引气减水剂

（1）木质素磺酸钙和木质素磺酸镁　木质素磺酸盐减水剂中，木质素磺酸钠基本不引气，而木质素磺酸钙和木质素磺酸镁均为引气减水剂。它们的主要成分是松柏醇、芥子醇。

在适宜掺量范围内即掺量为混凝土中胶凝材料总量的 0.1％～0.4％，引气量为 2％～5％左右。继续提高掺量引气性增长较少且混凝土强度降低，这种降低是不可恢复且永久性的。掺量与引气量的关系如表 5-6 所示。

木钙掺量与混凝土含气量　　　　　　　　　　表 5-6

掺量/%	0.25	0.30	0.40	0.60	0.70	0.90	1.20	1.50
木钙含气量/%	2.90	3.70	—	4.10	—	5.80	8.10	8.60
木镁含气量/%	3.60	—	5.10	—	10.10	—	—	—

必须指出的是，以上指木材木质素磺酸盐。若是非木材即草本木质素磺酸盐，即使是木质素磺酸钠，引气性也大于木材木质素磺酸盐，混凝土强度降低也较明显。

（2）腐植酸盐减水剂　腐植酸钠又称胡敏酸钠，是一种引气性较大的引气减水剂，在适宜掺量 0.2%～0.35% 范围内的引气量为 3.0%～5.6%，但超过适宜掺量混凝土强度即明显降低。

2. 高效引气减水剂

（1）甲基萘磺酸盐甲醛缩合物　以甲基萘为反应起始物的聚烷基芳基磺酸盐甲醛缩合物如 MF 减水剂是引气性高效减水剂。主要成分为 α-甲基萘磺酸钠，掺量为胶凝材料总量的 0.3%～0.75%。此掺量范围内的引气量为 4%～5%。由于有一定的引气性，故混凝土增强率不如非引气的萘磺酸钠甲醛缩合物，除此之外，它的坍落度损失也很快。

（2）蒽磺酸钠甲醛缩合物　以粗蒽或脱晶蒽油为原材料合成的蒽磺酸钠甲醛缩合物是稍后于甲基萘磺酸钠开发的另一种高效引气减水剂。

在常用掺量 0.5%～1.0% 范围内，引气量约为 1.5%～3.5%。其不足之处是所引进的气泡较大且稳定性稍差，宜与消泡剂复配使用以消除较大气泡并改善混凝土表面质量。由于蒽磺酸钠甲醛缩合物的硫酸钠含量高，因此适宜在硫酸根含量低的水泥中作为引气减水剂使用。

以上 2 种是国内较成熟的高效引气减水剂，但引发混凝土坍落度损失过快是它们的共同缺点，需经复配缓凝剂或新型高效减水剂以予纠正。

（3）改性木质素磺酸盐　木质素的改性至今只在木材木质素原材中进行并有产品上市。改性途径一是氧化聚合，用化学方法除去低分子量木质素及还原糖；改性途径二是采用超滤和精滤的方法，使用膜分离技术。

（4）聚羧酸盐系高效引气减水剂　表 5-7 给出了几种聚羧酸系产品的引气量。表 5-7 中 JM-PCA 为国产，SP-8N 为日产，ViS-3010 为瑞士产，以相同的干基掺量进行比较。

以泵送剂标准测定聚羧酸系减水剂的混凝土性能　　　　　　　　　　表 5-7

外加剂	掺量/%	含气/%	坍落度/mm	减水率/%	R_{28}/MPa	R_{90}/MPa
基准	—	1.80	185	—	40.90	52.90
JM-PCA	0.20	2.50	210	28.20	71.70	78.50
SP-8N	0.20	3.10	210	25.50	67.10	70.40
ViS-3010	0.20	5.70	215	29.00	64.20	68.50

引气量过大必然影响混凝土各龄期强度，聚羧酸系引气性高效减水剂也不例外，表 5-8 给出了相关数据。

聚羧酸系减水剂的引气性 表 5-8

掺量/%	含气量/%	减水率/%	凝结时间		抗压强度/MPa	
			初凝	终凝	R_3	R_{90}
0	1.40	—	7h15min	9h15min	16.00	37.40
0.15	1.90	21.80	10h20min	13h10min	31.00	58.40
0.20	2.50	28.20	10h10min	13h30min	40.50	83.90
0.30	2.90	30.90	12h	15h10min	40.30	80.40
0.40	3.30	31.80	15h15min	19h	39.20	78.40

各种引气减水剂所产生的气泡性能如表 5-9 所示。

使用各种减水剂的混凝土气泡粒径分布 表 5-9

减水剂		含气量/%	气泡的比表面积 /（cm²/cm³）	气泡的间隔系数 /μm	1m³ 混凝土中所含气泡数/（个/cm³）	搅拌中混凝土含气量/%
品种	名称					
木质素系	E	4.10	226	218	16230	4.00
	F	3.50	223	238	18070	4.30
	G	4.30	213	224	14250	4.80
	I	3.60	217	250	13250	4.20
聚羧酸系	J	3.60	204	257	12750	4.10
非离子型系	K	5.30	134	325	4110	5.00

5.2.4 引气减水剂的应用

（1）引气减水剂常用掺量见产品说明。超掺会使引气量过于增加而影响强度。且超掺到一定程度，引气性增大幅度变缓。

（2）配制有含气量要求的混凝土时，搅拌越剧烈，引气减水剂发挥作用就越大。含气量先随搅拌时间的增加而增加，在搅拌 1~2min 时，含气量急剧增加；3~5min 时达最大值，而后又趋于减少，因此搅拌时间应较非引气性混凝土延长 1~2min。

（3）引气减水剂与减水剂复合使用　含气量通常随引气减水剂掺量的增大而提高。但在相同引气量时，引气减水剂用量可以减少，而此时减水率不够的话则必须复配适量的减水剂。相反，当减水率和混凝土强度已达要求而含气量不够时则需复配引气剂，但后一种情形很少发生。

（4）引气减水剂的效果随骨料粒径、水泥品种等的不同而不同，可参考引气剂的资料。

6 早强剂及早强减水剂

6.1 早强剂及其应用

6.1.1 早强剂的特点及适用范围

1. 特点

(1) 能加速自然养护混凝土的硬化并提高早期强度，能缩短混凝土的热养护时间。

(2) 不含有会降低后期强度及破坏混凝土内部结构的有害物质。

(3) 不会急剧缩短混凝土的凝结时间。

2. 适用范围

(1) 早强剂宜用于蒸养、常温、低温和最低温度不低于－5℃环境中施工的有早强要求的混凝土工程。炎热条件以及环境温度低于－5℃时不宜使用早强剂。

(2) 早强剂不宜用于大体积混凝土，三乙醇胺等有机胺类早强剂不宜用于蒸养混凝土。

(3) 无机盐类早强剂不宜用于下列情况：

1) 处于水位变化的结构。

2) 露天结构及经常受水淋、受水流冲刷的结构。

3) 相对湿度大于80％环境中使用的结构。

4) 直接接触酸、碱或其他侵蚀性介质的结构。

5) 有装饰要求的混凝土，特别是要求色彩一致或表面有金属装饰的混凝土。

6.1.2 早强剂的种类

早强剂按照化学成分可分为无机盐类、有机化合物类及有机化合物类和无机盐类复合3类。

(1) 无机盐类　无机盐类早强剂主要有氯盐早强剂、硫酸盐早强剂、硝酸盐早强剂、亚硝酸盐早强剂等。

氯盐早强剂主要包括氯化钙、氯化钠、氯化铝、氯化钾、氯化铁、氯化锂等，合理掺加这些氯盐，都会对混凝土的早期强度发展有利。

常用的硫酸盐早强剂包括硫酸钠（元明粉）、硫酸钙和硫酸钾等。

硝酸盐和亚硝酸盐均对水泥水化过程起促进作用。这些盐类不仅能作为混凝土的早强剂组分，而且可以作为混凝土的防冻剂组分使用。常用的硝酸盐和亚硝酸盐早强剂为硝酸钙、硝酸钠、亚硝酸钙、亚硝酸钠等。

无机盐早强剂可以相互复合使用以取得更好的早强效果，如硫酸盐-氯盐早强剂、硫酸盐-硝酸盐早强剂、硫酸盐-亚硝酸盐早强剂、氯盐-硝酸盐早强剂、氯盐-亚硝酸盐早强剂等，在市场上均占有一定比例。

（2）有机化合物类　最常用的有机化合物早强剂为三乙醇胺。有机化合物早强剂还有甲酸钙、乙酸、乙酸盐和尿素等。

三乙醇胺常与氯盐、硫酸盐早强剂复合使用，早强效果更佳。

（3）有机化合物类和无机盐类复合　三乙醇胺-氯盐、硝酸钙-尿素、亚硝酸钙-硝酸钙-尿素、亚硝酸钙-硝酸钙-氯化钙-三乙醇胺，以及亚硝酸钙-硝酸钙-氯化钙-尿素等，都是有机物类和无机盐类复合而成的早强剂产品。有机化合物类和无机盐类复合作为早强剂使用不仅早强效果突出，而且有助于取长补短并降低成本。

不同品种的早强剂，其作用机理不尽相同，对混凝土性能的影响也有一定差别，下面分别讲述。

1. 氯化物类早强剂

氯化物类早强剂尽管在配筋混凝土、预埋金属的混凝土结构中不允许使用，但是在素混凝土中，它仍是一类常用的早强剂。常用的氯化物为氯化钙和氯化钠。

（1）氯化钙　无水氯化钙的相对分子质量为 110.99，密度 2150kg/m³，其溶解度为 20℃水中 74.5g，100℃水中 159g。氯化钙易吸潮，工业氯化钙常含有 2 个结晶水，易溶于水。

氯化钙作为混凝土的早强剂使用，其最重要的用途是缩短混凝土的初凝、终凝时间及加速混凝土早期强度的增长。在冬季寒冷天气施工时，掺加适量氯化钙早强剂可以缩短混凝土的养护时间，提前拆模，加快模板和预制构件的场地周转，在现浇工程中，加快施工进度。

氯化钙在不同掺量情况下对水泥凝结时间的影响，如图 6-1 所示。可见，随着氯化钙掺量的增加，水泥的凝结时间缩短。当氯化钙的掺量过大时，混凝土的凝结时间很短，甚至出现速凝现象，对混凝土后期强度将产生较大的负面作用，这在工程中是不允许的，而且混凝土中氯离子的大量增加，对混凝土的钢筋锈蚀性危害很大。

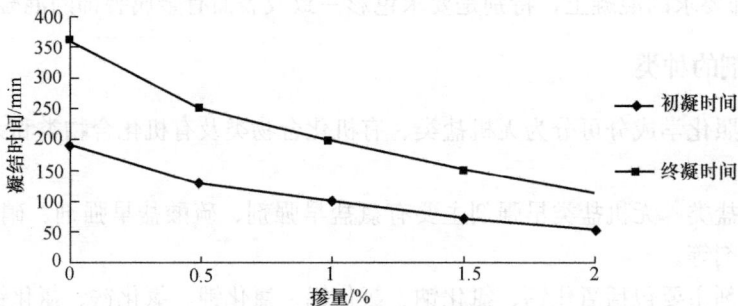

图 6-1　氯化钙掺量对水泥凝结时间的影响

掺加氯化钙加速水泥水化的机理，目前有较多的说法，主要包括以下几点：

1）氯化钙与水泥浆体系中 Al 和 Fe 相结合形成络合物，为硅酸盐提供核心，以进一步水化。

2）氯化钙的存在促进了 C_3A 与石膏反应形成 AFt 的过程，使 E 盐（$3CaO \cdot Al_2O_3 \cdot$

$3CaSO_4 \cdot 32H_2O)$和 Cl 盐$(3CaO \cdot Al_2O_3 \cdot CaCl_2 \cdot 10H_2O)$同时发展(Cl 盐能迅速转化为 E 盐)。

3) 一种被吸附在硅酸盐矿物表面上的 Cl^-，能促使水泥水化，即促进硅酸三钙、硅酸二钙的水化，加速硅酸钙化合物和氢氧化钙的形成。

不同水泥所配制的混凝土，若掺加适量氯化钙，其早期强度都会有明显增加，但增加的幅度受水泥品种、水泥细度、掺合料种类及掺量等的不同而有所差异。

掺加氯化钙的混凝土在常温养护条件下强度发展较快，但在低温情况下，其强度增长的百分率更高，如图 6-2 所示。

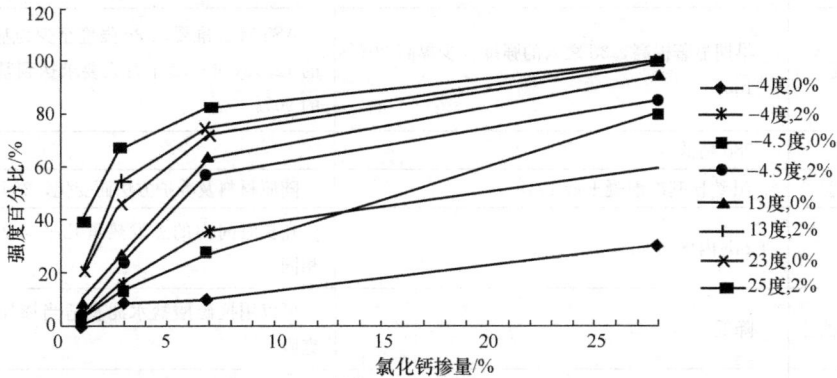

图 6-2 不同温度情况下，氯化钙在不同掺量时对混凝土强度发展的影响

注：强度百分率是指各种情况下，混凝土的强度与 23℃养护的不掺氯化钙的混凝土的 28d 抗压强度之比。

掺加氯化钙不仅能促进混凝土强度的发展，而且能降低混凝土孔溶液的冰点。氯化钙溶液在不同浓度情况下的冰点，见表 6-1。

各种密度氯化钙溶液的冰点　　表 6-1

15℃时溶液的密度/（g/mL）	无水氯化钙含量/kg		冻结温度/℃
	在 1L 溶液中	在 1kg 溶液中	
1.01	0.013	0.013	−0.6
1.03	0.037	0.036	−1.8
1.05	0.062	0.059	−3.0
1.07	0.089	0.083	−4.4
1.09	0.114	0.105	−6.1
1.11	0.140	0.126	−8.1
1.13	0.166	0.147	−10.2
1.15	0.193	0.168	−12.7
1.17	0.221	0.189	−15.7
1.19	0.249	0.209	−19.2
1.21	0.276	0.228	−23.3
1.23	0.304	0.247	−28.3
1.25	0.334	0.266	−34.6
1.27	0.368	0.287	−43.6
1.29	0.402	0.310	−55.6

有数据表明，掺加氯化钙的混凝土其收缩率要比不掺的大，特别是在养护的早期，这可能是因为掺加氯化钙的混凝土早期水化程度较高。

掺加氯化钙对混凝土性能的影响如表 6-2 所示。

氯化钙外加剂对混凝土性能的影响　　　　　　　　　　　　表 6-2

项　目	影　响　规　律	备　注
凝结时间	初凝和终凝时间缩短	ASTM 标准要求初凝及终凝时间至少比基准混凝土缩短 1h
抗压强度	早期显著提高，3d 之内的强度至少提高 30%～100%	ASTM 标准要求 3d 强度至少为基准混凝土的 125%，6～12 个月只要求达到基准混凝土的 90%
抗拉强度	28d 稍低	
抗折强度	7d 约比基准混凝土低 10%	随原材料及养护方法而变化，28d 降低更多
水化热	24h 内增加 30%	在长时间内的总发热量几乎与基准混凝土相同
抗硫酸盐侵蚀性	降低	可以用抗硫酸盐水泥及适当掺加引气剂来克服
碱-骨料反应	加剧	可以采用低碱水泥或掺加火山灰掺合料加以控制
钢筋锈蚀	如采取适当措施，在普通钢筋混凝土中没有问题；氯化钙掺量不应超过 1.5%，并保证适当的保护层厚度；不应用于含不同金属的混凝土中	在预应力混凝土中或含不同金属的混凝土中不应使用氯化钙外加剂，某些规范要求不得在钢筋混凝土中使用
徐变及收缩	增大	
体积变化	增大	
抗冻融循环性	早期抗冻性改善	后期可能降低
抗渗性	早期改善	
弹性模量	早期增加	长期几乎与基准混凝土相同
泌水性	减少	

（2）氯化钠　氯化钠的相对分子质量为 58.45，密度为 $2.163 kg/m^3$，溶解度：20℃时为 35.85g，100℃时为 39.2g。工业氯化钠为白色立方晶体，纯度为 95.97%。

混凝土中掺加一定量的氯化钠，能够起到降低孔液中水的冰点的作用，并加速水泥水化和混凝土强度的增长，如图 6-3、图 6-4 和表 6-3 所示。

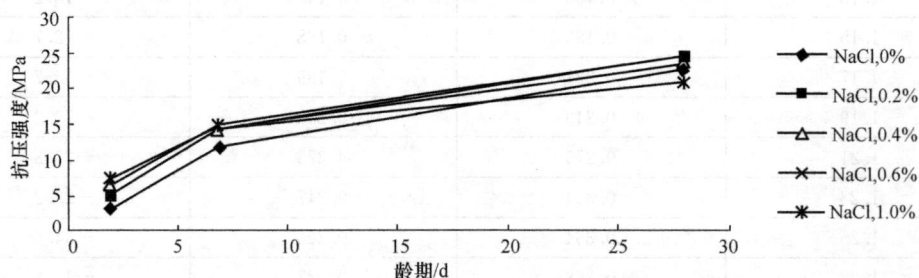

图 6-3　氯化钠在不同掺量情况下对砂浆强度的影响

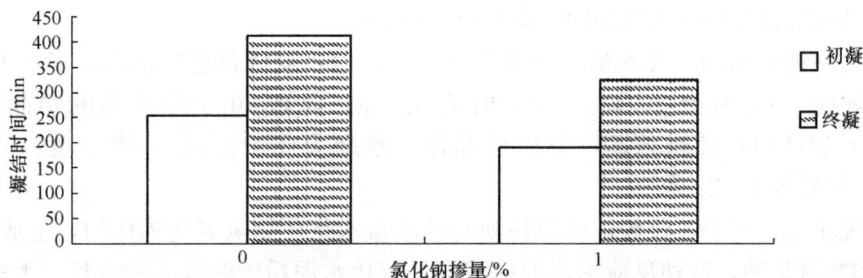

图 6-4 掺加氯化钠对水泥凝结时间的影响

各种密度氯化钠溶液的冰点 表 6-3

15℃时溶液的密度/（g/mL）	无水氯化钠含量/kg		冻结温度/℃
	在 1L 溶液中	在 1kg 溶液中	
1.01	0.013	0.015	−0.9
1.03	0.044	0.044	−2.6
1.05	0.075	0.070	−4.4
1.07	0.103	0.096	−6.4
1.09	0.134	0.122	−8.6
1.11	0.165	0.149	−11.0
1.13	0.198	0.175	−13.6
1.15	0.230	0.200	−16.0
1.17	0.263	0.224	−20.0
1.175	0.271	0.231	−21.2

氯化钠早强剂常用于冬期施工的混凝土和砂浆，以及负温施工工程。

（3）其他氯化物　能作为混凝土早强剂使用的氯化物盐类，还有氯化钾、氯化锂、氯化铁和氯化铝等。

氯化钾为白色晶体，密度为 $1.99g/cm^3$，溶解度：0℃时为 28.1g，20℃时为 34.3g，100℃时为 56.7g。氯化钾的作用与用法与氯化钠相同，不过其效果比氯化钠的好一些。

氯化锂常以含有 1 个结晶水的状态存在，即 $LiCl \cdot H_2O$。它有吸湿性，其密度为 $1.78g/cm^3$，溶解度：0℃时为 45.5g，20℃时为 78.5g，100℃时为 127.5g。氯化锂作为混凝土早强剂，常与亚硝酸钠复合使用。

在混凝土中掺加氯化铁，不仅起到早强作用，而且具有保水、密实和降低冰点的综合作用。

氯化铝为黄色粉末，密度为 $2.44g/cm^3$，溶解度：0℃时为 44.9g。单独掺加氯化铝对水泥水化有显著的促进作用，但是混凝土的后期强度有一定的降低。

2. 硫酸盐早强剂

碱金属的硫酸盐都有一定的促凝早强作用；碱土金属的硫酸盐都有早强作用，而对凝结时间的影响则一般与其掺量有关，例如硫酸钙在掺量较小时对水泥起缓凝作用，但掺量较大时具有明显的促凝作用；铁、铜、锌、铅的硫酸盐因在水泥离子表面形成难溶薄膜而具有缓凝性，一般不提高混凝土的早期强度。

常用的硫酸盐早强剂为硫酸钠、硫酸钾和硫酸钙。

（1）硫酸钠早强剂　无水硫酸钠俗称元明粉，白色或淡黄色粉状物，密度为 2.7g/cm³，溶解度：0℃时为 19.4g，100℃时为 42.5g；含有 10 个结晶水的结晶硫酸钠（$Na_2SO_4 \cdot 10H_2O$）又叫芒硝，呈白色晶体，密度为 1.46g/cm³，溶解度：0℃时为 11.0g，30℃时为 19.2g 水。

在水泥水化过程中，硫酸钠能较快地与硅酸盐水化产物氢氧化钙作用，生成硫酸钙（石膏）和氢氧化钠，这种反应形成的硫酸钙具有比水泥粉磨时掺入的石膏更大的细度，其与水泥中铝酸钙的反应速度也快得多，因此大量形成钙矾石。水泥中掺加硫酸钠早强剂后的化学方程式为：

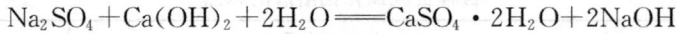

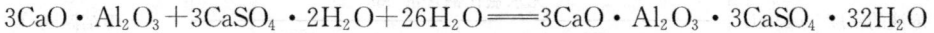

$$Na_2SO_4 + Ca(OH)_2 + 2H_2O = CaSO_4 \cdot 2H_2O + 2NaOH$$

$$3CaO \cdot Al_2O_3 + 3CaSO_4 \cdot 2H_2O + 26H_2O = 3CaO \cdot Al_2O_3 \cdot 3CaSO_4 \cdot 32H_2O$$

AFt 的大量形成必然消耗许多氢氧化钙，使整个液相的 Ca^{2+} 浓度降低，导致硅酸三钙包覆层内外存在较大的浓度差，渗透压增大，致使包覆膜破裂，大大加速硅酸三钙矿物的早期水化。

掺加硫酸钠早强剂的结果，是在早期就使水泥石中大量的钙矾石晶体相互交叉连锁、搭接，硅酸钙化合物凝胶填充于其间，提高了混凝土的早期强度。

硫酸钠在不同掺量情况下对砂浆强度的影响，如图 6-5 所示。如果硫酸钠掺量过大时，由于早期形成的钙矾石晶体太多，因钙矾石晶体长大产生很大的结晶压（膨胀力），会使水泥石结构遭到破坏，混凝土强度反而会下降。对于蒸养混凝土，硫酸钠的掺量要比自然条件下的混凝土小一些，因为其所受的钙矾石膨胀危害要大一些。

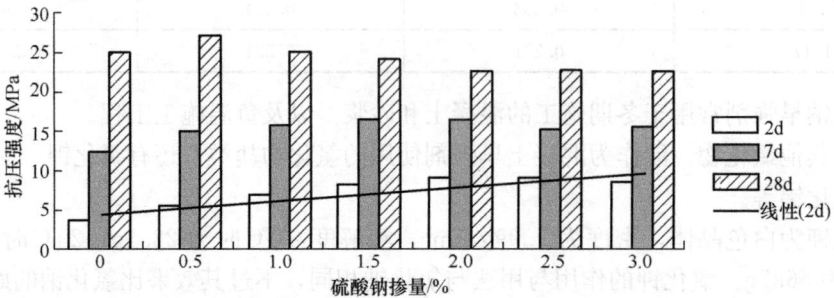

图 6-5　硫酸钠在不同掺量情况下对砂浆强度的影响

硫酸钠早强剂对矿渣水泥和火山灰水泥的早强作用效果要优于其对硅酸盐水泥或普通硅酸盐水泥的效果，原因可能是反应产生的 NaOH 能激发矿渣的火山灰活性。

采用硫酸钠早强剂时，应避免其结块，一旦发现受潮结块，应将硫酸钠仔细过筛，防止团块掺入，并适当延长搅拌时间。如果硫酸钠早强剂以水溶液形式掺加，则应注意由于温度较低析出晶体而造成的浓度变化。

（2）硫酸钾早强剂　硫酸钾呈白色晶体，密度为 2.66g/cm³，溶解度：0℃时为 7.33g，20℃时为 11.1g，100℃时为 24.1g。

掺加硫酸钾早强剂对水泥水化所起促进作用的机理同硫酸钠有所不同，硫酸钾在水泥水化过程中易形成不溶性的复盐钾石膏（$K_2Ca(SO_4)_2 \cdot H_2O$），这是一种纤维状的结晶物，对提高混凝土的早期强度有利。硫酸钾早强剂的常用掺量为 0.5%～3.0%。

（3）硫酸钙早强剂　硫酸钙又叫石膏，石膏有二水石膏（$CaSO_4 \cdot 2H_2O$）和无水石膏（$CaSO_4$）。二水石膏俗称软石膏，白色结晶体，密度为 $2.32g/cm^3$，溶解度：0℃时为 0.24g，50℃时为 0.257g，100℃时为 0.222g。无水石膏也呈白色晶体，密度为 $2.96g/cm^3$，溶解度：0℃时为 0.1619g，20℃时为 0.210g。

因为在水泥生产过程中，为调节其凝结时间，已经掺加了一定量的石膏（3%～4%），如果在拌合混凝土时再掺加石膏，则掺量小时起缓凝作用，而掺量大时（比如大于 1%），则水泥的凝结时间缩短。

硫酸钙早强剂加速水泥水化和水泥石强度发展的原因在于大量的硫酸钙与水泥中铝酸钙反应形成钙矾石晶体，增强了其骨架作用。

3. 硝酸盐和亚硝酸盐早强剂

硝酸盐和亚硝酸盐早强剂主要是指硝酸钠、亚硝酸钠、硝酸钙、亚硝酸钙以及硝酸铁等。它们都具有促进水泥水化的作用，尤其是在低温和负温时可作为早强防冻剂。

硝酸钠和亚硝酸钠对水泥水化有明显的促进作用，可以改善水泥石的孔结构，减少大孔含量，使混凝土的结构趋于密实，强度增加。亚硝酸钠是常用的阻锈剂，对钢筋锈蚀的阳极反应有抑制作用，经常与氯盐复合使用。硝酸钙和亚硝酸钙也常复合使用，或与氯盐复合使用，它们能促进低温和负温下的水泥水化反应，对加速混凝土硬化及提高混凝土的密实性和抗渗性都有较好的作用，是高效的促进剂，在水泥石微观结构中有利于强化水泥矿物的水化，增加凝胶态物质的体积，从而封闭气孔和毛细孔，对提高混凝土耐久性有良好的作用。硝酸铁掺入混凝土中，与水泥矿物水化产生的氢氧化钙反应生成氢氧化铁胶态物质和硝酸钙，既有早强作用，又有利用氢氧化铁胶态物质进一步填充气孔达到密实抗渗的效果。

4. 有机化合物早强剂

最常用的有机化合物早强剂为三乙醇胺。三乙醇胺又称三羟乙基胺（TEA），结构式为 $N(C_2H_4OH)_3$，分子量为 149.19。三乙醇胺为橙黄色透明油状液体，易溶于水，密度为 $1.122～1.130g/cm^3$。三乙醇胺分子中含有氮元素，含有未共用电子对，很容易以配价键同其他离子形成络离子，是一种较好的络合物。在碱性溶液中，它容易与 Fe^{3+}、Al^{3+}、Ti^{4+}、Sn^{4+} 和 Zn^{2+} 等离子形成比较稳定的络离子。但若碱性过高，以上高价金属离子易发生水解，则不容易与三乙醇胺生成络离子。

三乙醇胺是一种表面活性剂，掺入水泥混凝土中，在水泥水化过程中起催化剂的作用，它能够加速硅酸三钙的水化和钙矾石的形成。

三乙醇胺的常用掺量为 0.02%～0.05%，当三乙醇胺掺量过大时，反而引起水泥过度缓凝，并且引气现象十分严重，这对混凝土的强度是十分不利的。

三乙醇胺常与氯盐早强剂复合使用，早强效果更佳。

常用的有机物早强剂还有甲酸钙、乙酸和乙酸盐等。

6.1.3 早强剂对混凝土性能的影响

1. 对新拌混凝土性能的影响

（1）和易性　通常认为，掺入氯化钙可以稍微提高和易性，当坍落度不变时，可以减少用水量。也有人认为，氯化钙能改善混凝土拌合物的和易性是因为它增加混凝土拌合物的含气量并降低析水作用所致。若将氯化钙与引气剂复合使用，有时可改善和易性，含气量和气泡的平均直径会增大。硫酸钠对混凝土拌合物没有塑化作用。三乙醇胺对混凝土拌合物有微小的塑化作用，同时也能改善混凝土拌合物的黏聚性。

（2）凝结时间　氯化钙能显著缩短混凝土的初凝、终凝时间，这对低温和正常温度下的混凝土施工作业是非常有利的。随着氯化钙掺量的增加，水泥净浆的初凝、终凝时间缩短，掺量超过4%时可引起快凝，因此应该避免。凝结时间还受水泥品种及其组成的影响。需要注意的是，氯化钙掺量小于1%时，会起到缓凝作用。

硫酸盐早强剂对水泥凝结时间的影响因条件变化而异，当水泥中铝酸三钙（C_3A）含量较低和铝酸三钙与石膏的比较值较小时，硫酸钠（Na_2SO_4）、硫酸钾（K_2SO_4）均能延缓水泥的凝结速度。在正常情况下，硫酸盐能加速混凝土的硬化，也就加快了水泥的放热过程。0.5%～1.0%的硫酸钠对火山灰水泥、矿渣水泥的作用会更大一些。

单掺三乙醇胺掺量为0.03%～0.05%时，水泥的凝结时间会延迟1～3h。

部分早强剂对混凝土凝结时间的影响如表6-4所示。

部分早强剂对混凝土凝结时间的影响　　　　　　　　　　　　　　　　表6-4

水泥品种	早强剂组成及掺量/%							凝结时间/(h：min)		凝结时间差/(h：min)	
	硫酸钠	氯化钙	氯化钠	亚硝酸钠	二水石膏	三乙醇胺	硫酸钠-糖钙复合早强剂	初凝	终凝	初凝	终凝
普通硅酸盐水泥	—	—	—	—	—	—	—	6：30	10：00	—	—
	2.00	—	—	—	—	—	—	4：50	8：05	−1：40	−1：55
	2.00	—	—	—	—	0.05	—	4：30	7：40	−2：00	−2：20
	2.00	—	1.00	—	—	—	—	4：55	7：55	−1：45	−2：05
普通硅酸盐水泥	2.00	—	—	1.00	—	—	—	4：50	8：20	−1：40	−1：40
	2.00	0.50	—	—	—	0.05	—	4：35	7：25	−1：55	−2：35
	—	—	—	—	—	—	—	7：15	10：45	—	—
	—	—	—	—	—	—	3.00	9：10	12：40	+1：55	+1：45
矿渣硅酸盐水泥	—	—	—	—	—	—	—	7：25	11：25	—	—
	2.50	—	—	—	—	—	—	6：00	9：15	−1：25	−2：10
	2.50	—	—	—	—	0.05	—	4：54	10：00	−1：40	−1：25
	2.50	—	1.00	—	—	—	—	5：30	9：15	−1：55	−2：10
	2.50	—	—	1.00	—	—	—	5：45	8：55	−1：40	−2：30
	2.50	0.50	—	—	—	0.05	—	5：05	8：00	−2：20	−3：25

注：−表示凝结时间提前；+表示凝结时间延缓。

（3）泌水率　氯化钙一般会降低泌水率及泌水能力，这种降低可能与提高液体的密度和黏度有关。

2. 对硬化混凝土性能的影响

（1）抗压强度　早强剂可以提高水泥浆体、砂浆和混凝土的早期强度。早期强度提高的数值，取决于早强剂的掺量、环境温度、养护条件、水灰比和水泥品种，如表6-5～表

6-8 所示。但早强剂对混凝土长期性能的影响不一致，有的后期强度较高，有的后期强度较低。早强剂也可加速在低温环境下的混凝土硬化。

硫酸钠复合早强剂对混凝土的早期强度增强效果　　表 6-5

早强剂组成及掺量/%				不同龄期相对强度（普通硅酸盐水泥混凝土）/%					28d 空白混凝土强度 70% 所需天数/d	不同龄期抗压强度比（矿渣硅酸盐水泥混凝土）/%					28d 空白混凝土强度 70% 所需天数/d	备注
硫酸钠	氯化钠	亚硝酸钠	三乙醇胺	1d	3d	7d	28d	90d		1d	3d	7d	28d	90d		
0	0	0	0	100	100	100	100	100	7	100	100	100	100	100	10	矿渣硅酸盐水泥的硫酸钠掺量为 2.5%
2.00	—	—	—	201	176	143	116	114	2	114	143	132	104	90	5	
2.00	0.50	—	—	286	175	134	115	110	2	226	168	152	123	108	3.5	
2.00	—	—	0.05	208	184	146	114	119	1.5	221	167	147	118	103	3.5	
2.00	—	1.00	—	286	178	137	116	118	2	235	162	139	112	100	3.5	
2.00	1.00	—	0.03	383	161	142	113	114	2	215	164	149	120	110	3.5	
2.00	0.50	—	0.05	344	193	151	130	131	1.5	244	168	156	134	123	3	

掺三乙醇胺及氯化钠复合早强剂对不同水泥混凝土的早期强度效果　　表 6-6

水泥品种	养护温度/℃	混凝土配合比（水泥∶砂∶石∶水）	早强剂掺量/%		不同龄期抗压强度比/%							28d 空白混凝土强度 70% 所需天数/d
			NaCl	N(C₂H₄OH)₃	2d	3d	4d	5d	7d	14d	28d	
42.5 级普通硅酸盐水泥	20	1∶2.04∶3.93∶0.65	—	—	100	100	100	100	100	100	100	8
			0.50	0.05	163	168	146	133	126	—	109	4
	10~15	1∶2.04∶3.93∶0.63	—	—	100	100	100	100	100	100	100	10
			0.50	0.05	158	144	155	151	147	119	147	5
32.5 级矿渣硅酸盐水泥	20	1∶2.04∶4.31∶0.56	—	—	100	100	100	100	100	100	100	12
			0.50	0.05	—	—	132	143	140		128	6
	10~15	1∶2.04∶4.37∶0.63	—	—	100	100	100	100	100	100	100	14~15
			0.50	0.05	145	145	126	128	146	122	122	7
42.5 级粉煤灰硅酸盐水泥	20	1∶2.04∶3.98∶0.62	—	—	100	100	100	100	100	100	100	8
			0.50	0.05	164	145	145	126	119	—	126	4
	10~15	1∶2.04∶3.90∶0.63	—	—	100	100	100	100	100	100	100	3
			0.50	0.05	170	132	—	140	151	148	140	3

不同温度条件下掺三乙醇胺及氯化钠对混凝土的早期强度效果　　表 6-7

早强剂掺量/%		养护温度/℃	不同龄期抗压强度比/%						达 28d 空白混凝土强度 70% 所需天数/d
氯化钠	三乙醇胺		2d	3d	5d	7d	10d	28d	
—	—	20~25	100	100	100	100	100	100	10
0.50	0.05		156	157	150	144	153	135	4

续表

早强剂掺量/%		养护温度/℃	不同龄期抗压强度比/%						达28d空白混凝土强度70%所需天数/d
氯化钠	三乙醇胺		2d	3d	5d	7d	10d	28d	
—	—	12~14	100	100	100	100	100	100	15
0.50	0.05		140	136	150	160	122	122	6
—	—	2	100	100	100	100	100	100	20
0.50	0.05		152	150	130	130	147	122	10

不同温度下氯化钙对混凝土的早期强度效果 表 6-8

水泥品种	养护温度/℃	CaCl₂掺量/%	不同龄期抗压强度比/%			
			2d	3d	5d	7d
普通硅酸盐水泥	10~20	1	110	130	120	115
		2	155	150	130	120
	1	1	168	156	144	138
		2	198	180	156	125
火山灰质硅酸盐水泥	10~20	1	150	140	130	125
		2	200	170	140	125
	1	1	180	158	156	150
		2	240	204	158	150

（2）抗折强度 当使用氯化钙时，抗折强度的增长低于抗压强度，在经过较长时间养护后，抗折强度甚至可能低于基准混凝土。

（3）抗拉强度 加入氯化钙的混凝土抗拉强度有所降低，但大部分早强剂掺入后均能提高混凝土的抗拉强度，如表6-9所示。

掺外加剂对混凝土力学性能的影响 表 6-9

水泥品种及配方	外加剂及掺量/%			抗压强度比/%	抗拉强度比/%	抗折强度比/%	棱柱强度比/%	与钢筋粘结力比/%	弹性模量化/%
32.5级矿渣硅酸盐水泥配合比 1∶2.5∶3.5∶0.6 水泥∶砂∶石∶水	—			100	100	100	100	100	100
	Na₂SO₄		NaCl	110	113	122		101	
	3		1						
42.5级普通硅酸盐水泥	—			100	100	100	100	100	100
	Na₂SO₄	NaNO₂	NaCl	142	130	—	122	—	100
	3	2	1						

水泥品种及配方	外加剂及掺量/%				抗压强度比/%	抗拉强度比/%	抗折强度比/%	棱柱强度比/%	与钢筋粘结力比/%	弹性模量化/%
	NaCl	N(C$_2$H$_4$OH)$_3$	NaNO$_2$	CaSO$_4$·2H$_2$O	—	—	—	—	—	—
	—	—	—	—	100	100	100	100	100	100
42.5级普通硅酸盐水泥	0.50	0.05	—	—	121	106	—	131	114	104
	—	0.50	1	2	125	132	—	117	134	115
	0.50	0.05	1	—	115	129	—	109	107	107
	—	—	—	—	100	100	100	—	100	100
	0.50	0.05	—	—	108	92	100	122	119	90
32.5级矿渣硅酸盐水泥	—				100	100	100	—	100	100
	NC 3.5%				114	128	—	113	105	100

（4）收缩性　复合早强剂对混凝土收缩性的影响如表 6-10 所示。硫酸钠复合早强剂当组成中不引进三乙醇胺时，对收缩性影响较小；三乙醇胺复合剂对混凝土的收缩性影响较大；氯化钙对早期收缩影响较大，后期影响较小。

复合早强剂对混凝土干缩的影响 表 6-10

水泥品种及配比	外加剂品种及掺量/%			收缩值					
				28d		45d		60d	
				mm/m	%	mm/m	%	mm/m	%
普通硅酸盐水泥砂浆试件（水泥:砂:水＝1:3:0.55）	无			0.054	100	0.72	100	—	—
	Na$_2$SO$_4$	CaSO$_4$·2H$_2$O	N(C$_2$H$_4$OH)$_3$	0.77	130	1.12	155		
	2.7	2.7	0.045						
	Na$_2$SO$_4$	NaNO$_2$	CaSO$_4$·2H$_2$O	0.478	86	0.595	83		
	2.3	1.5	2.3						
	Na$_2$SO$_4$	NaNO$_2$	N(C$_2$H$_4$OH)$_3$	0.675	122	0.98	136		
	2.3	1.5	0.045						
	Na$_2$SO$_4$　NaNO$_2$	N(C$_2$H$_4$OH)$_3$	N(C$_2$H$_4$OH)$_3$	0.362	65	0.45	62.5		
	1.67　1.67	0.045	2.5						
	CaCl$_2$(2.0)			0.655	118	0.75	104	—	
	NaCl		N(C$_2$H$_4$OH)$_3$	1.0	180	0.18	164	—	
	1		0.05						
	Na$_2$SO$_4$	NaCl	NaNO$_2$	0.25	45	0.375	52	—	
	3	1	2						
	Na$_2$SO$_4$	NaCl		0.49	83	0.045	89.5	—	
	3	1							

水泥品种及配比	外加剂品种及掺量/%			收缩值					
				28d		45d		60d	
				mm/m	%	mm/m	%	mm/m	%
42.5级普通硅酸盐水泥（水泥∶砂∶水＝1∶3.4∶4.75）	无			—	—	—	—	0.230	100
	NaCl		$N(C_2H_4OH)_3$	—	—	—	—	0.370	161
	0.5		0.05						
	$N(C_2H_4OH)_3+NaNO_2+CaSO_4 \cdot 2H_2O$			—	—	—	—	0.315	137
42.5级普通硅酸盐水泥（水泥∶砂∶水＝1∶2.1∶4.08）	无			—	—	—	—	0.260	100
	NaCl		$N(C_2H_4OH)_3$	—	—	—	—	0.330	146
	0.5		0.05						
	$N(C_2H_4OH)_3+NaNO_2+CaSO_4 \cdot 2H_2O$			—	—	—	—	0.300	115
	$N(C_2H_4OH)_3$	NaCl	$NaNO_2$	—	—	—	—	0.300	150
	0.05	0.5	1						
32.5级矿渣硅酸盐水泥（水泥∶砂∶水＝1∶2.1∶4.08）	无			—	—	—	—	0.300	100
	NaCl		$N(C_2H_4OH)_3$	—	—	—	—	0.340	113
	0.05		0.5						
	$N(C_2H_4OH)_3+NaNO_2+CaSO_4 \cdot 2H_2O$			—	—	—	—	0.360	112
	$N(C_2H_4OH)_3$	NaCl	$NaNO_2$	—	—	—	—	0.390	130
	0.05	0.5	1						

（5）弹性模量　弹性模量主要与混凝土的抗压强度有关，有些研究表明：掺入氯化钙的混凝土早期弹性模量增大，但到90d时，弹性模量与未掺的几乎一样。

（6）钢筋锈蚀　在混凝土中掺入氯化钙后，因增加了溶液中的氯离子，使钢筋与氯离子之间产生较高的电极电位，因而对混凝土中钢筋的锈蚀影响较大。为此，在钢筋混凝土中氯化钙的掺加量不得超过水泥质量的1％；在无筋混凝土中掺量不得超过3％。实际工程中，对钢筋混凝土，特别是预应力混凝土，一般都不许使用氯化钙作为早强剂。

为防止氯化钙对钢筋的锈蚀，氯化钙早强剂一般与阻锈剂复合使用。常用的阻锈剂有亚硝酸钠（$NaNO_2$）等。亚硝酸钠能在钢筋表面生成氧化保护膜，起抑制钢筋锈蚀的作用。

亚硝酸钠还能与铝酸三钙生成亚硝酸铝酸盐［$3CaO \cdot Al_2O_3 \cdot Ca(NO_2) \cdot 8\sim12H_2O$］，起早强作用。除亚硝酸钠外，各种铬酸盐、磷酸盐、锰酸盐等氧化剂均能起阻锈作用。

（7）耐久性　当使用硫酸钠、硫酸钾为早强剂时，应注意它可能会与混凝土骨料中活性二氧化硅作用，发生碱-骨料反应，引起混凝土膨胀而破坏的问题。

6.1.4　早强剂的应用

1. 硫酸盐掺量限值

早强剂中硫酸钠掺入混凝土的量应符合表6-11的规定，三乙醇胺掺入混凝土的量不应大于胶凝材料质量的 0.05%，早强剂在素混凝土中引入的氯离子含量不应大于胶凝材料质量的 1.8%。其他品种早强剂的掺量应经试验确定。

硫酸钠掺量限值　　　　　　　表 6-11

混凝土种类	使用环境	掺量限值（胶凝材料质量%）
预应力混凝土	干燥环境	$\leqslant 1.0$
钢筋混凝土	干燥环境	$\leqslant 2.0$
	潮湿环境	$\leqslant 1.5$
有饰面要求的混凝土	—	$\leqslant 0.8$
素混凝土	—	$\leqslant 3.0$

2. 早强剂的含碱量

混凝土中的含碱量，既来自水泥，也来自外加剂，尤其是早强剂等，因碱性激活剂主要是各种酸的钠盐、钾盐。而水泥中的含碱量是以氧化钠、氧化钾的当量计算的。当测知该物质中的氧化钠、氧化钾含量后，含碱量可由下式计算得出：

$$R_2O = Na_2O + 0.658K_2O$$

各类早强剂的含碱量情况，如表 6-12 所示。

各类早强剂的含碱量　　　　　　表 6-12

名　称	化学式	每千克物质含碱量/kg
硫酸钠	Na_2SO_4	0.436
硫代硫酸钠	$Na_2S_2O_3$	0.291
氯化钠＋硫酸钠	$NaCl + Na_2SO_4$	0.464
氯化钠＋亚硝酸钠	$NaCl + NaNO_2$	0.486

碱与活性骨料相遇就有发生混凝土中碱-骨料反应的可能，即碱与活性二氧化硅反应生成碱性硅凝胶，吸收水分膨胀而使混凝土结构胀裂疏松。

3. 使用早强剂应注意其溶解度

配制和使用含早强剂的减水剂、各种复配外加剂时，必须注意这种早强剂不同温度时在水中的溶解度，应避免产生大量沉淀而影响外加剂的使用效果。

6.2 早强减水剂及其应用

1. 特点

早强减水剂主要由早强剂与减水剂复合而成。

2. 适用范围

主要适用于蒸养混凝土及常温、低温和负温（最低气温不低于 -5℃）条件下施工的有早强要求的混凝土工程。

3. 技术性能

早强高效减水剂是在保证混凝土坍落度及水泥用量不变的条件下，掺量为水泥质量的 $2\% \sim 3\%$（蒸养混凝土中掺量为 1.5%）有较高的减水效果和增加混凝土强度的外加剂，可减少用水量 12%～16% 以上，从而能显著改善混凝土的各项物理力学性能。早强高效减水剂是低引气型外加剂，混凝土的含气量在 2.5% 左右，能显著提高混凝土的保水性和黏聚性。泌水率比一般在 30%～60% 之间，塑化功能显著，可使混凝土的坍落度由 3～5cm 提高到 15～20cm。早期强度还可提高约 30%，有一定的促硬和引气功能。

早强高效减水剂促凝作用明显，初凝及终凝均提前 1h 左右，掺早强高效减水剂的混凝土，在标准养护条件下，龄期 3d 的混凝土强度能达到设计强度的 70%，后期强度提高 20%～30%。抗冻害、抗冻融、抗渗、耐磨等性能显著提高。

掺早强高效减水剂的混凝土能改善养护条件，提高蒸养强度 40%～60%，蒸养后 28d 抗压强度提高 20%～30%。通常，在保持蒸养强度相同的情况下，可缩短蒸养时间 40%；保持蒸养周期相同的情况下，恒温温度可从 80～90℃ 降到 60℃，每 1t 产品可节煤 15t 以上；在保持混凝土强度及坍落度基本不变的情况下，可节约水泥 15%～20%。早强高效减水剂对矿渣硅酸盐水泥、粉煤灰硅酸盐水泥、普通硅酸盐水泥有良好的适应性，对混凝土收缩无明显影响，对钢筋无锈蚀危害，能提高混凝土的护筋性能。

早强高效减水剂适用于最低气温不低于 −10℃ 的混凝土冬期施工，防止冻害及加快施工进度；蒸养混凝土；常温下既要求早强，又要求高强、抗渗、耐冻融、大坍落度的混凝土。

4. 早强减水剂的应用

（1）以粉剂掺加的早强减水剂如有受潮结块，应通过 0.63mm 的筛筛后方可使用。

（2）掺早强减水剂混凝土的搅拌和振捣方法可与不掺外加剂的混凝土相同，若以粉剂加入时，应先与水泥、骨料干拌后再加水，搅拌时间不得少于 3min。

（3）蒸汽养护时，其养护制度应根据外加剂和水泥品种及浇筑温度等条件通过试验确定。

（4）掺早强减水剂混凝土采用自然养护时，应使用塑料薄膜覆盖，低温时应用保温材料覆盖。

7 速凝剂

7.1 概述

7.1.1 速凝剂的特点及适用范围

速凝剂是能使混凝土或砂浆迅速凝结硬化的外加剂。速凝剂主要用于喷射混凝土、砂浆及堵漏抢险工程。

1. 特点

速凝剂的促凝效果与掺入量成正比增长，但掺量超过水泥用量的 4%～6% 后则不再进一步速凝，而且掺速凝剂的混凝土后期强度不如基准混凝土的高，即后期强度有损失。

2. 适用范围

(1) 速凝剂可用于喷射法施工的砂浆或混凝土，也可用于有速凝要求的其他混凝土。

(2) 粉状速凝剂宜用于干法施工的喷射混凝土，液体速凝剂宜用于湿法施工的喷射混凝土。

(3) 永久性支护或衬砌施工使用的喷射混凝土、对碱含量有特殊要求的喷射混凝土工程，宜选用碱含量小于 1% 的低碱速凝剂。

7.1.2 速凝剂的主要品种及其组成

混凝土速凝剂一般很少采用单一的化合物，常用具有多种速凝作用的化合物复合而成，根据速凝剂的性质和状态，按其主要成分分类可分为以下四类。

1. 铝氧熟料、碳酸盐系

其主要速凝成分为铝氧熟料、碳酸钠以及生石灰。铝氧熟料是由铝矾土矿（主要成分为 Na_2AlO_2，其中 Na_2AlO_2 含量可达到 60%～80%）经过 1300℃ 左右的高温煅烧而成。这类产品以铝酸盐和碳酸盐为主，再复合一些其他的无机盐类，是粉状产品。典型产品如红星 1 型，它是由铝氧熟料（主要成分是铝酸钠、硅酸二钙）、碳酸钠和氧化钙按 1:1:0.5 的配比，在球磨机中混合而成，细度为 4900 孔/cm²，标准筛的筛余小于 10%。

此类产品国内有红星 1 型、711 型、782 型、J85 型、尧山型等。这种速凝剂含碱量较高，对混凝土后期强度影响大，但加入一定量的无水石膏在一定程度上有所改善。

2. 铝氧熟料、明矾石系

其主要成分为铝矾土、芒硝（$Na_2SO_4 \cdot 10H_2O$）经煅烧成为硫铝酸盐熟料后，再与一定比例的生石灰、氧化锌共同研磨而成。产品的主要成分为铝酸钠、硅酸三钙、硅酸二钙、氧化钙和氧化锌。这种速凝剂含碱量低，加入氧化锌后提高了后期强度，而早期强度发展缓慢。国内典型产品如阳泉 1 号。

3. 硅酸钠系

这类产品以硅酸钠（水玻璃）为主要成分，再与无机盐类复合而成，是液体产品，这种速凝剂凝结、硬化很快，早期强度高，抗渗性好，可在低温下施工。但混凝土收缩较大，主要用于止水堵漏。此类产品有国产的 NS 水玻璃速凝剂、快燥精、水玻璃防水堵漏剂。国外产品有奥地利的西卡－1、瑞士的西古尼特-W。

4. 新型复合液态速凝剂

这类复合型液态速凝剂代表了速凝剂的发展方向。包括无机速凝剂与有机稀释剂复合型、无机速凝剂和有机速凝剂复合型和一些以水溶性树脂为主要成分的低碱性有机速凝剂，如硫酸铝，碳酸钾，碳酸钠、铝酸盐、氟硅酸盐、锂盐等无机速凝剂与萘磺酸甲醛缩合物稀释剂的复合，以丙烯酸钙或丙烯酸镁为主体的有机液态速凝剂等。

7.1.3 速凝剂的作用机理

为了达到既能使混凝土快速凝结硬化，又不过分影响混凝土的抗压强度，且原材料来源较广泛，成本相对较低的目标，速凝剂产品的组成往往很复杂，它与水泥之间的反应往往与水泥本身水化反应同时进行，且互为条件，互相影响。归纳起来，速凝剂的作用机理主要在以下几个方面：

（1）大量形成水化铝酸钙。

（2）大量形成水化硫铝酸钙（钙矾石）。

（3）大量形成水化铝酸钙，同时促进硅酸三钙水化。

（4）其他。

下面对速凝剂的作用机理进行简要介绍。

1. 生成大量水化铝酸钙而速凝

硅酸盐熟料的四大矿物的水化速率排序为：铝酸三钙＞铁铝酸四钙＞硅酸三钙＞硅酸二钙。将硅酸盐水泥熟料磨细后，如果加水拌合，C_3A 会立即与水发生反应，形成大量水化铝酸钙（C_3AH_6），水化铝酸钙结晶生长，晶体相互搭接，水泥浆体瞬间就凝结了。单纯的水泥熟料磨细后由于凝结时间太短，通常工程中来不及施工，无法使用，加之水化铝酸钙晶型不稳定，条件变化后，易发生晶型转变，晶型转变后则在浆体中形成缺陷，影响硬化浆体的强度。

所以，在硅酸盐系列水泥生产过程中，要在硅酸盐水泥熟料粉磨时加入一定量的石膏。石膏的作用在于水泥一旦接触拌合水，C_3A 首先与石膏发生反应，形成一定量的钙矾石，覆盖在水泥颗粒表面，阻止水分进一步与水泥矿物成分接触，延缓水泥的凝结，以争取足够的拌合、浇筑和振捣密实的时间。

为了使水泥接触拌合水后发生速凝，可以设想，只要通过技术手段消除水泥中调凝剂石膏的作用就可以了。我国传统的速凝剂红星1型，就是利用了这个重要原理。

在常温下，掺入红星1型速凝剂的水泥浆体（$W/C=0.4$）其初凝时间为 2～3min，终凝时间为 8min 左右，而不掺加速凝剂的同水灰比的净浆，其初凝时间为 2～4h，终凝时间为 4～6h。可见，红星1型速凝剂中的组分在水泥浆体开始接触水的阶段，发挥了十分重要的作用。

红星1型速凝剂由铝氧熟料、碳酸钠和生石灰按一定比例配制磨细而成。这些组分在水泥一接触水的阶段发生了如下反应。

（1）生成溶解度更低的盐类：

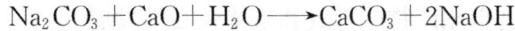

$$Na_2CO_3+CaO+H_2O \longrightarrow CaCO_3+2NaOH$$

$$Na_2CO_3+CaSO_4 \longrightarrow CaCO_3+Na_2SO_4$$

（2）铝酸盐水解，并进行中和反应：

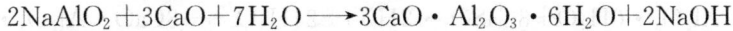

$$NaAlO_2+2H_2O \longrightarrow Al(OH)_3+NaOH$$

$$2NaAlO_2+3CaO+7H_2O \longrightarrow 3CaO \cdot Al_2O_3 \cdot 6H_2O+2NaOH$$

在反应过程中，NaOH 会与水泥中的石膏建立以下平衡关系：

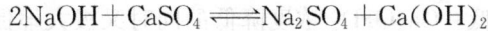

$$2NaOH+CaSO_4 \rightleftharpoons Na_2SO_4+Ca(OH)_2$$

可见，由于红星 1 型速凝剂的掺入，使得水泥中起调凝作用（实际上是缓凝作用）的石膏，在水泥水化初期就与速凝剂的反应生成物氢氧化钠作用并形成过渡性产物硫酸钠，使水泥浆体中可溶性石膏的浓度明显降低。此时，水泥中的矿物组分 C_3A 迅速进入溶液，水化析出六角板状的水化产物 C_3AH_6（进而转化成 C_4AH_{13}），相当于原来石膏所起的缓凝作用丧失，水泥发生速凝。C_3A 水化是个放热过程，放出的热量同时又促进了 C_3S 的水化反应，所以水泥浆体迅速凝结，而 C_3S 水化产物 $C-S-H$ 凝胶填充于水化铝酸钙晶体堆积和搭接所形成的孔隙内，进一步增进浆体强度的发展。

掺加红星 1 型速凝剂的砂浆或混凝土，尽管凝结快，早期强度发展快，随后水泥矿物成分的水化也能继续进行，但其后期强度却远不及不掺速凝剂的砂浆或混凝土。这是因为：

（1）浆体初期快速水化形成的水化铝酸盐结构不坚固。

（2）早期水化太快，导致水泥矿物中 C_3S 和 C_2S 后期的水化受到抑制。

（3）早期快速凝结导致浆体内部形成较大缺陷。

（4）水化铝酸钙易发生晶型转变，导致产生缺陷和孔隙。

2. 生成大量钙矾石而速凝

如果在水泥浆体中存在大量的可溶硫酸钙和铝酸盐，则水泥一开始接触水时，会形成数倍于普通水泥浆体中的钙矾石，此时，钙矾石结晶生长，快速搭接，也会导致浆体快速凝结，这就是通常所说的生成大量钙矾石而速凝。

782 型速凝剂的作用机理就是如此。试验表明，在水泥中掺入 6% 的 782 型速凝剂，就可以使水泥的初凝时间缩短为 2~3min，终凝时间缩短为 3~5min。同济大学通过对掺加 782 型速凝剂的浆体进行 X 射线衍射图谱、差热分析、粉末岩相、电子显微镜以及利用各种化学和物理手段进行测试和综合分析，结果认为掺加有 782 型速凝剂的水泥浆体在水化一开始迅速形成大量钙矾石，而且水泥浆体中硅酸盐组分的水化也比未掺的早而且迅速，尤其值得注意的是水泥水化初期就明显伴随有 C_3S 的水化和 $C-S-H$ 的形成。但试验也发现，掺有 782 型速凝剂的浆体，其高硫型水化硫铝酸钙（钙矾石）向低硫型水化硫铝酸钙转化的过程也相应提前，而且 C_3S 的水化速率随着龄期的延长逐渐减慢。

782 型速凝剂的主要化学组分为 $\alpha-Al_2O_3$、$Al_2(SO_4)_3$、$Ca(OH)_2$ 和 $NaAlO_2$、$\alpha-SiO_2$ 等。当水泥中掺入 782 型速凝剂，加水后在水泥-速凝剂-水体系中，$Al_2(SO_4)_3$ 等电解质发生解离，水泥粉磨过程中作为调凝剂掺入的石膏发生溶解，使得水泥水化初期溶液中 SO_4^{2-} 浓度骤增，并与溶液中的 Al_2O_3、$Ca(OH)_2$ 等组分急速发生反应，迅速生成大量细针状钙矾石及中间产物——次生石膏，这些生成物晶体增多，相互搭接、穿插成网络状结构，水泥浆体出现速凝现象。速凝剂中的铝氧熟料（主要成分 $NaAlO_2$）及石灰还为钙矾石的形成提供了有效的组分并增强了溶液的碱性，同时，它们在加水之初的放热反应提高了液相温度，有利于促进水化产物的形成和浆体强度的发展。

掺有 782 型速凝剂的浆体中一些重要化学反应如下：

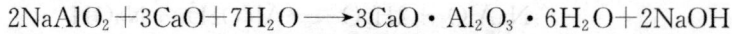

$$Al_2(SO_4)_3+3CaO+5H_2O \longrightarrow 3CaSO_4 \cdot 2H_2O+2Al(OH)_3$$

$$2NaAlO_2+3CaO+7H_2O \longrightarrow 3CaO \cdot Al_2O_3 \cdot 6H_2O+2NaOH$$

$$3CaO \cdot Al_2O_3 \cdot 6H_2O+3CaSO_4 \cdot 2H_2O+24H_2O \longrightarrow 3CaO \cdot Al_2O_3 \cdot 3CaSO_4 \cdot 32H_2O$$

水泥水化初期溶液中，大量的 $Ca(OH)_2$、SO_4^{2-} 和 Al_2O_3 参与形成钙矾石，使得液相中 $Ca(OH)_2$ 浓度随之降低。$Ca(OH)_2$ 浓度降低的同时又极大地促进了 C_3S 的水化，C_3S 提前发生水化，其水化产物 $C-S-H$ 凝胶填充于 AFt 晶体穿插、搭接后形成的孔隙中，使浆体孔隙率减小、密实度提高，增进了浆体早期抗压强度的发展。

但是，在了解速凝剂作用机理的同时，也应十分关注速凝剂的掺加对水泥石结构的演变所产生的影响。首先，过早、过快地形成网络状结构尽管有利于使浆体速凝和促进浆体早期强度的发展，但是却在硬化浆体中产生很多缺陷，这些缺陷即使水泥矿物组分后期良好水化，有时也难以填充密实。其次，水泥浆体的后期强度主要依赖于硅酸盐矿物的水化产物的形成，水泥浆体早期大量、快速形成水化产物，水化产物覆盖在未水化水泥颗粒表面，将不利于未水化水泥颗粒的继续水化。再次，为实现浆体速凝而在早期大量形成的钙矾石也是一种不稳定的晶体，随着浆体液相中 $CaSO_4$ 浓度的降低，钙矾石将会发生晶型转变，转变为密度更大的单硫型水化硫铝酸钙（AFm，$3CaO \cdot Al_2O_3 \cdot CaSO_4 \cdot 12H_2O$），这一过程增加了浆体内部的孔隙率，也会影响浆体的强度。所以，宏观的试验表明，掺加任何速凝剂的砂浆或混凝土，其后期强度（如 28d 抗压强度）总是低于不掺者。

掺加某些速凝剂的砂浆或混凝土，其抗压强度在 28d 后甚至出现倒缩现象，这一点在实际工程中是绝不允许的。

近来研制成功较多种类的速凝剂，尤其是低碱含量和无碱速凝剂，甚至是同时含有有机物的速凝剂，其作用机理基本上都是首先促进水化铝酸钙或者高硫型水化铝酸钙的形成，这里不再列举。

7.1.4　速凝剂的技术要求

速凝剂匀质性指标应符合表 7-1 的要求。

速凝剂匀质性指标　　　　　　　　　　　　　　　表 7-1

试验项目	指标	
	液　体	粉　状
密度	应在生产厂所控制值的 $\pm 0.02 g/cm^3$ 之内	—
氯离子含量	应小于生产厂最大控制值	应小于生产厂最大控制值
总碱量	应小于生产厂最大控制值	应小于生产厂最大控制值
pH 值	应在生产厂控制值 ± 1 之内	—
细度	—	$80\mu m$ 筛余应小于 15%
含水率	—	$\leqslant 2.0\%$
含固量	应小于生产厂的最小控制值	—

掺速凝剂净浆及硬化砂浆的性能应符合表 7-2 的要求。

掺速凝剂净浆及硬化砂浆性能要求   表 7-2

产品等级	试 验 项 目			
	净 浆		砂 浆	
	初凝时间/min∶s ≤	终凝时间/min∶s ≤	1d 抗压强度/MPa ≥	28d 抗压强度/MPa ≥
一等品	3∶00	8∶00	7.0	75
合格品	5∶00	12∶00	6.0	70

7.2 速凝剂对混凝土性能的影响

1. 对水泥净浆性能的影响

一般情况下，未掺速凝剂的水泥凝结速度随温度升高而加快。但对掺速凝剂的水泥，其相对强度随温度降低而升高。当温度升高到 30℃时，在水泥中掺加速凝剂，则对终凝时间和 28d 抗压强度极为不利。不同温度下水泥净浆的性能如表 7-3 所示。

不同温度下水泥净浆的性能   表 7-3

温度/℃	掺量/%	凝结时间		抗压强度/MPa					28d 相对强度/%
		初凝	终凝	1d	3d	4d	7d	28d	
3	0	5min25s	9min30s	0.1	2.3	—	9.4	22.6	100
	3			0.9	9.7	0.4	20.8	25.7	114
10	0	3min45s	9min	0.3	5.6	—	14.3	28.6	100
	3			2.8	13.2	0.8	16.4	26.3	91.9
20	0	2min15s	5min55s	2.5	11.7	—	18.2	34.2	100
	3			7.3	15.9	0.5	18.6	24.4	71.4
30	0	2min25s	>45min	5.8	16.8	—	23.5	35.8	100
	3			9.6	12.4	0.3	14.5	16.3	45.6

2. 对砂浆抗裂性的影响

根据掺无碱和低碱速凝剂胶砂抗裂性试验结果表明，掺低碱速凝剂砂浆裂缝数量多，初裂时间早的原因与速凝剂带入的碱量多有关。速凝剂带入的碱与水泥带入的碱的性质一样，增大了砂浆和混凝土的收缩，碱含量高既不利于后期强度的发展，也增大了危害性碱-骨料反应的风险。施工现场裂缝调查结果也表明，掺低碱速凝剂混凝土裂缝较普遍，掺无碱速凝剂混凝土几乎不开裂。建议永久工程用的喷射混凝土应优先选用无碱速凝剂。

3. 对水泥凝结时间的影响

铝酸钠速凝剂的掺量对凝结时间影响如表 7-4 所示，随着铝酸钠（$NaAlO_2$）的掺量从 0.5%增至 2.0%，初凝终凝时间均从慢至快之后又慢下来，掺量在 1.2%时凝结时间最优，但在 0.8%至 1.8%之间均达到《喷射混凝土用速凝剂》（JC 477—2005）的速凝剂标准，可满足喷射混凝土施工对凝结时间的要求。

速凝剂掺量对水泥凝结时间的影响 表 7-4

偏铝酸钠掺量/%	初凝时间	终凝时间
0.5	9min27s	>20min
0.6	5min00s	17min21s
0.7	4min06s	14min06s
0.8	3min25s	8min51s
0.9	2min41s	7min55s
1.0	2min20s	5min36s
1.1	1min47s	4min11s
1.2	1min16s	3min09s
1.3	1min32s	3min20s
1.4	2min00s	4min03s
1.5	2min35s	4min51s
1.6	3min12s	5min46s
1.7	3min56s	6min22s
1.8	4min30s	7min50s
1.9	5min11s	9min14s
2.0	6min20s	11min13s

速凝剂对普通硅酸盐水泥的最佳掺量为 2.5%～4.0%，若超过 4.0%，凝结时间反而增长，并且混凝土后期强度降低更为明显。试验还发现：掺入速凝剂不均匀时，不同区域有明显的凝结速度差异，故施工时要保证其均匀性。

4. 对抗压强度的影响

胶砂强度试验水灰比为 0.52、胶砂比为 1:2.5（ISO 标准砂），将水泥砂浆在胶砂搅拌机中搅拌 3min 后加入速凝剂，搅拌 30s 后成型试件。速凝剂品种和掺量对抗压强度的影响如表 7-5 所示，试验结果表明：

（1）2 种无碱速凝剂的胶砂 1d 抗压强度在低掺量（6%）时偏低。1 种无碱和 2 种低碱速凝剂的胶砂 1d 抗压强度较高。

（2）3 种无碱速凝剂和减水剂复合掺加，速凝剂掺量在 6%～10% 之间，28d 抗压强度比在 100% 左右，掺量对 28d 抗压强度影响不大。

（3）2 种低碱速凝剂与减水剂复合掺加，速凝剂掺量在 3%～6% 之间，28d 抗压强度比随掺量增加呈下降趋势。

速凝剂品种和掺量对抗压强度的影响 表 7-5

速凝剂品种	速凝剂掺量/%	抗压强度/MPa			抗压强度比/%	
		1d	28d	90d	28d	90d
不掺速凝剂	—	—	41.6	53.9	100	100
无碱速凝剂 1	6	4.7	45.0	55.0	108	102
	8	11.1	43.2	53.7	104	100
	10	13.4	46.5	56.5	112	105

续表

速凝剂品种	速凝剂掺量/%	抗压强度/MPa			抗压强度比/%	
		1d	28d	90d	28d	90d
无碱速凝剂 2	6	9.8	40.4	50.8	97	94
	8	10.0	43.8	52.1	105	97
	9	12.7	45.3	52.9	109	98
无碱速凝剂 3	6	4.6	42.7	52.3	103	97
	8	7.0	41.2	47.9	99	89
	9	8.5	39.3	40.1	95	74
低碱速凝剂 1	3	11.3	35.2	41.5	85	77
	5	11.4	30.7	36.3	74	67
	6	8.0	28.0	35.1	67	65
低碱速凝剂 2		8.8	27.6	33.1	66	61
	4	9.0	23.8	32.7	57	51
	5	10.1	23.2	31.9	56	59

低碱速凝剂 1 掺量 5% 时抗压强度比满足合格品要求，低碱速凝剂 2 即使掺量 3% 也不满足合格品要求。因此，低碱速凝剂对后期强度影响较大。

5. 对混凝土收缩率的影响

速凝剂对混凝土收缩率有着明显的增大作用，如表 7-6 所示。故在施工中要控制每次喷射的厚度，或在施工中添加膨胀剂进行补偿收缩。

速凝剂对混凝土收缩率的影响 表 7-6

掺量/%	收 缩 率/%		
	7d	28d	60d
0	0.08	0.21	0.24
3	0.14	0.37	0.40

7.3 速凝剂的应用

喷射混凝土中掺用速凝剂的主要目的是使新喷料迅速凝结，增加一次喷层厚度，缩短两次喷覆之间的时间间隔，提高喷射混凝土的早期强度，以便及时提供工程使用效果。

速凝剂应用技术要点如下：

（1）使用速凝剂时，需充分注意对水泥的适应性，正确选择速凝剂的掺量并控制好使用条件。若水泥中 C_3S 含量高，则速凝效果好，一般说来对矿渣水泥效果较差。

（2）注意速凝剂掺量必须适当。气温低时掺量适当加大，气温高时酌减。传统的速凝剂有一定的副作用，与不用速凝剂的混凝土相比较，必然降低混凝土的最终强度（28d 抗压强度）。因此，在满足施工要求的前提下，掺量宜取下限（边墙比顶拱用量更少）。

（3）注意水灰比控制在 0.4～0.5，不要过大，以喷出物不出现干斑、不流淌、色泽均匀时为宜。水灰比越小，效果越好，凝结时间加快，早期强度增高，掺量减少，顶拱喷层增厚。水灰比大于 0.5 的结果是凝结时间减慢，早期强度低，很难使喷层厚度超过 5～7cm，混凝土与岩石基底粘结不上。复合使用减水剂，可以大大降低用水量，并改善湿法喷射混凝土的和易性和黏聚性，对于混凝土的抗渗性也有明显提高。

(4) 喷射混凝土由于其水泥用量大、砂率高和速凝剂的影响，干燥收缩值通常会增大，因此成型时要注意喷水养护，防止干裂。

(5) 根据工程要求选择合适的速凝剂类型。比如铝酸盐类速凝剂，最好用于变形大的软弱岩面，以及要求在开挖后短时间内就有较高早期强度的支护和厚度较大的施工面。此外，铝酸盐类速凝剂还适用于有流水的部位。水玻璃类速凝剂适合用于无早期强度要求和厚度较小的施工面（最大厚度 8～15cm），以及修补堵漏工程。对于含活性骨料或者用于永久性工程的喷射混凝土，应尽量选用低碱或无碱速凝剂。

(6) 选用适应性好的水泥。不同水泥的速凝效果不同，同一种水泥因其存放时间不同而效果不同。尽量使用新鲜的水泥，风化的水泥速凝剂效果降低，严重风化的水泥会使速凝剂失效。

(7) 缩短混合料的停放时间。速凝剂事先与水泥、砂、石混拌时，由于砂石均含有一定的水分，速凝剂在遇水喷出前已与水泥发生作用。因此，混合料的停放时间严格控制在不超过 20min 为宜，最好是加入速凝剂后立即喷出。

(8) 速凝剂应密封存放，防止受潮。

8 缓凝剂及缓凝减水剂

8.1 缓凝剂

8.1.1 缓凝剂的特点

缓凝剂与缓凝减水剂在净浆及混凝土中均有不同的缓凝效果。缓凝效果随掺量增加而增加，超掺会引起水泥水化完全停止。

随着气温升高，羟基羧酸及其盐类的缓凝效果会明显降低，而在气温降低时，会延长缓凝时间，早期强度降低也更加明显。

羟基羧酸盐缓凝剂会增大混凝土的泌水，尤其会使大水灰比低水泥用量的贫混凝土产生离析。

各种缓凝剂和缓凝减水剂主要是延缓、抑制 C_3A 矿物和 C_3S 矿物组分的水化，对 C_2S 影响相对小得多，因此不影响水泥浆的后期水化和长龄期强度的增长。

8.1.2 缓凝剂的适用范围

（1）缓凝剂宜用于延缓凝结时间的混凝土。

（2）缓凝剂宜用于对坍落度保持能力有要求的混凝土、静停时间较长或长距离运输的混凝土、自密实混凝土。

（3）缓凝剂可用于大体积混凝土。

（4）缓凝剂宜用于日最低气温 5℃以上施工的混凝土。

（5）柠檬酸（钠）及酒石酸（钾钠）等缓凝剂不宜单独用于贫混凝土。

8.1.3 缓凝剂的种类

不同的物质对水泥浆体凝结速率的影响是不同的，有些物质在很小掺量的情况下，就会使水泥浆体凝结时间大幅延长，而有的化学物质对水泥浆体凝结时间的影响较温和，甚至在掺量超过一定值后反而会缩短水泥浆体的凝结时间。几种常见化合物对水泥浆体凝结时间的影响情况如图8-1 所示。

混凝土缓凝剂可分为无机物和有机物两大类。

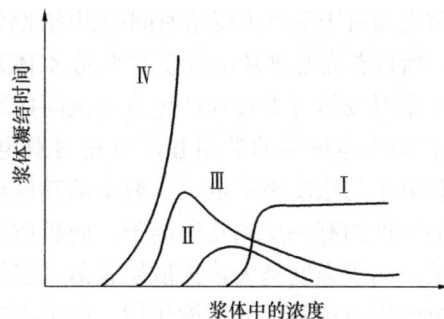

图 8-1　不同无机化合物对水泥浆体凝结时间的影响
Ⅰ—$CaSO_4 \cdot 2H_2O$；Ⅱ—$Ca(NO_3)_2$，$CaBr_2$；
Ⅲ—Na_2CO_3，Na_2SiO_3；Ⅳ—Na_3PO_4，$Na_2Br_2O_7$，
$Ca(CH_3COO)_2$

1. 常用的无机缓凝剂

磷酸、磷酸盐（如磷酸三钠和三聚磷酸钠等），偏磷酸盐，锌盐（氯化锌、碳酸锌），硼砂，硅氟酸盐，亚硫酸钠，硫酸亚铁，铁、铜、锌和镉的硫酸盐，某些氧化物等。

2. 常用的有机缓凝剂

（1）木质素磺酸盐及其衍生物　木质素磺酸钠、木质素磺酸钙、木质素磺酸镁等。

（2）多羟基碳水化合物及其衍生物　蔗糖、蔗糖化钙，糖蜜，葡萄糖、葡萄糖酸、葡萄糖酸钠、葡萄糖酸钙，果糖庚糖化合物等。

（3）羟基羧酸及其盐类　酒石酸、酒石酸钠、酒石酸钾钠，乳酸，苹果酸，水杨酸，柠檬酸、柠檬酸钠等。

（4）多元醇及醚类物质　聚乙烯醇、纤维素醚等。

8.1.4 缓凝剂的作用机理

水泥矿物成分水化之后，溶剂化固相粒子靠近时发生相互作用立即生成水泥胶凝体的凝聚结构。初始复杂结构的稳定性主要取决于与粒子间距有关的粒子间相互作用力。此时，相互作用力可看成固相粒子表面上分子之间的范德华引力和由粒子周围的双电层中的离子之间的静电斥力的代数和。如果水泥胶凝体组成粒子之间存在相当强的斥力，体系将是稳定的；如果不是这样或具有引力，体系将变得不稳定，凝聚过程会很快完成，即水泥凝胶体发生凝结。

水泥胶凝体凝聚过程的发展不仅取决于水泥的矿物组成和分散度，同时还取决于水泥中电解质的存在。普遍认为，水泥化合物与水反应至少在水化初期是通过溶液反应，即水泥化合物先电离成离子，然后在溶液中形成水化物，且是由于受到化合物中电解质溶解度的限制而形成结晶沉淀。水泥浆体所出现的稠化、凝结核硬化现象，就是水泥水化产物不断结晶的结果。

因此，只要向水泥浆体中加入某些可溶性电解质使之延缓水泥化合物的电离速度或水化物的结晶速度，就会使水泥浆体的凝结核硬化特性发生改变。而电解质能在水泥粒子表面形成同电荷的双电层，并阻止粒子的相互结合。大多数缓凝剂都是盐类电解质，并从上述基本原则出发来达到缓凝效果。

缓凝剂对于混凝土凝结时间的影响比较复杂，很难用一种理论概括所有缓凝剂的作用原理，所以首先必须从电解质对水泥-水体系凝聚过程的影响来对作用机理加以探讨。

凡是对胶体凝聚过程产生直接或间接影响的因素，都会对水泥的凝结产生影响。水泥-水体系中电解质的类型和浓度是对双电层产生强烈影响的因素。胶粒的热力学电位由定位离子的浓度来确定，一般不随其他离子浓度的改变而改变。胶团的吸附层（紧密层）的厚度约有一层到几层离子，而扩散层则厚得多。扩散层的厚度与溶液中的离子强度有关，离子强度越大，扩散层越薄。当扩散层厚度减薄时，动电电位则随之降低，这称为电解质对扩散层的压缩作用。高价阳离子能迅速增加溶液中的离子强度，对扩散层有较强的压缩作用，甚至可以把一部分阴离子压缩到胶团的紧密层，这就导致扩散层厚度明显减薄。

此外，高价阳离子能通过离子交换和吸附作用来影响双电层结构。胶团外界的高价阳离子可以进入胶团的扩散层甚至紧密层中，同时又按照电荷总数等当量的原则，交换出低价阳离子。因此，交换后双电层离子总数少了，这意味着扩散层变薄了，随之双电层动电电位降低，水泥-水体系的凝聚作用加强；反之，若低价阳离子能交换出高价阳离子，并从吸附层进入扩散层，从而使吸附层离子减少，扩散层离子增多，扩散层增厚，动电电位提高，显示出水泥-水体系流动性增加，对水泥浆体起稀释作用。

一般而言，高价阳离子的交换能力是大于低价阳离子的。作为无机缓凝剂，要想使水泥浆体稀释，产生缓凝作用，就必须有低价阳离子交换出高价阳离子，这就要求水泥浆体中含有足够数量的低价阳离子（往往是一价金属阳离子）。所以，大多数无机缓凝剂都是一价金属电解质盐类，特别是钠盐：磷酸三钠、六偏磷酸钠、硅氟酸钠等。另一方面，磷酸盐的钙盐都具有高度的不溶解性，磷酸盐沉淀出不溶性钙盐不透水层，覆盖在水泥离子表面，水泥水化又在很大程度上被延缓。

缓凝剂中的组分不同，其对水泥的缓凝机理也不同。缓凝剂对水泥的缓凝机理包括吸附理论、络盐理论、沉淀理论、成核生成抑制理论等。

1. 吸附理论

水泥颗粒表面拥有较强的吸附能，能吸附一层起抑制水泥水化作用的缓凝剂膜层，阻碍了水泥的水化过程，也就延缓了水泥浆体的凝结和硬化。

水泥浆体的凝结过程是组成水泥的矿物成分与水发生化学反应，生成这些矿物的水化产物，并使水泥胶粒进入溶液的过程。所以有机缓凝剂主要是通过抑制水泥矿物的水化速度来达到缓凝效果。

一般水泥矿物选择性吸附有机缓凝剂的顺序为：

铝酸三钙→铁铝酸四钙→硅酸三钙→硅酸二钙

当在水泥浆中加入缓凝剂时，由于它们含有羟基（—OH）、酮基（—C=O）等活性基团，它们就选择性吸附在水泥的矿物上，与水泥粒子表面的 Ca^{2+} 吸附形成膜，并且羟基可与水泥表面形成氢键阻止水化进行，使晶体相互接触受到屏蔽，改变了结构形成过程。如柠檬酸和酒石酸可在 C_3S 表面生成不溶性钙盐的膜层，因此产生缓凝效果。

此外，缓凝剂分子在水泥粒子吸附层上，使分子间的作用力保持在厚的水化层表面上，使水泥悬浮体趋于稳定，并阻止水泥粒子凝聚。这种缓凝剂对水泥悬浮体的分散作用不但在原胶凝物质的粒子表面吸附，而且在水化和硬化过程中吸附在新相的晶胚上，并使其稳定。这种稳定作用阻止结构形成过程，并降低早期强度。

葡萄糖、蔗糖等吸附于水泥颗粒表面就会延长水泥的凝结时间。这是因为葡萄糖、蔗糖分子吸附在水泥颗粒表面后，羟基对水泥矿物组分的水化起到了延缓作用。掺 0.02%、0.04%、0.08%、0.20%的蔗糖，可使水泥浆体的初始凝结时间分别延长 1.2h、2.3h、4.2h 和 11h。

2. 络盐理论

无机盐类缓凝剂离子与溶液中的 Ca^{2+} 易形成络盐，因而会抑制 CH 的结晶析出，影响水泥浆体的正常凝结。对于羟基羧酸及其盐类的缓凝作用，可用络合物理论来解释其对水泥的缓凝作用。

羟基羧酸盐是络合物形成剂，它们能与过渡金属离子形成稳定的络合物，而与碱土金属离子（如 Ca^{2+}、Mg^{2+}）只能在碱性介质中形成不稳定的络合物。因而，羟基羧酸及其盐类能与水泥中的钙离子形成不稳定的络合物，在水化初期控制了液相中钙离子的浓度，产生缓凝作用。随水化过程的进行，这种不稳定的络合将会破坏，这样水泥水化将继续正常进行。

硼酸掺入水泥浆体中，将与水泥初始水化溶解出的钙离子形成类似钙矾石的络合物 $C_3A \cdot 3Ca(BO_2)_2 \cdot 31H_2O$，这种厚实无定型的络合物覆盖在水泥颗粒表面，阻止水分渗入水泥颗粒内部的能力比水化产物还要强得多，从而延缓了水泥的水化和硬化。

3. 沉淀理论

这种理论认为，有机或无机化合物在水泥颗粒表面形成一层不溶性物质薄层，阻碍水泥颗粒与水进一步接触，因而水泥的水化反应进程被延缓。

4. 成核生成抑制理论

液相中首先要形成一定数量的晶核，才能保证更多的物质借助这些晶核结晶生长。水泥浆体水化，从诱导期到加速期，由于缓凝剂的存在，阻碍了液相中 $Ca(OH)_2$ 的成核，也就使得它无法结晶析出，使得浆体中 $Ca(OH)_2$ 浓度的平衡无法打破，水泥中 C_3S 无法正常水化形成 $C-S-H$ 凝胶，这样浆体无法正常凝结。

由于水泥的化学复杂性，以及作为缓凝剂使用的化学物质较多，所以上述假说未必建立在同一缓凝性化合物的基础上。从水泥矿物水化速率的排序来看，C_3A 最快，C_4AF 次之，C_3S 和 C_2S 水化较慢。对于普通硅酸盐水泥来说，由于 C_3A 的水化受到了水泥粉磨生产时作为调凝剂加入的 $CaSO_4 \cdot 2H_2O$ 的抑制，所以，应该说缓凝剂的作用大部分应该还是针对抑制 C_3S 的水化以及 CH 结晶速率而产生的。对于每一种缓凝剂组分，可能同时采用 2 种或 3 种假说才能将其作用机理解释透彻。比如，在抑制成核理论中，缓凝剂应该是先吸附于 $Ca(OH)_2$ 核表面，才抑制其继续生长，在达到一定的过饱和度之前，$Ca(OH)_2$ 的生长将停止。也有人认为抑制成核假说过分强调了 $Ca(OH)_2$ 浓度对于水化速度的影响而轻视了缓凝剂的吸附作用。

缓凝剂与水泥之间存在适应性问题。缓凝剂的缓凝作用不仅受到缓凝剂掺量的影响，而且与水泥矿物成分的关系很大。对于同一品种的水泥，当 C_3A 含量较高时，需要加大缓凝剂的掺量才能起到较好的缓凝效果。而对于 C_3A 含量和 C_3S 含量较小的水泥，则缓凝剂在较低掺量情况下就可以起到较好的缓凝效果。

8.1.5　缓凝剂对混凝土性能的影响

掺加缓凝剂的主要目的在于延缓混凝土的凝结时间，以满足特殊的施工要求，尤其是在夏季，气温高，混凝土凝结速率较快，来不及施工，经常要求掺加缓凝剂或缓凝型减水剂。为了降低内部温升速率，减小内外温差，从而降低温度裂缝的出现概率，大体积混凝土中常掺加缓凝剂，甚至同时配合采用中热和低热水泥、大掺量掺合料以及冰水搅拌等措施。

缓凝剂对混凝土性能的影响主要表现在以下几个方面。

1. 和易性

大多数缓凝剂具有一定的减水效果，如蔗糖掺量分别为 0.02%、0.04% 和 0.10% 时，其在混凝土中的减水率分别为 2.1%、3.5% 和 4.2%。蔗糖化钙（TG）对混凝土减水率的影响如表 8-1 所示。可见，蔗糖化钙掺量为 0.10% 时，其减水率能达到 5.0%，相当于普通减水剂的减水效果。

序号		H10	H11	H12	H13	H14
TG 掺量/%		0	0.05	0.10	0.30	0.50
W/C		0.708	0.680	0.670	0.658	0.650
减水率/%		—	4.0	5.0	7.0	8.0
坍落度/cm		8.0	7.5	8.0	8.5	9.0
含气量/%		1.0	1.0	1.0	1.0	1.2
泌水率/%		4.3	8.7	8.5	4.5	2.1
凝结时间 / (h：min)	初凝	5：50	8：10	10：50	15：00	45：00
	终凝	9：00	11：50	13：00	17：00	55：00

掺加柠檬酸钠、偏磷酸钠等缓凝剂，均可产生微弱的减水效果，且当与减水剂复合使用时，其所产生的叠加减水效果更大一些。这是因为这些化学物质本身有一定的表面活性作用，与减水剂复合使用时，它们的缓凝效应还有助于减缓 C_3A、C_4AF 的初始水化速率，降低 C_3A、C_4AF 等矿物对减水剂的吸附量。

掺加缓凝剂的混凝土，一般来说不会出现泌水率增加的现象，但是如果缓凝剂掺量较大，缓凝时间较长时，会略微增加混凝土的泌水率。

总的来说，掺加缓凝剂可以改善混凝土的流动性，对保水性、黏聚性的影响不大。

2. 凝结时间

一般来说，随着缓凝剂掺量的增加，混凝土的凝结时间随之延长，但混凝土凝结时间延长的规律是不同的，对于有些缓凝剂，当掺量达到一定比例时，混凝土的凝结时间不仅不继续延长的走势，反而有所缩短。如蔗糖化钙，掺量从 0.03% 增加到 0.15% 时，凝结时间增长较缓慢，但当掺量从 0.15% 增加到 0.4% 时，净浆凝结时间急剧增加，但当掺量从 0.4% 继续增加时，则浆体的凝结时间反而出现缩短趋势。

在相同掺量情况下，不同缓凝剂对混凝土凝结时间的延缓效果差异较大。图 8-2 对比了几种常用缓凝剂对水泥净浆凝结时间的影响情况。

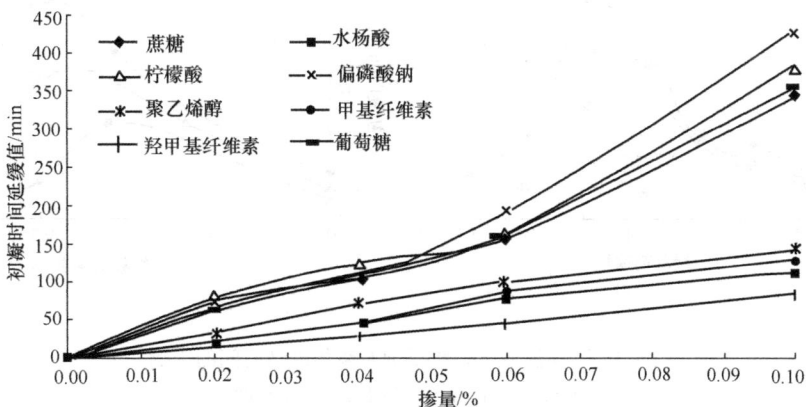

图 8-2　不同缓凝剂组分对净浆初始凝结时间的影响（基准水泥，$W/C=0.29$）

缓凝剂对混凝土初凝和终凝的影响有一定差别，掺有些缓凝剂，尽管初凝延缓较多，但净浆初凝、终凝之间经历的时间很短，而掺加有些种类的缓凝剂，则初凝、终凝之间经历的时间很长。对于实际工程来说，总是希望混凝土初凝、终凝之间经历的时间较短，因为初凝时混凝土已经完全失去流动性，总是希望尽快建立机械强度，以抵抗外界的作用力。如果净浆初凝后不能很快终凝，很容易因干燥失水、受振动等因素引起内部产生微裂纹。

缓凝剂对混凝土凝结时间的影响受到缓凝剂掺量、水泥品种和强度等级、掺合料种类和掺量、其他外加剂的种类和掺量、水胶比及温度、掺加时间等因素的影响。例如蔗糖是一种很好的缓凝剂，但它同时也可能引起某些白色硅酸盐水泥的快凝及某些高碱水泥的速凝。而磷酸盐可作为普通硅酸盐水泥和矿渣硅酸盐水泥的缓凝剂，但掺量较大时会引起普通硅酸盐水泥的快凝。

缓凝剂掺加时间不同，缓凝效果会有所差异。例如木质素磺酸钙，掺加时间越晚，缓凝作用就越大。

这里还要特别注意的是温度对缓凝剂作用效果的影响。图 8-3 是采用 HS（糖蜜类）、DT（以蔗糖为主），ZB1212（以木质素磺酸钠为主）和 C6220－c（以木质素磺酸盐为主）4 种市场上的商品缓凝剂，在 20℃、30℃ 和 40℃ 情况下进行试验得到的结果。其胶凝材料组成为 50％水泥和 50％粉煤灰。从图 8-3 可以看出：

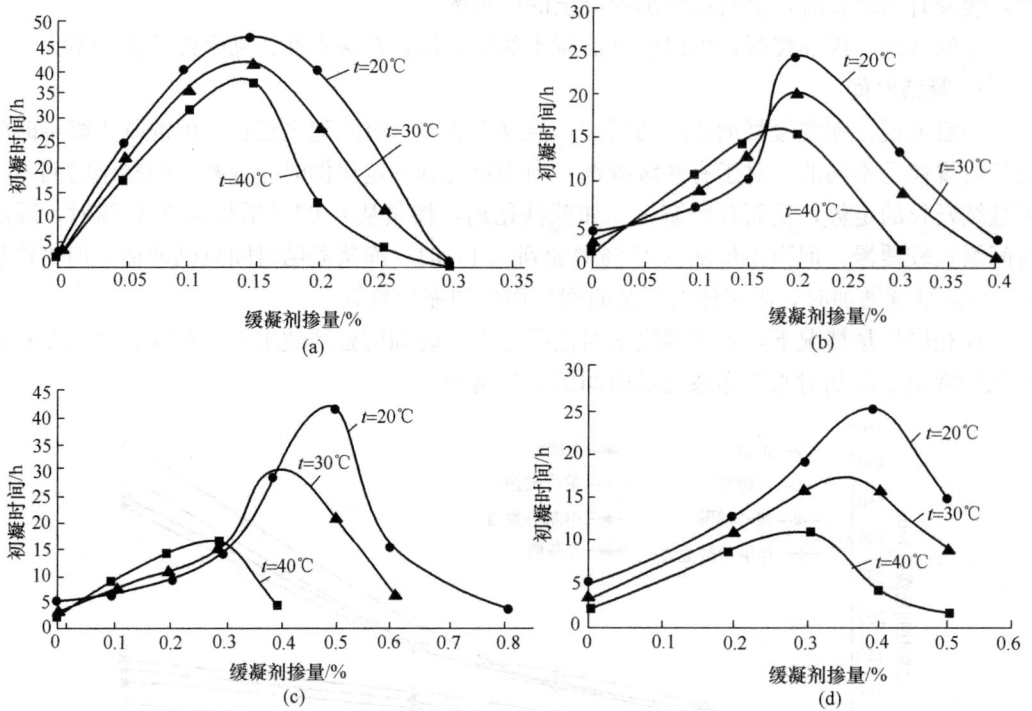

图 8-3　不同温度下，缓凝剂对浆体凝结时间的影响
(a) HS；(b) DT；(c) ZB1212；(d) C6220-c

（1）对于同一种缓凝剂来说，随着温度升高，其缓凝的效果降低。

（2）4 种缓凝剂对净浆凝结时间的影响均出现了拐点，即实际使用时，缓凝剂的掺量不得超过这个拐点所对应的掺量，称它为"警戒掺量"。

（3）缓凝剂的警戒掺量或随着温度升高而减小（木质素磺酸盐），或与温度关系不大（糖类）。

Joisel 从电解质溶解度的角度对外加剂使混凝土出现凝结加速或者延缓现象作了理论分析。他认为：水泥矿物组分的水化反应在早期是通过溶液进行的，也就是说水泥化合物先电离成离子，然后在溶液中结合形成水化物。由于其溶解度有限，水化产物就结晶析出，水泥浆体就出现稠化、凝结和硬化等现象。缓凝剂的缓凝作用主要是影响水泥矿物的溶解，而不是水化产物的结晶。为此，将水泥看作是由某些酸（硅酸盐和铝酸盐）和碱（钙）的离子组成的，其各自的溶解度就依赖于溶液中所存在酸、碱离子的类别和相对浓度。绝大部分缓凝剂在水中是会电离的，因此掺入水泥浆体中就会改变体系的离子组成与浓度，并按以下规则影响水泥化合物的溶解：

（1）当溶液中有一种强的阳离子（如 K^+、Na^+）存在时，会减小比它弱的阳离子（Ca^{2+}）的溶解，但又趋向于加速硅酸盐离子和铝酸盐离子的溶解。在浓度低时，前一种效应为主；当浓度高时，则后一种作用占优势。

（2）溶液中存在强的阴离子（如 Cl^-、NO_3^- 或 SO_4^{2-}）时，会减小比它弱的阴离子（如硅酸盐、铝酸盐）的溶解度，但又趋向于加速钙离子的溶解。在浓度低时，前一种效应为主；当浓度高时，则后一种作用占优势。

根据上述理论，某一种化学外加剂加入水泥-水浆体体系后，总的效果取决于一系列相辅相成的作用，并随外加剂提供的离子类型和浓度不同而异。低浓度的弱碱强酸盐或强碱弱酸盐主要起延缓水泥化合物的溶解而呈缓凝效果，但当这类盐的浓度较大时因加速水泥化合物的溶解而起促凝作用，从而说明了缓凝剂达到最佳缓凝效果时其电解质浓度是一定的。

由于化学外加剂在水中的离子浓度受外加剂浓度（掺量）和温度的影响，通常在相同温度下，同种缓凝剂离子浓度随着外加剂掺量增加而增大；在外加剂掺量相同的条件下，其离子浓度则随着温度的升高而增大。不同的缓凝剂受温度的影响程度不同，因此可以这样认为：

（1）某些缓凝剂在相同掺量下，随着温度的升高，其电解质的离子浓度增大。

（2）要使溶液中缓凝剂电解质的离子浓度相等，高温时所需缓凝剂的掺量比低温时小。

（3）对于容易电离的缓凝剂（一般掺量均很低），其电离度几乎不受温度的影响，所以在高温或低温时电解质离子浓度只随掺量的变化而变化。

根据（1）和（2），可解释某些外加剂（如 ZB1212，C6220-c）随着温度的升高，其警戒掺量反而降低的现象。根据（3），则可解释某些外加剂（如 HS、DT）因电离度大，其电离度几乎不受温度的影响，所以温度升高时其警戒掺量保持不变。

3. 含气量

掺加大多数缓凝剂对混凝土含气量几乎没有任何影响，但如果掺加聚乙烯醇、纤维素醚类缓凝性物质，则会增加引气，从而降低混凝土抗压强度。

4. 强度

在合理掺量范围内，随着缓凝剂掺量的增加，混凝土的凝结时间相应延长。在合理掺量范围内，掺缓凝剂只是延长了混凝土的凝结时间，使混凝土早期强度降低，但不会降低混凝土后期（28d）强度。相反，由于混凝土凝结时间延长，水泥初期水化速率减慢，水化产物 C—S—H、Ca（OH）$_2$ 生成速度慢，晶体生长发育条件好，生长发育更完整，形成更多的纤维状晶体，相互间的接触点增加。硬化水泥石的网络结构更加紧密，孔隙率下降，气孔直径变小，孔结构得到改善，反而对混凝土后期强度发展有利。

在合理掺量范围内，掺加缓凝剂往往可以改善混凝土的耐久性指标，对干缩具有一定的控制作用，对徐变不会产生不利影响。

然而，如果在实际使用中不注意按照缓凝的要求确定缓凝剂的最佳掺量，往往导致缓凝剂掺量过大，不仅不能保证混凝土正常的凝结和强度发展，有时更会引起混凝土质量严重下降。比如，冬季过量掺加木质素磺酸盐容易导致混凝土引气严重和内部疏松，最终降低了混凝土结构的强度。

5. 水化热和水化热温升速率

水泥水化是个放热过程。由于混凝土导热性较差，大体积混凝土内部水泥水化放出的热量无法及时排出，导致内部温度较高（有时会接近 100℃），而混凝土结构体表面散热相对较快，温度略高于外界气温。这样大体积混凝土内外存在较大的温差，产生温度梯度。而混凝土与其他建筑材料一样，具有热胀冷缩的本性，温度梯度导致内部产生应力。一般表面部分受拉应力作用，当混凝土强度很低时，很易产生裂缝，通常称之为温度裂缝。掺加缓凝剂延缓了水泥水化的速率，因而对降低混凝土内部水化热温升速率，降低内部温升，防止温升开裂十分有帮助。

表 8-2 是掺与不掺木钙缓凝减水剂对混凝土中水泥水化热的影响，以及混凝土内部温升的影响。

掺与不掺木钙缓凝减水剂的混凝土的放热情况对比   表 8-2

木钙掺量/%		0	0.25
水化热/（J/g）	1d	25.5	15.4
	3d	39.1	35.4
	7d	48.2	48.7
放热峰	出现时间/h	21.5	29.4
	温度/℃	33.3	29.9
放热峰出现时间延迟/h		—	7.9

注：水泥为 32.5 矿渣水泥。

必须注意的是，掺加缓凝剂虽然延缓了水泥水化，延缓了水泥水化放热峰的出现时间，但对水泥总的水化热影响不大。

8.2 缓凝减水剂

8.2.1 缓凝减水剂的特点及适用范围

1. 特点

无机和有机缓凝剂有其缺点，一是在其发挥特定作用的最佳用量范围内往往同时引起混凝土强度增长缓慢甚至龄期强度达不到要求。二是常用的若干无机缓凝剂和羟基羧酸盐缓凝剂会增大混凝土泌水，特别会使大水灰比低强度的贫混凝土发生离析，而贫混凝土恰恰用于大体积混凝土。因此利用减水剂对混凝土减水和增强的特点与缓凝剂相结合，起到取长补短的作用。

缓凝减水剂可分为两类，一是天然产物的缓凝普通减水剂，另一类是缓凝剂与高效减水剂复配的缓凝高效减水剂。

2. 适用范围

用于暑期混凝土、预拌混凝土（商品混凝土）和大体积混凝土。

8.2.2 缓凝减水剂的主要品种及性能

缓凝减水剂中属于天然产物加工成的有木质素磺酸盐系和多元醇系，前者已经在普通减水剂章节中评述，本节主要叙述以缓凝作用为主兼有减水增强作用（一般不引气）的多元醇系缓凝减水剂。

1. 糖蜜减水剂

糖蜜是甘蔗或甜菜提取糖分的副产品，为防止糖蜜发酵、酶解，多将其与石灰乳作用转化成己糖化二钙溶液，然后喷雾干燥得到棕红色糖钙粉末，故又称糖钙减水剂。其中还含有 30% 以下的还原糖，10%～15% 的胶体物质，1%～2% 的钙、镁盐类。糖蜜的 pH 值为 6～7，而糖钙的 pH 值在 11～12，其相对密度为 1.38～1.47。

未经石灰乳处理的生糖蜜经防腐剂处理后可直接用作缓凝减水剂。掺量按 100% 含量计算不超过 0.15%，由于糖蜜中至少含水 20%，因此实际掺量会更大些，具体视含水率而定。也有的转化糖蜜是用硫铁矿渣等工业副产品粉末吸收干燥而成，因此不具有缓凝功能，掺量也会超过 0.3%，要注意厂家的使用说明。

（1）新拌混凝土性能　糖蜜水溶液的表面张力为 69.5mN/m，因此引气作用很小，是非引气型减水剂。

糖蜜含多个羟基，对水泥初期水化产生抑制作用，主要是延缓 C_3A 水化，因而具有较大缓凝性。糖蜜对混凝土凝结时间的影响如表 8-3 所示。

糖蜜对混凝土凝结时间的影响　　　　　　　　　　　表 8-3

掺量/%	水灰比	配合比 水泥：砂：石	坍落度/cm	气温/℃	混凝土凝结时间 初凝	混凝土凝结时间 终凝
0	0.735	1：1.88：4.12	4	23	6h	10h45min
0.1	0.735	1：1.88：4.12	8	23	7h	12h
0.2	0.735	1：1.88：4.12	7	23	7h	12h
0.3	0.735	1：1.88：4.12	9	23	9h	13h15min
0	0.79	1：2：4	6.2	28	4h	5h30min
0.2	0.70	1：2：4	5.5	28	5h30min	8h30min
0.4	0.74	1：2：4	6.5	28	8h15min	10h30min
0.6	0.70	1：2：4	4.0	28	10h	12h

糖蜜中多羟基使水泥初期水化被抑制，拌合水未被结合的自由水就多，增大了混凝土

的流动性，也因此具有减水功能。当掺量为 0.2%～0.3% 时，减水率可达 8%～10%。

除了前述因掺炉渣、尾矿等载体而改变了糖蜜的缓凝性，用氯盐复合或与元明粉、矾泥等复合也可以使糖蜜成为早强型减水剂。不掺早强剂、缓凝剂等的"纯"糖蜜对水泥的影响水化放热如表 8-4 所示。

缓凝减水剂对水泥水化热的影响   表 8-4

缓凝减水剂		水化热/（J/g）		
品种	掺量/%	1d	3d	7d
木钙	0.3	−56.85	−28	+10.5
糖蜜	0.1	—	−19.23	+6.27
糖蜜	0.15		−98.65	−19.23

注：水化热栏内"−"号表示降低水化热值；"+"表示增加水化热值。

缓凝减水剂对降低温峰和推迟温峰出现时间的影响如表 8-5 所示。

缓凝减水剂对混凝土温升的影响   表 8-5

减水剂	掺量/%	节约水泥/%	降低温峰/℃	推迟温峰时间/h
木钙	0.3	4.5	3.4	1.0
糖钙	0.10	11.5	2.8	6.7
糖钙粉	0.15	17.7	3.7	5.9
糖蜜	0.2	6.7	5.5	—

（2）硬化混凝土性能 糖蜜减水剂缓凝性大于木钙，从 7d 抗压强度开始有显著增长，如表 8-6、表 8-7 所示。

糖钙对混凝土强度的影响   表 8-6

水泥品种	外加剂		含糖量/%	水灰比	坍落度/cm	抗压强度/抗压强度比（MPa/%）			
	品种	掺量/%				1d	3d	7d	28d
矿渣硅酸盐水泥原32.5级	糖钙	0	0	0.59	6.0		5.08/100	9.76/100	25.4/100
		0.35	0.16	0.56	4.2		4.3/85	10.0/102	29.4/116
普通硅酸盐水泥原42.5级	糖钙	0	0	0.65	6.4	4.95/100	11.6/100	18.5/100	29.3/100
		0.35	0.16	0.62	7.2	2.12/42	13.2/114	23.3/126	36.1/123

糖蜜对混凝土强度的影响   表 8-7

掺量/%	水灰比	配合比 水泥：砂：石	坍落度/cm	抗压强度/MPa			
				7d	28d	90d	360d
0	0.58	1：1.47：3.45	7.0	14.9	28.6	41.2	50.8
0.25	0.55	1：1.47：3.45	9.5	19.1	32.8	47.1	53.8
0.50	0.535	1：1.47：3.45	8.0	21.4	37.2	55.1	57.0
1.00	0.525	1：1.47：3.45	13.0	18.0	35.2	49.8	56.5
2.00	0.515	1：1.47：3.45	9.0	1.69	4.35	39.5	43.1

糖蜜可提高混凝土抗冻性，但必须另增加引气剂才能大大提高抗冻融性。由于有减水功能，所以能使混凝土抗掺性提高到 P15 以上。加糖蜜混凝土干缩较大于木钙，但仍符合标准要求。

2. 低聚糖缓凝减水剂

这类减水剂仍属于多元醇系，是多糖类淀粉经淀粉酶或酸的作用而水解得到麦芽糊精，麦芽糊精氧化成低聚糖酸。水解的中间产物可作为缓凝减水剂使用，是一种黑褐色黏稠液，也可以用氢氧化钠中和后喷粉干燥成棕色粉末。在掺量为 0.25% 时综合性能比木质素磺酸盐高。

（1）新拌混凝土性能　低聚糖减水剂表面张力大，1% 浓度的溶液为 62.5mN/m，同样是非引气型减水剂。

其减水率在掺量 0.2%～0.3% 范围内是 9%。同样因多个羟基的存在而具有缓凝性，如表 8-8 所示。

低聚糖减水剂的新拌混凝土性能　　　　表 8-8

掺量/%	减水率/%	坍落度/cm	凝结时间差/min	
			初凝	终凝
0	—	6.2	—	—
0.1	5	7.0	—	—
0.15	6	6.2	—	—
0.22	7	6.9	—	—
0.25	9	5.2	155	140

其加入到混凝土中，使泌水略增加。

此减水剂对混凝土的坍落度损失较小，各项实测性能如表 8-9 所示。

低聚糖减水剂实测性能　　　　表 8-9

项目	减水率/%	泌水率比/%	含气量/%	坍落度损失/cm	钢筋锈蚀	凝结时间差/min		干缩比	抗压强度比/%			
						初凝	终凝		1d	7d	28d	90d
缓凝减水剂标准值	≥8	≤100	≤5.5	<1.5	无	>+90	—	≤13.5	—	≥110	≥110	—
实测	9	133	0.27	0.7	无	135	140	3	118	119	131	119

注：减水剂掺量 0.25%。

（2）硬化混凝土性能　掺加低聚糖减水剂后，混凝土的 7d、28d、90d 抗压强度均比空白混凝土有明显提高，如表 8-10 所示。保持强度不变则可节约水泥 10%。

低聚糖减水剂的混凝土强度　　　　表 8-10

掺量/%	水泥量/（kg/m³）	坍落度/cm	减水率/%	抗压强度/MPa								90d 干缩率/%
				3d	%	7d	%	28d	%	90d	%	
0	320	6.4	—	8.0	100	11.6	100	23.0	100	28.0	100	100
0.1	315	7.0	5	8.2	102	13.5	116	24.8	108	33.8	120	—
0.15	315	6.2	6	8.8	110	14.3	123	30.2	131	30.8	109	—
0.25	315	5.0	9	9.9	115	17.5	131	31.1	135	37.0	132	100.7

掺低聚糖混凝土干缩略大于基准混凝土,较糖蜜减水剂混凝土的干缩小。

低聚糖不锈蚀钢筋。

3. 羟基羧酸盐减水剂

属于这一类的柠檬酸钠、葡萄糖酸钠、腐植酸钠等都有减水增强性能。

4. 缓凝高效减水剂

(1) 氨基磺酸基高效减水剂　这种高效减水剂是缓凝型的,当氨基苯磺酸或其盐纯度低时缓凝则更严重。但不像缓凝普通减水剂那样若超掺则过度缓凝,也就是说副作用不明显,人们曾以 2 倍和 3 倍量进行试验,发现缓凝增加 150% 左右,对混凝土强度无损害。

(2) 聚羧酸系高性能减水剂　从表 3-14 所示的凝结时间差可见是有缓凝作用的,掺量从 0 增加到 0.4%,混凝土凝结时间增加了 1 倍。但因为超掺引发含气量过高,因而会导致最终强度的降低,因此聚羧系酸减水剂不宜超掺,需要重度缓凝或超缓凝时应当与其他缓凝剂共同使用。

(3) 复合缓凝高效减水剂　将萘基高效减水剂与缓凝剂或缓凝普通减水剂复合可以得到缓凝高效减水剂,复配效果如表 8-11 所示。当糖和羟基羧酸加入量大于某一值以后,水泥流动度不再增大或有减小,但凝结时间则成倍增加,且最终强度偏低。

复配缓凝高效减水剂性能　　　　　　　　　　表 8-11

编号	萘系加糖		萘系加有机酸		萘系加木钙		流动度/mm		凝结时间/(h:min)	
	萘系	糖	萘系	有机酸	萘系	木钙	30min	60min	初凝	终凝
1	0.60	—	—	—	—	—	164	145	3:06	4:56
2	0.58	0.02	—	—	—	—	170	161	15:35	19:40
3	0.55	0.05	—	—	—	—	175	171	19:25	23:52
4	0.52	0.08	—	—	—	—	164	158	23:18	28:25
5	0.50	0.10	—	—	—	—	158	168	27:45	33:50
6	—	—	0.60	—	—	—	164	145	3:06	4:56
7	—	—	0.56	0.04	—	—	168	145	4:07	6:02
8	—	—	0.52	0.08	—	—	170	148	4:45	6:50
9	—	—	0.48	0.12	—	—	174	150	5:37	8:42
10	—	—	0.44	0.16	—	—	167	138	7:08	9:23
11	—	—	—	—	0.60	—	164	145	3:06	4:56
12	—	—	—	—	0.55	0.05	166	143	3:09	5:19
13	—	—	—	—	0.52	0.08	175	153	3:39	5:45
14	—	—	—	—	0.50	0.10	159	138	4:05	6:12
15	—	—	—	—	0.45	0.15	147	115	4:34	6:37

萘系减水剂和有机酸复配时有一定的缓凝作用(不如糖效果好),但是早期强度较好。

萘系减水剂和木钙复配时有一定的缓凝作用,但是强度发展较慢。

8.3 缓凝剂及缓凝减水剂的应用

1. 根据使用目的选择缓凝剂和缓凝减水剂

使用缓凝剂的目的大致有以下 3 类：

第一类是用缓凝剂控制混凝土坍落度经时损失，使其在较长时间范围内保持良好的和易性。应首先选择能显著延长初凝时间，但初、终凝间隔短的一类缓凝剂。

第二类目的是降低大体积混凝土的水化热，并推迟放热峰的出现。应首先选择显著影响终凝时间或初、终凝间隔较长，但不影响后期水化和强度增长的缓凝剂。

第三类目的主要是提高混凝土的密实性，改善耐久性。则应选择同第二类目的的缓凝剂。

2. 根据使用温度选择缓凝剂

因为羟基羧酸及其盐在高温时对 C_3S 的抑制程度明显减弱，因而高温时缓凝效果降低，必须加大掺量。而醇、酯类缓凝剂对 C_3S 的抑制程度受温度变化影响小，掺量一经确定即可不随温度而变化。

气温降低，羟基羧酸盐及糖类、无机盐类缓凝时间都将显著增加，缓凝减水剂和缓凝剂不宜用于 5℃ 以下环境施工，不宜用于蒸养混凝土。

3. 根据缓凝时间选择缓凝剂

缓凝减水剂中，木质素磺酸盐类均有引气性，但是缓凝程度比较轻，在一定程度上超掺不致引起后期强度低的缺陷，而糖钙减水剂不引气，缓凝程度重，超掺即会引起后期强度增长缓慢。不同的磷酸盐，其缓凝程度也有显著差别，需要超缓凝时，更多地选用焦磷酸钠而不是磷酸钠。

4. 严格按设计剂量使用，按品种使用

在混凝土中掺用缓凝剂和缓凝减水剂时，一定要剂量准确，超量 1～2 倍左右使用会使浇筑的混凝土长时间达不到终凝。如果含气量增加很多，甚至会严重降低强度，造成工程事故。若只是极度缓凝而含气量增加不多，可在终凝后不拆模，并使混凝土保持潮湿养护足够长时间，强度也有可能得到保证。

缓凝剂与其他外加剂，尤其早强型外加剂存在相容性问题，复合使用前应当先行试验。

常用缓凝剂的一般掺量范围及缓凝性可参见表 8-12。

常用缓凝剂掺量及缓凝性 表 8-12

剂名	掺量/%	缓凝程度/h	备　注
糖钙减水剂	0.05～0.25	2～4	掺吸收剂的除外
蔗糖	0.008～0.05		掺量超过 0.05% 强度损失严重
木钙减水剂	0.05～0.5	2～3	掺量超过 0.5% 强度受损失
柠檬酸	0.01～0.05	2～9	掺量超过 0.06% 强度下降
酒石酸	0.03～0.1		
葡萄糖酸盐	0.01～0.1		7d 后强度超过空白

剂名	掺量/%	缓凝程度/h	备　　注
聚乙烯醇	0.01~0.3	0.5~1.0	低掺量用作增稠剂
磷酸盐（包括多聚磷酸盐）	0.01~0.2		低掺量用作调凝
硼酸盐	0.1~0.2	不够稳定	
锌盐	0.1~0.2	10~29	

超量加入糖蜜的混凝土强度发展列入表 8-13 所示。

超剂量糖蜜的混凝土强度　　　　表 8-13

掺量/%	水灰比	坍落度/cm	抗压强度/MPa			
			7d	28d	90d	365d
0	0.58	7	14.60	28.03	40.38	49.80
0.25	0.55	10	18.72	32.14	46.16	52.72
0.5	0.54	8	20.97	36.46	54.00	55.86
1.0	0.53	13	17.64	34.50	48.80	55.37
2.0	0.52	9	1.67	4.31	38.71	42.24
4.0	0.52	11	1.37	2.65	16.17	52.53

超量使用木钙减水剂的结果如表 8-14 所示。

超剂量木钙的混凝土强度　　　　表 8-14

掺量/%	水灰比	减水率/%	含气量/%	坍落度/cm	抗压强度/MPa			
					1d	7d	28d	90d
0	0.59	0	1.7	9	5.00	16.37	31.55	37.73
0.15	0.55	7.0	2.0	10	5.98	13.72	35.67	42.83
0.25	0.51	13.0	3.3	8	5.88	14.89	36.75	41.06
0.40	0.50	15.0	5.5	14	3.73	11.86	32.44	36.46
0.70	0.48	19.0	7.0	11	0.78	10.29	37.34	29.98
1.00	0.47	20.5	9.1	9	0.20	9.51	14.80	18.72

羟基羧酸盐缓凝剂如果超掺，同样会影响混凝土的各龄期强度。但在合理的掺量范围内柠檬酸钠却能够促进水泥水化。从表 8-15 数据可见，在 0.1% 用量以下，柠檬酸钠虽然使混凝土缓凝 5~16h，但各龄期强度却是大于空白混凝土的。

不同剂量柠檬酸纳的混凝土强度　　　　表 8-15

掺量/%	凝结时间/（h：min）		缓凝时间/（h：min）		抗压强度/MPa	
	初凝	终凝	初凝	终凝	7d	28d
0	9：13	16：29	—	—	11.87	21.87
0.05	14：12	21：21	+4：59	+4：52	12.65	24.52
0.10	23：29	32：57	+14：16	+16：28	14.92	26.18
0.15	29：57	45：57	+20：44	+29：28	12.35	23.92
0.25	28：37	73：10	+19：24	+56：41	4.81	10.98

通常，缓凝剂掺入后会使水泥浆的早期强度比未掺的要低些。在 1~2d 内，一般均使抗压强度有所降低，7d 开始升上来，28d 时则普遍有所提高，90d 仍保留提高趋势。而抗折强度也有相似的趋势。

柠檬酸、氯化锌、木质素磺酸钙和糖蜜 4 种缓凝剂掺量由小到大的混凝性能变化如表 8-16 所示。

缓凝剂掺量与混凝土凝结时间 表 8-16

水泥品种	缓凝剂品种及掺量（占水泥质量%）		减水率/%	凝结时间(h：min)		延缓时间(h：min)		抗压强度/抗压强度比（MPa/%）			
				初凝	终凝	初凝	终凝	3d	7d	28d	90d
57.5级硅酸盐水泥	柠檬酸	0	—	7：00	13：00	—	—	8.9/100	15.3/100	26.6/100	
		0.05	—	11：00	15：00	4：00	2：00	8.6/97	15.2/99	27.0/102	
		0.10	—	16：00	21：15	9：00	8：15	8.0/91	154/100	24.5/92	
	氯化锌	0	—	7：00	13：00	—	—	12.9/100	18.8/100	28.5/100	
		0.20	—	17：00	26：00	10：00	13：00	11.5/89	18.8/100	30.3/106	
		0.30	—	35：00	53：00	28：00	40：00	10.6/70	19.8/106	28.4/99	
42.5级普通硅酸盐水泥	木质素磺酸钙	0	0	7：28	10：00	—	—	14.8/100	22.5/100	32.9/100	38.0/100
		0.25	8.2	9：14	11：07	1：46	1：07	15.5/106	25.8/114	38.1/116	41.9/111
		0.50	24	10：10	12：55	2：42	2：55	16.9/115	30.0/134	38.5/117	38.2/102
		0.75	27	14：16	17：14	6：48	7：14	12.5/85	22.4/104	31.5/96	33.0/87
		1.0	29	20：00	21：25	12：32	11：25	3.4/23	8.3/87	17.2/52	21.2/56
		15	32					2.7/18	5.6/25	9.4/28	15.7/41
32.5级矿渣硅酸盐水泥	糖蜜缓凝剂	0	0		7：30	—	—	6.8/100	10.9/100	19.7/100	26.9/100
		0.2	9		12：40		5：10	8.3/122	12.6/116	23.1/117	29.3/119
		0.5	—		22：30		15：00	4.5/66	12.8/117	25.0/127	33.6/125
		0.8	—		35.00		27：30	1.0/15	12.1/111	24.1/122	37.6/140
		1.1	—		43：45		36：15	0.3/4	8.0/73	21.6/110	33.4/124
		1.4	—		54：00		46：30	0.2/3	3.5/32	18.1/92	32.7/122

5. 掺入缓凝剂的时间

缓凝剂和缓凝减水剂最好在混凝土已经开始加水搅拌 1min 后再掺，效果将明显增大。例如木质素磺酸钙粉在干料加水拌合后 1min 掺，初、终凝在原缓凝基础上再延长 2h，在加水拌合后 2min 掺，则延长 2.5~3h，产生事半功倍的效果，如表 8-17 所示。

不同时间掺加缓凝剂的影响（0.275%木质素磺酸钙） 表 8-17

缓凝剂掺加方法	凝结推迟情况	
	初凝缓凝时间	终凝缓凝时间
与计量的水一起加	1h30min	1h45min
5s 后加	1h45min	2h
1min 后加	3h30min	3h45min
2min 后加	4h	4h30min

由此可见，掺加时间不同，效果就有差异。掺加时间越晚，缓凝的作用就越大。

6. 水泥适应性试验

缓凝减水剂和多元醇类缓凝剂有时会引起混凝土急凝（假凝）现象，因此要注意进行水泥适应性试验，合格后才能使用。若试验结果使水泥假凝，可以试用先加水拌合混凝土料，稍后（1.5～2min后）再加入缓凝减水剂的措施，往往可以避免假凝的发生。

在缓凝剂中掺入微量元明粉与混凝土一起搅拌有时也会起克服假凝、增大流动度的作用。试验表明，醚类、羟基羧酸盐和二甘醇等缓凝剂不会引发水泥假凝（氟石膏做调凝剂的水泥除外）。

7. 羟基羧酸盐缓凝剂应用注意

羟基羧酸盐缓凝剂和羧酸基缓凝剂都会引发混凝土离析和泌水，因此在应用于低强度或水灰比大的混凝土时，用时宜使用引气剂、引气减水剂、保塑剂等外加剂。

多元醇衍生物的糖类缓凝剂在掺入混凝土后初始阶段往往改善混凝土和易性，但1～2h后即开始泌水，即使混凝土已经成型，也会产生泌水，使用中应当注意。

9 膨胀剂

9.1 概述

9.1.1 膨胀剂的特点及适用范围

1. 特点

膨胀剂是一种能使混凝土在硬化过程中产生化学反应而导致一定体积膨胀的外加剂。

膨胀剂遇水会与水泥矿物组分发生化学反应，反应产物主要为导致体积膨胀效应的水化硫铝酸钙（即钙矾石）或氢氧化钙、氢氧化亚铁等。在钢筋和邻位约束下使结构中产生一定的预压应力从而防止或减少结构产生有害裂缝。同时，生成的反应产物晶体具有充填、堵塞毛细孔隙的作用，增强混凝土的密实性。

2. 适用范围

（1）用膨胀剂配制的补偿收缩混凝土宜用于混凝土结构自防水、工程接缝、填充灌浆，采取连续施工的超长混凝土结构，大体积混凝土工程等；用膨胀剂配制的自应力混凝土宜用于自应力混凝土输水管、灌注桩等。

（2）含硫铝酸钙类、硫铝酸钙-氧化钙类膨胀剂配制的混凝土（砂浆）不得用于长期环境温度为80℃以上的工程。

（3）膨胀剂应用于钢筋混凝土工程和填充性混凝土工程。

9.1.2 膨胀剂的主要品种及性能

膨胀剂按化学组成分可分为5类：硫铝酸钙类、硫铝酸钙一氧化钙类、氧化钙类、氧化镁类、氧化铁类。

1. 硫铝酸钙类膨胀剂

此类膨胀剂以水化硫铝酸钙即钙矾石为主要膨胀源。各种膨胀剂掺量及含碱量如表9-1所示。

各类膨胀剂掺量及含碱量　　　　　　　　　　　　　表 9-1

品种	基本组成	膨胀源	含碱量 /%	掺量 /%	带入混凝土碱量 / （kg/m³）
U-1 膨胀剂	硫铝酸钙熟料 明矾石、石膏	钙矾石	1.0～1.5	12	0.65～0.8
U-2 膨胀剂	硫铝酸盐熟料 明矾石、石膏	钙矾石	1.7～2.0	12	0.82～0.94

品种	基本组成	膨胀源	含碱量/%	掺量/%	带入混凝土碱量/（kg/m³）
U 型高效膨胀剂	硅铝酸盐熟料氧化铝、石膏	钙矾石	0.5～0.8	10	0.25～0.35
CEA 复合膨胀剂	石灰明矾石、石膏	氢氧化钙钙矾石	0.4～0.6	10	0.2～0.25
AEA 膨胀剂	铝酸钙明矾石、石膏	钙矾石	0.5～0.7	10	0.2～0.28
明矾石膨胀剂	明矾石、石膏	钙矾石	2.5～3.0	15	1.53～1.8
氧化镁膨胀剂	—	氧化镁	—	3～5.0	—

硫铝酸钙类的 U-1 和 U 型高效膨胀剂的水泥胶砂性能如表 9-2 所示。

U 型高效混凝土膨胀剂的水泥物理性能 表 9-2

品种	掺量/%	凝结时间/h：min		限制膨胀率/%		抗压强度/MPa		抗折强度/MPa	
		初凝	终凝	水中 14d	空气 28d	7d	28d	7d	28d
UEA	12	1：27	2：10	0.035	0.040	34.7	52.4	5.4	7.8
UEA-H	12	1：25	2：08	0.045	0.009	41.5	59.7	6.5	8.2

注：表中 UEA-H 为 U 型高效混凝土膨胀剂商品名。

硫铝酸钙（UEA）膨胀剂的长期胀缩性能效果好，可参考表 9-3，其混凝土配合比见表 9-4，硫铝酸钙膨胀剂的长期强度也是稳定增长的，可参见表 9-5。由表 9-5 可看出，10a 抗压强度持续发展，比 28d 增长 160%；其抗拉强度也是增加的，10a 比 28d 增长 100%，没有倒缩现象。

UEA 混凝土长期胀缩性能 表 9-3

试验项目	水中养护（×10⁻⁴）						空气中养护（×10⁻⁴）		
	7d	14d	28d	1a	3a	5a	28d	180d	1a
自由膨胀率	5.17	5.44	5.11	5.89	5.27	5.28	—	—	—
限制膨胀率	2.79	2.80	2.97	3.57	3.80	3.82	—	—	—
自由膨胀率	4.83	5.75	—	—	—	—	3.50	0.89	−0.50
限制膨胀率	3.13	3.18	—	—	—	—	1.21	−1.44	−2.06

UEA 混凝土配合比 表 9-4

材料用量/（kg/m³）					水灰比	砂率/%	UEA/%
水泥	UEA	砂	石子	水			
334	46	657	1175	212	0.56	36	12
380	0	657	1175	212	0.56	36	0

UEA 混凝土长期强度　　　　表 9-5

养护条件	抗拉强度/MPa					抗压强度/MPa				
	7d	28d	1a	5a	10a	7d	28d	1a	5a	10a
雾室	28.1	38.5	50.64	65.1	88.3	2.10	3.40	4.6	6.8	7.1
露天	27.2	32.1	48.7	63.2	84.3	2.8	3.2	4.1	6.3	7.5
	29.2	37.5	51.2	64.3	77.1	3.1	3.3	4.5	6.7	7.4
	26.5	36.2	50.4	63.4	73.5	2.7	3.2	4.4	6.5	7.2

　　硫铝酸钙类高效膨胀剂（UEA-H）和 U-1 型（市售 UEA）膨胀剂的混凝土坍落度保持状况、强度增长参见表 9-6，分析表 9-6 可得出，U-1（市售 UEA）膨胀剂混凝土坍落度损失较快，1h 余不足 60%，抗压强度较空白混凝土稍低；但 U 型高效膨胀剂的强度就与空白混凝土持平。

用 UEA-H 配制混凝土的技术指标比较　　　　表 9-6

名　　称	配比/（kg/m³）						坍落度/mm			抗压强度/MPa		
	水泥	砂	石子	水	Y	UEA	初始	1h	1.5h	3d	7d	28d
基准	439	478	1188	195	14.49	—	210	204	199	36.2	41.1	50.0
市售 UEA	386	478	1188	195	12.74	53	201	122	82	33.2	42.1	48.9
UEA-H	386	478	1188	195	12.74	53	215	201	194	34.1	40.6	50.8

　　注：Y 为含固量为 30% 的 FDN-03 水剂。

　　钢筋锈蚀试验：将 $\phi 16mm \times 50mm$ 光面钢筋埋入 UEA 混凝土内，养护至 180d、1a、3a 和 5a，分别破型观察，钢筋表面无锈斑。

　　硫铝酸钙膨胀剂对碱-骨料反应的影响：选择明矾石含量高的 UEA-2 型膨胀剂，其含碱量亦较高，为 1.7%～2.0%。用 80℃ 砂浆棒快速法养护，测定线性膨胀系数示于表 9-7。结论：当掺量不超过 12% 时，硫铝酸钙膨胀剂不引发碱-骨料反应。

80℃ 养护条件下，不同碱含量混凝土试体的膨胀数据　　　　表 9-7

水泥	骨料	UEA	符号	0d	7d	28d	42d	56d	70d	90d
基准	花岗岩	0	SQ	0	0.0010	0.0013	0.0025	0.0036	0.0046	0.0058
基准	花岗岩	12	SQU	0	0.0320	0.0500	0.0550	0.0540	0.0560	0.0580
基准	碎石	0	NK	0	0.0210	0.0390	0.0520	0.0630	0.0730	0.0902
基准	碎石	12	NKU	0	0.0550	0.0930	0.1110	0.1200	0.1350	0.1540
基准	碎石	12	NKUA	0	0.0230	0.0460	0.0590	0.0720	0.0850	0.0980
基准	碎石	0	NKH	0	0.0340	0.0650	0.0780	0.0890	0.1100	0.1340
基准	碎石	12	NKHU	0	0.0660	0.1170	0.1390	0.1490	0.1640	0.1910

　　第三种硫铝酸钙类膨胀剂称为 AEA 膨胀剂，是以铝酸钙即矾土熟料和明矾石（经煅烧）、石膏为主要原料经两磨一烧工序而制得。

　　AEA 组分中高铝熟料的铝酸钙矿物 CA 等首先与硫酸钙、氢氧化钙作用，水化生成水化硫铝酸钙（钙矾石）而膨胀；水泥硬化中期明矾石在石灰、石膏激发下也生成钙矾石而产生微膨胀。

AEA 混凝土初期和中期生成的大量钙矾石使混凝土体积膨胀，内部结构更致密，使混凝土孔结构得到改善，抗渗性大大提高，初期和中期的膨胀能抵消后期的混凝土收缩，获得抗裂防渗的效果，相比于其他膨胀剂，其特点是膨胀能量较大，后期强度更高，干缩小。

掺 AEA 膨胀剂的混凝土物理性能如表 9-8 所示。

掺 AEA 膨胀剂混凝土的物理性能 表 9-8

编号	标准稠度/%	掺量/%	凝结时间/h：min		限制膨胀率/%		抗压度/MPa		抗折度/MPa	
			初凝	终凝	水中 (14d)	空气 (28d)	7d	28d	7d	28d
1	25.0	10	2：55	5：30	0.044	−0.006	46.0	57.1	6.6	8.0
2	25.2	10	1：35	3：20	0.056	0.003	42.0	51.2	6.6	7.1

以矾土熟料为主要成分的 AEA 膨胀剂的化学组成如表 9-9 所示。

AEA 膨胀剂化学组成（%） 表 9-9

烧失量	SiO_2	Al_2O_3	Fe_2O_3	CaO	MgO	SO_3	$Na_2O+0.658K_2O$	合计
3.02	19.82	16.62	2.66	28.60	1.58	26.86	0.51	99.67

第四类硫铝酸钙类膨胀剂为明矾石膨胀剂，掺量和含碱量如表 9-1 所示。以天然明矾石和石膏为主要材料粉磨而成，其化学组成如表 9-10 所示。

明矾石膨胀剂 EA-L 化学组成（%） 表 9-10

烧失量	SiO_2	Al_2O_3	Fe_2O_3	CaO	MgO	SO_3	K_2O	Na_2O	合计
6.14	31.32	15.71	2.04	13.21	0.51	27.3	3.23	0.49	99.95

掺 EA-L15% 的混凝土，其抗压强度比不掺的高 10%～30%，自由膨胀率为 0.05%～0.1%，当配筋率 μ 为 0.5%～1% 时，自应力值可达 0.196～0.78MPa，其抗渗能力比不掺的高 2 倍多，其物理性能如表 9-11 所示。

掺明矾石膨胀剂混凝土的物理性能 表 9-11

掺量/%	标准稠度/%	凝结时间/h：min		限制膨胀率/%		抗压强度/MPa		抗折强度/MPa	
		初凝	终凝	水中 (14d)	空气 (28d)	7d	28d	7d	28d
15	28	2：30	4：40	0.04	−0.008	40	54	5.3	7.6

注：限制膨胀率为 1：2 砂浆，强度为 1：2.5 砂浆。

2. 硫铝酸钙-氧化钙类膨胀剂

指与水泥、水拌合后经水化反应生成氢氧化钙的混凝土膨胀剂。以 EA 剂（也称 CEA，复合膨胀剂）为代表，膨胀源以 $Ca(OH)_2$ 为主、钙矾石（铝酸三钙·$3CaSO_4$·$32H_2O$）为次，化学成分中 70% 是 CaO，化学成分如表 9-12 所示。

CEA 膨胀剂化学组成　　　　　　　表 9-12

烧失量	SiO$_2$	Al$_2$O$_3$	Fe$_2$O$_3$	CaO	MgO	SO$_3$	K$_2$O	Na$_2$O	合计
2.02	15.92	4.12	1.67	70.80	0.53	3.47	0.35	0.41	99.29

掺量为 10% 的 1：2 砂浆强度及膨胀性能如表 9-13 所示。

CEA 掺量为 10% 的 1：2 砂浆基本性能　　　　　　　表 9-13

试验项目	3d	7d	28d	90d	180d	1a	3a	6a
抗压强度/MPa	27.4	40.2	59.0	70.3	74.3	75.9	81.7	83.1
抗折强度/MPa	6.5	7.5	9.9	10.0	10.1	10.0	10.1	10.1
限制膨胀率/%	0.021	0.032	0.043	0.048	0.049	0.047	0.048	—
自应力值/MPa	0.58	0.88	1.18	1.31	1.37	1.29	1.32	

掺量 12% 的混凝土抗压强度如表 9-14 所示，抗冻融性能如表 9-15 所示。

CEA 膨胀剂混凝土抗压强度　　　　　　　表 9-14

掺量/%		配合比	坍落度	抗压强度/MPa					
PC	CEA	(水泥+CEA)：砂：卵石：水	/crn	7d	28d	90d	180d	1a	3a
88	12	1：1.84：2.83：0.55	11	20.71	35.60	45.90	48.18	49.76 (260d)	52.40
89	11	1：2.05：3.80：0.457*	7	20.88	45.59	—	—	52.55	—

注：* 木钙 0.25%。

CEA 膨胀剂混凝土抗冻融性能　　　　　　　表 9-15

冻融次数	试件冻融前质量/g	试件冻融后质量/g	质量损失/%	相当龄期强度/（N/mm^2）	冻融后强度/（N/mm^2）	强度损失/%
200	平均 2530	平均 2630	0	54.1	53.3	1.34
250	平均 2510	平均 2510	0.2	58.9	57.4	2.53

　　近年来相关报道表明，此类膨胀剂使用过程中会出现后期膨胀导致已硬化的混凝土结构开裂、强度降低等现象。为此一些地方对此类膨胀剂的使用进行了限制。如对氧化钙类膨胀剂（CEA 混凝土膨胀剂）使用前加试安定性试验——按产品要求掺加量做水泥净浆安定性检验。产生胀裂病害的主要原因是膨胀剂熟料中过烧的游离氧化钙含量较大时，其缓慢的消解速度和最终膨胀量（生石灰消解成熟石灰即氢氧化钙时体积膨胀 1 倍）太大，局部超过已硬化并承受膨胀剂产生的预压应力的混凝土结构所能承受的力。

　　对掺上述膨胀剂水泥砂浆的长期性能考察试验结果如表 9-16 所示。

几种掺 10% 膨胀剂水泥砂浆的长期强度与限制膨胀率　　　　　　　表 9-16

膨胀剂品种	抗压强度/MPa				抗折强度/MPa				水中膨胀率/%					
	28d	90d	1a	3a	28d	90d	1a	3a	14d	28d	90d	180d	1a	3a
AEA	70.6	91.2	94.5	—	9.8	11.2	11.5	—	0.04	0.042	0.046	0.050	0.050	—
UEA	54.0	66.7	81.0	85.5	8.5	9.9	10.8	11.3	0.031	0.035	0.036	—	0.037	—
CEA	59.9	70.3	75.9	81.7	9.9	10.0	10.4	10.6	0.04	0.043	0.046	0.049	0.047	0.048

3. 氧化镁作为膨胀源的延滞性微膨胀水泥

用方镁石细粉作为一种膨胀源直接掺到拌合混凝土中的外加剂做法一直不甚成功，因方镁石的质量难以控制和搅拌不匀而被放弃。经试验改用在粉磨水泥时，掺入和煅烧水泥时控制熟料中氧化镁含量在国家允许的范围内，但处于高限，即《中热硅酸盐水泥低热硅酸盐水泥低热矿渣硅酸盐水泥》（GB 200—2003）规定的 MgO 含量 5％～6％，则水泥凝结时间、压蒸安定性、强度、水化热全都合格。

但在粉磨时掺入方镁石共磨，仍有明显降低水泥抗压强度的缺陷。因此，到目前为止生产以氧化镁为膨胀源的延滞性微膨胀水泥的最佳，工艺路线为在配制生料时使用一部分含氧化镁较高的石灰石共磨并煅烧水泥熟料，配制中热及低热水泥。

延滞膨胀表现在膨胀速率分 3 阶段变化：

较快——低热水泥 30d 前，中热水泥 60d 前。

较慢——低热水泥 120d 前，中热水泥 150d 前。

缓慢——低热水泥 120d 后，中热水泥 150d 后。

其他性能包括水化热放热速率、抗压强度、抗拉强度、极限拉伸值、抗压弹性模量等均与不增高氧化镁含量的同种对比水泥无明显差别。

9.1.3　膨胀剂的作用机理

1. 硫铝酸钙类膨胀剂

硫铝酸盐系膨胀剂是工程中最常见的膨胀剂。硫铝酸盐系膨胀剂包括很多品种，但其产生膨胀能的原因都是由于硫铝酸钙水化物（钙矾石）的生成，其反应通式为：

$$6CaO+Al_2O_3+3SO_3+32H_2O \Longrightarrow 3CaO \cdot Al_2O_3 \cdot 3CaSO_4 \cdot 32H_2O$$

对于钙矾石的膨胀机理存在一定争议，但国内外学者对于钙矾石的膨胀机理比较一致的意见可以概括为：

（1）膨胀相是钙矾石，在水泥中有足够浓度的氧化钙、三氧化二铝和硫酸钙条件下均可生成钙矾石，并非一定要通过固相反应生成的钙矾石才能膨胀，通过液相反应也可以产生钙矾石膨胀。

（2）在液相 CaO 饱和时，通过固相反应或原地反应形成针状钙矾石，其膨胀能较大；在液相 CaO 不饱和时，通过液相反应生成柱状钙矾石，其膨胀力较小，但有足够数量的钙矾石时，也能产生体积膨胀。

（3）在膨胀原动力方面，一种观点是晶体生长压力；另一种观点是吸水膨胀。

此外，研究还表明，钙矾石的形成速率和生成数量决定着混凝土的膨胀效能。若钙矾石形成速度太快，其大部分膨胀能消耗在混凝土塑性阶段，相当于做了无用功。

钙矾石型貌有多种，但最常见的是长度为几个微米的结晶体（针状或柱状），它在水泥硬化过程中，于 C-S-H 胶粒间结晶生长，使水泥石宏观体积不断膨胀。在有钢筋等约束的情况下，钙矾石晶体引起的膨胀可以使混凝土内部产生 0.2MPa 以上的自应力，这就能对混凝土起到补偿收缩、防止开裂的作用。由于所生成的钙矾石首先填充于水泥石的毛细孔或气孔中，并能与纤维状的 C-S-H 凝胶交织成网络状，使水泥石结构更为致密，所以混凝土的强度和抗渗性均有较大幅度的提高。

属于硫铝酸盐系膨胀剂的主要有 CSA 膨胀剂和明矾石膨胀剂。

CSA 膨胀剂来源于 K 型水泥的膨胀组分(CaO-SO₃-Al₂O₃)，故名 CSA。CSA 膨胀剂是由石灰、石膏和矾土经配料煅烧而成的，其主要成分是无水硫铝酸钙($4CaO-3Al_2O_3-SO_3$)。CSA 膨胀剂的掺量可以根据现场需要进行调整，便于控制质量。一般情况下，收缩补偿混凝土中掺加 CSA 膨胀剂 25～30kg/m³，自应力混凝土中掺加 40～60kg/m³。

明矾石膨胀剂是由天然明矾石和无水石膏磨细而成的。明矾石和石膏与水泥中硅酸钙水化过程中析出的 $Ca(OH)_2$ 相互作用，形成大量的水化硫铝酸钙，使混凝土体积膨胀，明矾石形成钙矾石的速度较慢，在 7～28d 形成，晶体生长压力小，膨胀量也小，与其他膨胀剂相比，达到相同膨胀率时，掺量要大。

与明矾石相比，若采用高铝水泥替代部分明矾石与石膏配合，则在相同掺量情况下，膨胀能较大，而且膨胀产生的龄期可以提前，这样不仅有助于降低膨胀剂的掺量，而且可以降低膨胀剂中的碱含量。图 9-1 是以明矾石为主提供铝相配制的膨胀剂(E1)和以明矾石、高铝水泥共同提供铝相配制的膨胀剂(E2)，当掺量同为 12% 时的砂浆膨胀率(水中)对比结果。

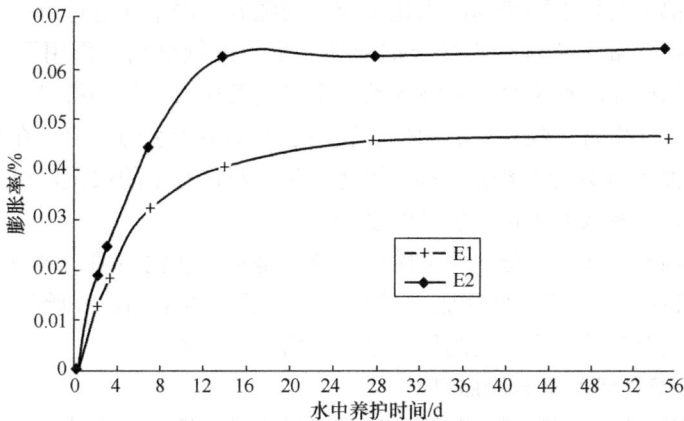

图 9-1　两种膨胀剂的膨胀率随湿养护时间变化的比较

2. 氧化钙类膨胀剂

氧化钙遇水发生水化，形成氢氧化钙：

$$CaO + H_2O \longrightarrow Ca(OH)_2$$

这是一个放热过程，且水化产物的体积将增加近 1 倍。氧化钙类膨胀剂就是利用这一原理研制成功的。但由于氧化钙接触水后水化十分激烈，且放热量大，氧化钙不能直接用作膨胀剂，否则掺入这种物质的混凝土拌合后还未硬化，氧化钙却已水化完毕，不能使硬化混凝土产生体积膨胀。

为了延缓氧化钙的水化，使其在混凝土硬化后才开始缓慢水化，产生膨胀能，一般可采取两种措施，即过烧生石灰或对生石灰进行表面处理，所以目前有两种石灰类膨胀剂。

(1) 过烧生石灰　将碳酸钙加热到 1400℃ 左右，分解后得到过烧生石灰。将过烧生石灰粉磨至一定细度，就得到过烧生石灰膨胀剂。

常用的生石灰是将石灰石在 900℃ 左右煅烧，石灰石分解出二氧化碳而产生的。与常用的生石灰相比，过烧生石灰的水化活性大大降低，因而实现了控制其水化速率的目的。过烧生石灰膨胀剂的水化速率取决于过烧温度、粉磨细度，以及水泥本身的水化速率和水泥的化学、矿物组成等。

日本的氧化钙类膨胀剂以石灰石、黏土和石膏为原料烧制而成。与高纯度的白矾土相比，这种膨胀剂成本较低，耐热性也优于硫铝酸盐类膨胀剂。与 CSA 膨胀剂相比，两者掺量相近，但氧化钙类膨胀剂的膨胀速率快，一般 3～4d 便稳定，其限制膨胀率与水泥品种的关系不大。这种氧化钙类膨胀剂的掺量在 7%～10% 范围内，比纯的过烧生石灰膨胀剂掺量高，比硫铝酸盐类膨胀剂略低。它具有早期膨胀效果好、需水量相对较小、含碱量低、原材料资源丰富等特点。

（2）表面处理生石灰　为了延缓生石灰的水化，采用具有憎水或隔离作用的有机化合物对生石灰颗粒表面进行处理，延缓其水化速率，也是生产氧化钙类膨胀剂的主要方法。

生石灰的表面处理有两种方法：一是将生石灰与一定量的硬脂酸（钠或钙）共同粉磨，在粉磨过程中，硬脂酸（钠或钙）便吸附在生石灰颗粒表面上；另一种方法是用松香酒精溶液浸泡生石灰粉末，酒精挥发后，松香便附着在生石灰颗粒表面上。由于硬脂酸（钠或钙）是憎水的，硬脂酸（钠或钙）将生石灰与水完全隔离，所以掺有这类膨胀剂的混凝土在一开始都不会发生膨胀剂的水化反应，而随着水泥水化的进行，混凝土孔溶液中的碱性不断增强，在碱不断对硬脂酸（钠或钙）膜层进行皂化的作用下，硬脂酸（钠或钙）变成可溶性物质而溶解于水，最终导致憎水膜层破坏，氧化钙得以与水接触，开始发生水化反应。附着在生石灰颗粒表面的松香膜层也是不溶于水的，但是在水泥水化产生的碱的作用下，松香树脂层最终溶解于水。因此，生石灰接触水的快慢取决于其表面隔离层或憎水层的厚度，以及水泥水化产生碱的多少。

氧化钙膨胀剂的膨胀作用分为两个阶段。首先是水泥水化初期，水泥颗粒间生成微细的凝胶状 $Ca(OH)_2$，产生第一期膨胀；接着发生熟石灰重结晶，开始第二期膨胀。在这个过程中，熟石灰全部转变为较大的异方型、六角板状晶体。

3. 硫铝酸钙-氧化钙类复合膨胀剂

含有两种及两种以上膨胀源的膨胀剂通常称为复合膨胀剂。硫铝酸钙-氧化钙类膨胀剂有效利用了钙矾石的膨胀作用和生石灰水化形成氢氧化钙结晶体的膨胀作用。我国的 CEA 膨胀剂由含 30%～40% $f-CaO$ 的高钙熟料和明矾石、石膏等组成，就属于这类复合膨胀剂。

CEA 膨胀剂水化反应如下：

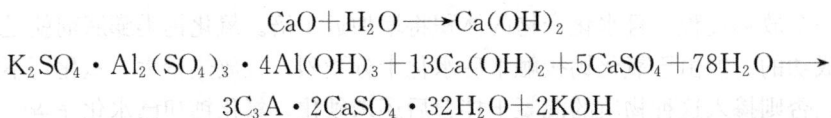

$$CaO + H_2O \longrightarrow Ca(OH)_2$$
$$K_2SO_4 \cdot Al_2(SO_4)_3 \cdot 4Al(OH)_3 + 13Ca(OH)_2 + 5CaSO_4 + 78H_2O \longrightarrow$$
$$3C_3A \cdot 2CaSO_4 \cdot 32H_2O + 2KOH$$

硫铝酸钙-氧化钙类膨胀剂的掺量较硫铝酸钙类膨胀剂的掺量小，但比氧化钙类膨胀剂的掺量大。掺加这种膨胀剂的混凝土其耐淡水侵蚀性要优于掺加氧化钙类膨胀剂的混凝土。

4. 氧化铁类膨胀剂

氧化铁类膨胀剂是在铁粉中掺加适量的氧化剂（如过铬酸盐、高锰酸盐等）和催化剂（离子型），使铁氧化，然后利用氧化铁与碱的作用生成氢氧化铁、氢氧化亚铁而使混凝土体积膨胀。

当氧化铁类膨胀剂与混凝土拌合物接触时，铁的氧化物被逐渐溶解。随着水泥水化的不断进行，液相中的碱性不断增强，铁离子（Fe^{3+}）或亚铁离子（Fe^{2+}）会与碱结合形成胶状的氢氧化铁或氢氧化亚铁，引起膨胀。

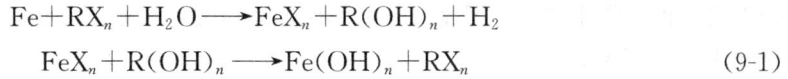

$$Fe+RX_n+H_2O \longrightarrow FeX_n+R(OH)_n+H_2$$
$$FeX_n+R(OH)_n \longrightarrow Fe(OH)_n+RX_n$$

(9-1)

式中 R——代表阳离子；

  X——代表阴离子；

  n——2，3。

此类膨胀剂的主要特点是膨胀稳定期较早、耐热性好，适用于干热高温环境，但膨胀量不太大，主要作为收缩补偿剂使用，适用于浇筑机器底板空隙、填灌热车间的底脚螺杆和填缝等。我国很少生产应用此类膨胀剂。

5. 氧化镁类膨胀剂

氧化镁类膨胀剂主要是通过氧化镁水化生成氢氧化镁结晶（水镁石）而产生膨胀，体积可增加 $94.1\% \sim 123.8\%$：

$$MgO+H_2O \longrightarrow Mg(OH)_2$$

由于石灰石中含有菱镁石，硅酸盐水泥熟料是经过 1450℃ 左右煅烧而成的，因而其中含有 $2\% \sim 4\%$ 方镁石（MgO），这种方镁石水化成水镁石的过程十分缓慢，过量的高温煅烧方镁石会产生后期膨胀，导致混凝土结构破坏，因而，国内外水泥标准规定水泥熟料中方镁石不大于 4.5%。也就是说，水泥中经过高温煅烧的方镁石是有害成分。

然而，1000℃ 以下煅烧的轻质方镁石则较易水化，方镁石水化生成水镁石时体积增大 $94.1\% \sim 123.8\%$。

因此，氧化镁类膨胀剂一般是在 $800 \sim 900℃$ 温度下煅烧白云石，再经过磨细制得的。按水泥质量 $5\% \sim 9\%$ 掺加到混凝土中，能够得到符合要求的膨胀性能。白云石煅烧制度、氧化镁的粒度以及养护条件等对这种膨胀剂的膨胀率等性能影响很大。

9.1.4 影响膨胀剂膨胀作用的因素

1. 水泥

对硫铝酸盐类膨胀剂来说，不同水泥其膨胀率不同，水泥的质量对水中养护、空气养护的膨胀率以及抗压、抗折强度影响都不一样。主要与水泥中的熟料有关。

（1）膨胀率随水泥中 Al_2O_3、SO_3 含量的增加而增加。

（2）矿渣水泥膨胀率大于硅酸盐水泥及普通水泥。

（3）水泥用量影响膨胀率，水泥用量越高，膨胀值越大；水泥用量越低，膨胀值越低。

2. 养护条件

养护条件对掺膨胀剂的混凝土非常重要，膨胀剂的膨胀作用主要发生在混凝土浇筑初期，一般 14d 以后其膨胀率就趋于稳定，这是水泥水化的重要阶段，两者之间有争水现象，如果养护不好就有可能出现：或者由于硫铝酸钙水化不充分不能形成足够的膨胀值，或由于膨胀速率大于水泥的水化速率而影响强度的发展甚至膨胀力被尚具有塑性的混凝土吸收。

3. 温度、湿度

温度变化不仅会影响膨胀剂的膨胀速率，还会影响膨胀值，温度过高，混凝土坍落度损失快，极限膨胀值小；温度过低，膨胀速率减慢，极限膨胀值也减小。适宜的养护温度一般为 18～25℃。

湿度也很重要，膨胀剂的反应离不开水，尤其是硫铝酸盐类膨胀剂，因为生成钙矾石需要大量的水，钙矾石分子中有 32 个结晶水，更需要湿度大的环境。尤其是混凝土浇筑早期，钙矾石如果湿度不够，延长养护时间也难达到极限膨胀值。掺膨胀剂的混凝土与普通混凝土在干燥状态下，均会引起自身的体积收缩，但如果恢复到潮湿环境或浸入水中，掺膨胀剂的混凝土重新恢复膨胀，因收缩产生的裂纹可能重新恢复原状，这就是膨胀混凝土的自愈作用；而普通混凝土的干缩是不可逆的。这种性能对掺膨胀剂的混凝土的防水、防渗作用是非常有利的。

4. 混凝土配筋率

膨胀混凝土的膨胀应力与限制条件有关，在钢筋混凝土中配筋率为主要的限制条件，配筋率过低，虽然膨胀变形大，但自应力值不高；配筋率过高，膨胀率小，自应力值也不高，而且不经济。一般当配筋率在 0.2%～1.5%范围内，钢筋混凝土的自应力值随配筋率的增加而增加。

5. 水灰比

当混凝土水灰比为 0.5 时，膨胀水泥的膨胀率随水灰比的减小而增加。较大水灰比的混凝土中较大孔隙率的结构可吸收较多的膨胀能，而较致密的混凝土才能产生较大的膨胀。水灰比为 0.5 时，随着水化的不断进行，水化产物增多，自由水减少，水泥不可能完全水化，混凝土中的自由水随水灰比的降低而减少，而水泥水化则随水灰比的降低而加快，与水化时需要大量水的膨胀剂争夺自由水，而且膨胀剂中的重要组分 $CaSO_4$ 的溶解度和溶解速率都很低，其溶出量随自由水的减少而减少，因此水灰比很低时，膨胀剂参与水化而产生膨胀的组分数量会受到影响，影响膨胀剂的作用效果，因此在实际工程中应确定适宜的水灰比，充分发挥膨胀剂的膨胀作用。

6. 矿物掺合料

在混凝土中掺入一定量的低钙矿物掺合料，如磨细矿渣、粉煤灰等，对任何原因例如过量 SO_3、碱-骨料反应等引起的膨胀都有抑制作用。

7. 约束条件

对于混凝土，无约束的自由收缩不会引起开裂，有约束的收缩在内部产生拉应力，拉应力达到某值时必然会引起开裂。约束必须恰当，约束太小，产生过大的膨胀，削弱混凝土的强度，甚至开裂；约束太大，膨胀率太小，不足以补偿收缩。

8. 膨胀剂的品质

（1）组成与细度　膨胀剂的组成是决定膨胀剂作用的关键因素，使用最多的是硫铝酸盐类膨胀剂，其膨胀源为钙矾石，生成钙矾石的速度和数量主要受氧化铝和三氧化硫含量的影响，其中三氧化硫起主要作用，膨胀剂中三氧化硫含量的高低可以决定掺量的大小；石灰类膨胀剂则取决于氧化钙含量的多少。膨胀剂的细度会影响膨胀性能，细度越小，比表面积越大，则化学反应速率越快，影响钙矾石的生成速度和数量。

（2）掺量　混凝土的自由膨胀率是随着膨胀剂掺量的增加而增加的。

（3）膨胀剂的贮存 膨胀剂在生产过程中经高温煅烧，其中水泥组分如硫铝酸盐熟料、铝酸盐熟料、生石灰等遇水容易受潮而影响膨胀性能，因此，膨胀剂的贮存期不宜过长，不可露天堆放。

9.1.5 膨胀剂的选用

由于膨胀剂的种类不同，膨胀源产生的机理不同，因此在施工选用时应根据工程性质、工程部位及工程要求选择合适的膨胀剂品种，并经检验各项指标符合标准要求后方可使用。同时，根据补偿收缩或自应力混凝土的不同用途，进行限制膨胀率、有效膨胀能或最大自应力设计，通过试验找出膨胀剂的最佳掺量。

选择膨胀剂时要考虑与水泥和其他外加剂的相容性，膨胀剂与其他外加剂复合使用前应进行试验验证。例如钙矾石类混凝土膨胀剂的使用限制条件应注意以下几点：

（1）暴露在大气中有抗冻和防水要求的重要结构混凝土，在选择混凝土膨胀剂时一定要慎重。尤其是露天使用有干湿交替作用，并能受到雨雪侵蚀或冻融循环作用的结构混凝土一般不应选用钙矾石类混凝土膨胀剂。

（2）地下水（软水）丰富且流动的区域的基础混凝土，尤其是地下室的自防水混凝土，一般不应单独选用钙矾石类膨胀剂作为混凝土自防水的主要措施，最好选用混凝土防水剂配制的混凝土。

（3）潮湿条件下使用的混凝土，如骨料中含有能引发混凝土碱—骨料反应的无定形二氧化硅时，应结合所用水泥的碱含量情况，选用低碱的混凝土膨胀剂。

（4）混凝土膨胀剂在使用前必须根据所用的水泥、外加剂、矿物掺合料，通过试验确定合适的掺量，以确保达到预期的限制膨胀效果。

选用膨胀剂时，首先检验它是否达到《混凝土膨胀剂》（GB 23439—2009）标准，即：①碱含量不大于 0.75%；②水中 7d 限制膨胀率不小于 0.025%。对于重大工程，应到膨胀剂厂家考察，在库房随机抽样检测，防止假冒伪劣膨胀剂流入市场，膨胀剂都应通过检测单位检验合格后才能使用。

我国膨胀剂主要有硫铝酸钙类、硫铝酸钙-氧化钙类和氧化钙类 3 种类型，由于钙矾石的化学稳定性和耐久性优良，国内外生产的大都是硫铝酸钙类。

氧化钙类膨胀剂目前主要用于设备灌浆，制成灌浆料，用于大型基础设施的基础灌浆和地脚螺栓的灌浆，使混凝土较少收缩，增加体积稳定性和提高强度，氧化钙类膨胀剂也可与硫铝酸盐膨胀剂复合形成双重膨胀作用。氧化镁膨胀剂水化较慢，在 40～60℃中，氧化镁水化为氢氧化镁的膨胀速度大大加快，经 1～2 个月膨胀基本稳定，它只适合用于大坝岩基回填的大体积混凝土。不同品种膨胀剂其碱含量有所不同，在大体积水工混凝土和地下混凝土工程中，必须严格控制水泥的碱含量，控制混凝土中总的碱含量不大于 $3kg/m^3$，对于重要工程应小于 $1.8kg/m^3$，可避免碱—骨料反应的发生。

9.2 膨胀剂对混凝土性能的影响

与其他外加剂相比，膨胀剂在混凝土中的掺量较大，如氧化钙类膨胀剂的掺量一般为水泥质量的 3%～5%，而硫铝酸钙类膨胀剂的掺量一般为水泥质量的 8%～12%，且需要更大膨胀率时，它们的掺量会更大。如在自应力混凝土中，为了获得大于 0.5MPa 的自应力，硫铝酸钙类膨胀剂的掺量往往超过 20%。

膨胀剂一般按照内掺法进行，即膨胀剂可以等量替代部分水泥，那么膨胀剂掺量的计算方法应该为：

$$膨胀剂掺量 = m_{膨胀剂}/(m_{水泥} + m_{膨胀剂}) \times 100\% \tag{9-2}$$

式中　　$m_{膨胀剂}$——膨胀剂质量；

　　　　$m_{水泥}$——水泥质量。

膨胀剂对混凝土性能的影响，与膨胀剂的掺量，以及水泥品种、其他外加剂的品种和掺量、养护方式等有关。

1. 对混凝土膨胀率的影响

在水泥品种和用量、水灰比、配合比相同以及在相同的养护制度情况下，膨胀剂的掺量对混凝土膨胀率起决定性作用。随着膨胀剂掺量的增加，混凝土的膨胀能逐渐增大。

混凝土的膨胀率还与混凝土所受约束情况存在很大关系，同种膨胀剂、相同掺量情况下，混凝土配筋率越大，则膨胀率越小。

膨胀剂水化需要大量的水分，如钙矾石分子中有 32 个结晶水，所以只有在良好的湿养条件下，膨胀剂的膨胀能才能正常发挥。许多研究表明，掺膨胀剂的混凝土至少湿养护 14d 以上才能正常发挥其膨胀能。

膨胀率还与水泥品种、集料性质、混凝土配合比等因素有关。

2. 对混凝土强度的影响

掺膨胀剂的混凝土一般早期抗压强度有所增长，但后期抗压强度与膨胀剂掺量关系较大。对于自由膨胀的混凝土，当膨胀剂掺量较大时往往导致混凝土后期抗压强度有所降低。但是对于受约束作用的混凝土，即使膨胀剂掺量较大时，由于混凝土的膨胀能受到钢筋的约束，使得混凝土的内部结构更加密实，混凝土抗压强度增加。

3. 对混凝土凝结时间的影响

膨胀剂对混凝土凝结时间的影响不大，这是因为膨胀剂的组分一般要在水泥水化硬化以后才开始产生作用。但是掺硫铝酸钙类膨胀剂的混凝土其凝结时间一般要比不掺者缩短 20~60min，其原因是硫铝酸钙类膨胀剂中含有石膏和铝酸盐，促进了水泥的水化。

4. 对混凝土和易性的影响

掺膨胀剂的混凝土，一般需水量稍大，拌合物黏聚性好，保水性优良。但是掺加膨胀剂的混凝土一般坍落度损失较快，尤其是同时掺加膨胀剂和减水剂的混凝土，有时坍落度损失过快，以至于无法满足运输要求。

5. 对混凝土抗渗性、抗冻性的影响

对于自由膨胀的混凝土，膨胀剂掺量较低时，膨胀产物主要填充混凝土内部毛细孔和大孔，起到密实作用，对于提高混凝土抗渗性很有帮助。对于限制膨胀的混凝土，掺膨胀剂更加有助于提高混凝土的抗渗性。但是对于自由膨胀的混凝土，当膨胀剂掺量过大时，过高的膨胀能会导致混凝土内部出现微裂纹，反而使混凝土抗渗性下降。

由于混凝土抗渗性的提高，掺膨胀剂可以同时改善混凝土的抗冻性。

6. 对混凝土收缩和徐变的影响

膨胀结束后的膨胀混凝土，其收缩与徐变值与普通混凝土相似。但是在限制条件下，膨胀混凝土的干缩值略低于普通混凝土。

7. 对钢筋的握裹力、弹性模量与泊桑比的影响

掺膨胀剂的混凝土，其与钢筋的握裹力与同强度等级普通混凝土相近或稍高，其弹性模量与泊松比，当膨胀率不大时，与普通混凝土相近。

9.3 膨胀剂的应用

在混凝土中掺加膨胀剂最主要的使用目的，是使混凝土硬化过程中产生一定的体积膨胀，补偿混凝土干燥过程中产生的收缩，或者在配筋情况下，产生一定的预压应力，得到自应力混凝土，如图9-2所示。

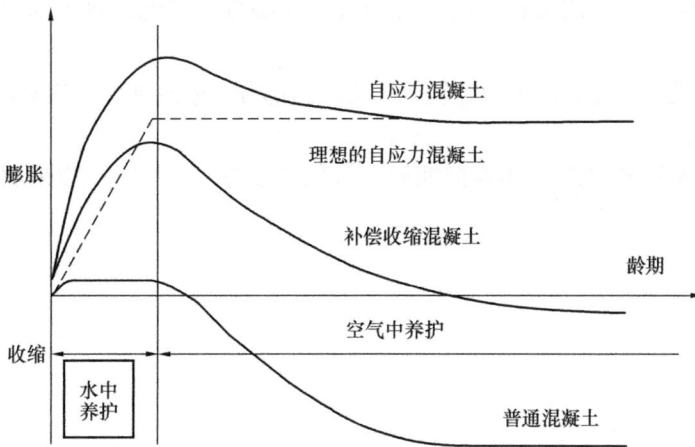

图 9-2 补偿收缩混凝土和自应力混凝土变形

普通混凝土硬化后，在失水干燥过程中大约产生（300～800）$\times 10^{-6}$ m/m 的收缩。如果混凝土结构收缩时受到约束，那么这种收缩变形过程将会导致混凝土内部产生拉应力，当混凝土内部拉应力超过其本身的抗拉强度时，就会产生开裂现象。混凝土属于准脆性材料，本来抗拉强度就很低，抵抗变形的能力也很差，所以干燥收缩导致开裂的现象时有发生。开裂不仅会导致力学性能下降，而且引起结构渗水、外界化学介质侵蚀、钢筋锈蚀等危害。

掺加膨胀剂的混凝土，在混凝土硬化后湿养护阶段，内部生成一定量膨胀性物质，使混凝土发生体积膨胀，待混凝土暴露于干空气中，失水时虽然仍会产生体积收缩变形，但是前期的膨胀可以补偿这部分收缩，所以混凝土结构整体上是没有收缩的，这样有效防止开裂。

实际上混凝土自由膨胀也会导致内应力，从而引发裂缝，所以说对于掺膨胀剂的混凝土来说，配筋尤其重要。通过配筋可以将混凝土的膨胀能转化为预压力，就相当于预应力混凝土。当膨胀剂掺量较大和混凝土内部配筋充足时，可以生产出自应力混凝土。

根据膨胀剂的品种、特性、膨胀剂对混凝土性能的影响规律，以及人们使用膨胀剂的目的，膨胀剂使用中应注意的问题包括以下几个方面。

1. 掺膨胀剂的混凝土其胶凝材料用量不能太低

掺膨胀剂的混凝土，其胶凝材料用量过低，一方面不能满足混凝土和易性要求，另一方面也不能有效发挥膨胀作用和补偿收缩作用。胶凝材料最少用量应符合表9-17的规定。

胶凝材料最少用量　　　　　　　　表 9-17

用　途	胶凝材料最少用量/（kg/m³）
用于补偿混凝土收缩	300
用于后浇带、膨胀加强带和工程接缝填充	350
用于自应力混凝土	500

2. 灌浆用膨胀砂浆施工

（1）灌浆用膨胀砂浆的水料（胶凝材料＋砂）比宜为 0.12～0.16，搅拌时间不宜少于 3min。

（2）膨胀砂浆不得使用机械振捣，宜用人工插捣排除气泡，每个部位应从一个方向浇筑。

（3）浇筑完成后，应立即用湿麻袋等覆盖暴露部分，砂浆硬化后应立即浇水养护，养护期不宜少于 7d。

（4）灌浆用膨胀砂浆浇筑和养护期间，最低气温低于 5℃时，应采取保温保湿养护措施。

10　防水剂与絮凝剂

10.1　防水剂及其应用

防水剂是指降低混凝土的吸水性或在静水压力下透水性的外加剂。一般是通过调整混凝土配合比、抑制或减少孔隙率、改变孔隙特征、增加各原材料界面间的密实性等方法来实现的。

砂浆防水剂与混凝土防水剂是由几十种有机和无机化合物经混合、溶解、研磨、分散复合组成的，各个组分具有不同的功能，在拌制混凝土过程中，加入粉状、液状或乳液状的防水剂后，可使混凝土或砂浆渗水、吸水量减少；防水或憎水作用加强。防水剂适用于配制防水混凝土或防水砂浆，用于地下室、隧道、巷道、给排水池、水泵站等混凝土工程。

10.1.1　防水剂的特点及适用范围

能降低砂浆、混凝土在静水压力下的透水性的外加剂称作防水剂。

1. 特点

防水剂是在搅拌混凝土过程中添加的粉剂或水剂，在混凝土结构中均匀分布，充填和堵塞混凝土中的裂隙及气孔，使混凝土更加密实进而达到阻止水分透过的目的。

有一类防水剂在混凝土硬化后涂刷其表面，使渗入混凝土表层以达到表面层密实而产生防止水分透过的作用。这种抗渗型防水剂不能阻止较大压力的水透过，主要是防止水分渗透的作用。

2. 适用范围

防水剂可用于有防水抗渗要求的混凝土工程，对有抗冻要求的混凝土工程宜选用复合引气组分的防水剂。

10.1.2　防水剂的主要品种

混凝土防水剂的品种很多，主要是以防水剂中起主要作用的组分进行分类，具体如下：

（1）引气型防水剂。

（2）减水型防水剂。

（3）三乙醇胺密实型防水剂。

（4）微膨胀型防水剂。

（5）氯化铁类防水剂。

（6）渗透结晶型防水剂。

（7）有机硅憎水型防水剂。

（8）聚合物乳液型防水剂。

（9）复合型防水剂等。

10.1.3 防水剂的作用机理

防水剂种类不同，其作用机理和作用效果差别很大，具体如下。

1. 引气型防水剂

引气型防水剂是过去国内应用较普遍的一种防水剂，主要组分是引气剂。掺加引气型防水剂可以在混凝土拌合时引入大量微小封闭的气泡，从而改善混凝土的和易性、抗渗性、抗冻性和耐久性，且经济效益显著。我国目前在防水剂中最常使用的引气剂为松香热聚物和松香酸钠引气剂。

掺引气型防水剂能提高混凝土抗渗性的原因如下：引气剂是一种具有憎水作用的表面活性物质，它可以降低混凝土拌合水的表面张力，搅拌时会在混凝土拌合物中产生大量微小、均匀的气泡，使混凝土的和易性显著改善，硬化混凝土的内部结构也得到改善；由于气泡的阻隔，混凝土拌合物中自由水的蒸发路线变得曲折、细小、分散，因而改变了毛细管的数量和特征，减少了混凝土的渗水通道；由于水泥保水能力的提高，泌水大为减少，混凝土内部的渗水通道进一步减少；另外，由于气泡的阻隔作用，减少了由于沉降作用所引起的混凝土内部的不均匀缺陷，也减少了集料周围粘结不良的现象和沉降孔隙。气泡的上述作用，都有利于提高混凝土的抗渗性。此外，引气剂还使水泥颗粒憎水化，从而使混凝土中的毛细管壁憎水，阻碍了混凝土的吸水作用和渗水作用，这也有利于提高混凝土的抗渗性能。

2. 减水型防水剂

以减水剂为主要组分的防水剂称为减水型防水剂。

减水剂按有无引气作用分为引气型和非引气型 2 类。防水混凝土工程中通常使用的减水剂，如木钙减水剂、聚次甲基蒽，磺酸钠高效减水剂和聚次甲基萘磺酸钠高效减水剂等均属于引气型减水剂，用它们配制的防水混凝土抗渗性能较好。掺减水型防水剂的混凝土配制，可遵循普通防水混凝土的一般规则，只按工程需要调节水灰比即可。减水剂在防水混凝土中的常用掺量，与配制减水剂混凝土相当。

混凝土中掺入减水型防水剂能提高抗渗性的原因：

（1）混凝土中掺入这类防水剂后，由于减水剂分子对水泥颗粒的吸附-分散、润滑和润湿作用，减少拌合水用量，提高新拌混凝土的保水性和抗离析性，尤其是当掺入引气型减水剂后，犹如掺入引气剂，在混凝土中产生封闭、均匀分散的小气泡，增加和易性，降低泌水率，从而减少了混凝土中泌水通道的产生，防止了内分层现象的发生。

（2）由于在保持相同和易性情况下，掺加减水剂能减少混凝土拌合用水量，使得混凝土中超过水泥水化所需的水量减少，这部分自由水蒸发后留下的毛细孔体积就相应减少，提高了混凝土的密实性。

3. 三乙醇胺密实型防水剂

三乙醇胺本来一直用作早强剂，20 世纪 70 年代开始用来配制防水混凝土，用微量（占水泥质量的 0.05%）三乙醇胺配制的防水混凝土称为三乙醇胺防水混凝土。

三乙醇胺防水混凝土不仅具有良好的抗渗性，而且具有早强和增强作用，适用于需要早强的防水工程。

在混凝土中加入微量三乙醇胺能提高抗渗性的基本原理：三乙醇胺能加速水泥的水化作用，促使水泥水化早期就生成较多的含水结晶产物，相应地减少了游离水，也就减少了由于游离水蒸发而遗留下来的毛细孔，从而提高了混凝土的抗渗性。

工程上配制三乙醇胺密实型防水剂，还常常复合掺加氯化钠和亚硝酸钠，用这种方法配得的混凝土，其抗渗性和抗压强度都比三乙醇胺单掺的效果好。通常 3 种组分的掺量为三乙醇胺 0.05%，氯化钠 0.5%，亚硝酸钠 1%。当三乙醇胺和氯化钠、亚硝酸钠复合掺加时，在水泥浆体中，三乙醇胺不但能促进水泥本身的水化，而且还能促进无机盐与水泥成分的反应，促使低硫型硫铝酸钙和六方板状固溶体提前生成，并能增加生成量，由于氯化钠和亚硝酸钠等无机盐在水泥水化过程中能分别生成氯铝酸盐和亚硝酸铝酸盐等络合物，生成过程中发生体积膨胀，填充了混凝土内部孔隙并堵塞了毛细管通道，因而增加了混凝土的密实性，提高了强度和抗渗性，早强效果也非常明显。

掺三乙醇胺密实型防水剂的混凝土具有早强和增强效果，有利于加速模板周转速度，提高劳动生产率，能获得良好的经济效益。

4. 微膨胀型防水剂

在有约束的防水混凝土工程中，采用膨胀混凝土浇筑，由于膨胀混凝土的膨胀和补偿收缩作用，可以减少裂缝的产生，同时增强混凝土的密实性，水泥浆体中膨胀产物还能够隔断毛细孔渗水通道，因而提高混凝土抗渗性能，并且这种防水工程的伸缩缝间距也可以增大，在修补防水工程中，膨胀混凝土更是具有独特的功效。

掺加膨胀型防水剂（主要组分为膨胀剂）的混凝土，在凝结硬化过程中产生一定的体积膨胀，补偿由于干燥失水和温度梯度等原因引起的体积收缩，防止或减少收缩裂缝的产生，增强密实性，从而满足防水工程的需要。

混凝土自浇筑好开始，就伴随着裂缝的产生、发展等诸多演变过程。在混凝土中，通常气候条件下，即使在承受荷载作用前，内部已存在大量孔隙。捣实孔、泌水通道以及粗集料和钢筋下面的水囊等原因在前面已经讨论过。除此之外，当混凝土还处于塑性阶段，由于表面水分大量、迅速地蒸发，如果水分蒸发的速度超过了混凝土内部水分向表面迁移的速度时，则会产生塑性收缩裂缝。在水泥水化过程中，水泥不断放出水化热[约 $167\sim251\text{kJ}/(\text{kg}\cdot\text{K})$]，由于硬化水泥浆体与集料的热膨胀系数不一致，因而温度变化会引起浆体与集料界面区产生裂缝。另外，在常规条件下，水化热还将造成与时间有关的温度梯度，引起混凝土局部变形，而这种变形受到混凝土其他部分的牵制或限制时也会产生裂缝。水分不断蒸发，孔隙中的毛细管表面张力发生变化，将引起毛细管收缩裂缝。由于混凝土干燥收缩大多在硬化后几个月甚至一年才完成，连续不断地收缩受限制后还可能使由于其他原因（如化学收缩、碳化收缩等）产生的裂缝进一步扩展。在硬化混凝土中，集料—水泥石界面较弱，在上述因素作用下，最易由于应变差产生裂缝，当混凝土结构承载时，往往在低于设计荷载时，界面区就可能产生裂缝，宽度也较水泥石基体中存在的裂缝宽，而且易与水泥石中的裂缝连通，增加了系统的渗透性。

混凝土表面和内部的裂缝对其防水能力危害极大，而且裂缝容易连接成网络。防水工程中，由于裂缝存在而导致渗漏的实例很多。针对混凝土收缩特性而设置的预留缝也往往因封填质量不高或封填物老化失效而导致渗漏。

从以上分析来看，混凝土表面和内部的裂缝对其抗渗性具有很大的危害性。消除混凝土结构的裂缝，最主要的技术路线就是设法减少混凝土的体积变形，对于普通混凝土就是要减少收缩变形。工程实践表明，在配制混凝土时，掺入一定量的膨胀剂，能使混凝土在硬化过程中产生适量膨胀，补偿后期的收缩，减少裂缝的产生，从而提高混凝土结构的抗渗性能。

目前我国已研制出包括 U 型膨胀剂、明矾石混凝土膨胀剂、硫铝酸盐混凝土膨胀剂和脂膜石灰膨胀剂等在内的十几个膨胀剂品种，产量逐年增加。在膨胀剂应用技术研究方面，提出了结构自防水、无缝设计施工、大体积混凝土裂缝控制和刚性防水屋面等新技术。

总体来看，膨胀型防水剂或者抗裂型防水剂的应用仍具有非常广阔的前景。

关于掺加膨胀型防水剂能提高混凝土抗裂防渗性能的机理，下面以目前工程界应用技术比较成熟的 UEA 为例作简单介绍。

UEA 是由硫铝酸钙熟料(C_4A_3S)、天然明矾石$[KAl_3(SO_4)_2(OH)_6]$和石膏按一定比例混合共同磨细而成的。掺有 UEA 的普通水泥浆体，在水化过程中，由于水泥成分中的 CaS 和 C_2S 水化释放出 $Ca(OH)_2$，C_4A_3S 在有充足 $Ca(OH)_2$ 存在的条件下，按下列方程反应：

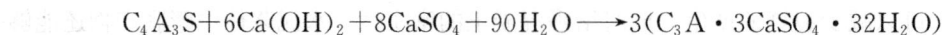

$$C_4A_3S+6Ca(OH)_2+8CaSO_4+90H_2O \longrightarrow 3(C_3A \cdot 3CaSO_4 \cdot 32H_2O)$$

明矾石在碱和硫酸盐激发下，按下式反应：

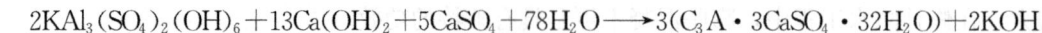

$$2KAl_3(SO_4)_2(OH)_6+13Ca(OH)_2+5CaSO_4+78H_2O \longrightarrow 3(C_3A \cdot 3CaSO_4 \cdot 32H_2O)+2KOH$$

由于无水硫铝酸钙活性高，主要在早期形成钙矾石，而水化较慢的明矾石多在水化中期 7～28d 形成钙矾石，这样，形成钙矾石的过程与硅酸三钙、硅酸二钙水化过程相互制约、相互促进，使得水泥石强度和膨胀发展比较协调。

掺有 UEA 的水泥石中大量形成钙矾石，构成膨胀源，能使混凝土产生体积膨胀，而且钙矾石具有填充、堵塞毛细孔的作用，使水泥石的孔隙率降低，孔结构得到改善。

随 UEA 掺量的增加，混凝土膨胀率逐渐增大，当掺量为 8%～14% 时，限制膨胀率为 0.02%～0.06%，相应建立的自应力值为 0.2～0.8MPa。由于混凝土在早期产生了一定的体积膨胀，一方面相当于推迟了收缩产生的过程；另一方面，抗拉强度在此期间能获得较大幅度的增加，当收缩开始时，其抗拉强度已发展到足以抵抗收缩内应力的程度，增强了抗裂能力。除此之外，由于早期产生了一定的体积膨胀，后来在干空气中，即使发生体积收缩，其最终绝对变形率也很小，有效地降低了体积变形量，增强了体积稳定性。日本学者指出，膨胀率太大并不好，更重要的是膨胀后收缩落差小，抗裂性才好。

目前国内普遍使用的膨胀型防水剂为膨胀剂与减水剂等组分的复合产品。

5. 氯化铁类防水剂

氯化铁类防水剂一直是一种常用的防水剂，在混凝土中加入少量氯化铁防水剂配制成具有高抗渗性、高密实度的混凝土。

氯化铁类防水剂的作用机理如下：

（1）氯化铁类防水剂的主要成分为氯化铁、氯化亚铁、硫酸铝等，它们能与水泥石中 C_3S 和 C_2S 水化释放出的 $Ca(OH)_2$ 发生反应，生成氢氧化铁、氢氧化亚铁和氢氧化铝等不溶于水的胶体，反应式如下：

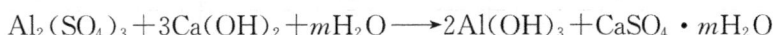

$$2FeCl_3 + 3Ca(OH)_2 \longrightarrow 2Fe(OH)_3 + 3CaCl_2$$

$$FeCl_2 + Ca(OH)_2 \longrightarrow Fe(OH)_2 + CaCl_2$$

$$Al_2(SO_4)_3 + 3Ca(OH)_2 + mH_2O \longrightarrow 2Al(OH)_3 + CaSO_4 \cdot mH_2O$$

这些胶体填充了混凝土内的孔隙，堵塞毛细管渗水通道，增加了混凝土的密实性。

（2）降低了泌水率。混凝土中掺加氯化铁类防水剂后，由于浆体中生成了氢氧化铁、氢氧化亚铁和氢氧化铝等胶状物，混凝土的泌水率降低了，减少了因此而引起的缺陷。

（3）氯化铁类防水剂与 Ca(OH)_2 作用生成的氯化钙，不但能起填充作用，而且这种新生态的氯化钙能激发水泥熟料矿物，加速其水化速度，并与硅酸二钙、铝酸三钙和水反应生成氯硅酸钙和氯铝酸钙晶体，提高了混凝土的密实性，因而抗渗性提高。

6. 多功能复合型防水剂

由于引起混凝土渗漏的原因是多方面的，不同类型的防水剂其针对性有所差异。多功能复合型防水剂综合考虑了改善混凝土材料和混凝土结构体抗渗性、抗裂性和强度、耐久性等各项综合性能。CX-SUN 型高性能混凝土抗渗防水剂就是属于此类型产品。

CX-SUN 高性能抗渗防水剂含有减水组分、微膨胀组分、纳米填充组分和憎水组分等，掺加 CX-SUN 高性能抗渗防水剂可以使混凝土用水量减少、黏聚性增强，混凝土密实度大大提高。表 10-1 是 CX-SUN 高性能混凝土抗渗防水剂与萘系、聚羧酸系减水剂性能的比较（砂浆试验）。表 10-2 是 CX-SUN 高性能混凝土抗渗防水剂与萘系、聚羧酸系减水剂性能的比较（混凝土试验）。可见，由于含有多种组分，CX-SUN 高性能抗渗防水剂的性能大大优于高性能减水剂。

CX-SUN 高性能混凝土抗渗防水剂与萘系、聚羧酸系减水剂性能的比较（砂浆试验）　　**表 10-1**

试验项目	高浓型萘系高效减水剂	聚羧酸盐系高性能减水剂	CX-SUN 高性能混凝土抗渗防水剂
净浆安定性	合格	合格	合格
初凝凝结时间/min	175	140	165
终凝凝结时间	4h10min	3h05min	3h26min
7d 抗压强度比/%	132	141	163
28d 抗压强度比/%	120	124	148
透水压力比/%	125	165	300
48h 吸水量比/%	84	80	53
28d 收缩率比/%	123	120	100
对钢筋的锈蚀作用	钝化	钝化	钝化

注：1. 试验根据《砂浆、混凝土防水剂》（JC 474—2008）标准规定的方法进行。

　　2. 3 种外加剂均按照推荐掺量掺加：萘系高效减水剂 0.7%，聚羧酸系高性能减水剂 1.0%，CX-SUN 高性能混凝土抗渗防水剂 8.0%。

　　3. 水泥：普通硅酸盐水泥 42.5 级。

CX-SUN 高性能混凝土抗渗防水剂与萘系、聚羧酸系减水剂性能的比较（混凝土试验）　　表 10-2

试验项目	高浓型萘系高效减水剂	聚羧酸盐系高性能减水剂	CX-SUN 高性能混凝土抗渗防水剂
净浆安定性	合格	合格	合格
泌水率比/%	85	40	0
初凝凝结时间差/min	+28	—10	+14
终凝凝结时间差/min	+30	—20	—15
3d 抗压强度比/%	151	167	201
7d 抗压强度比/%	132	145	184
28d 抗压强度比/%	116	123	165
渗透高度比/%	70	55	30
48h 吸水量比/%	80	78	55
28d 收缩率比/%	127	125	110
对钢筋的锈蚀作用	钝化	钝化	钝化

注：1. 试验根据《砂浆、混凝土防水剂》（JC 474—2008）标准规定的方法进行。

　　2. 3 种外加剂均按照推荐掺量掺加：萘系高效减水剂 0.7%，聚羧酸系高性能减水剂 1.0%，CX-SUN 高性能混凝土抗渗防水剂 8.0%。

　　3. 水泥：普通硅酸盐水泥 42.5 级。

　　4. 碎石：5～20mm；河砂，细度模数 2.7。

CX-SUN 高性能混凝土抗渗防水剂的作用机理有以下几个方面。

（1）改善混凝土结构　将 CX-SUN 高性能混凝土抗渗防水剂添加到混凝土中，能大幅度提高混凝土的微观结构密实性。CX-SUN 高性能混凝土抗渗防水剂中含有纳米级密实组分，它们的粒径远小于水泥粒径，仅为水泥平均粒径的 1/100～1/200。这些组分的存在，可使混凝土加水拌合前其胶凝材料具有良好的连续微级配，空隙率大为降低，水化硬化后大的毛细孔减少，这是因为，掺加 CX-SUN 高性能混凝土抗渗防水剂的混凝土，其水化过程中不同粒径的胶凝材料颗粒互相填充，减少了颗粒间的空隙，从而进一步减少了复合胶凝材料体系凝结硬化后的总孔隙率，有利于大幅度降低混凝土的渗透性。

（2）减水效应　在保持水泥用量和坍落度不变的情况下，掺加 CX-SUN 高性能混凝土抗渗防水剂可减少混凝土用水量 15%～23%，使混凝土 3d 抗压强度提高 170% 以上，7d 抗压强度提高 150% 左右，28d 抗压强度提高 40% 左右，增强效果和节约水泥用量的效果远远超过高效减水剂。用水量的减少，使得混凝土的结构更加密实，由水分蒸发引起的毛细孔将大大减少，这对减少水分的渗透非常有效。此外，掺加该外加剂可以大幅度改善混凝土的保水性和抗离析性，减少泌水通道，提高混凝土表面质量，也减少了混凝土表面的毛细管，从而降低了混凝土的吸水率。

（3）自膨胀补偿后期收缩作用　掺加 CX-SUN 高性能混凝土抗渗防水剂可以使混凝土在潮湿养护条件下早期产生一定膨胀（0.01%～0.02%），补偿后期由于失水干燥引起的部分收缩，从而提高结构物抗裂性、体积稳定性和耐久性。混凝土的收缩开裂造成的危害很大，一旦开裂，水分将畅通无阻地渗入混凝土内部，混凝土材料本身抗渗性即使再好，也于事无补。所以，混凝土的抗裂性对其防水性的保证至关重要。

（4）良好的适应性　CX-SUN 高性能混凝土抗渗防水剂与各种水泥和掺合料适应性

均较理想，如果与粉煤灰、矿渣粉等活性掺合料配合使用，则提高混凝土抗渗性的能力更强。例如，只掺加外加剂，混凝土的电通量可以降低至 1000C 以下，这已属于渗透性很低的范围了。倘若配合一定量的活性矿物掺合料，再同时掺加该外加剂，所配制的混凝土的电通量可低于 100C，属于极低的范畴。

（5）憎水作用　一般来说，水泥石是亲水的，即水泥石与水的接触角小于 90°，当混凝土接触水后，即使没有外界压力作用的情况下，水也将沿着水泥石毛细管壁上升，这种作用将增加混凝土的吸水性和渗透性。CX-SUN 高性能混凝土抗渗防水剂含有憎水组分，并具有一定引气性，在水泥石中，憎水组分被吸附在毛细孔壁上，使得水泥石毛细孔壁具有一定疏水性，这样有助于减小混凝土的吸水性和提高混凝土的抗渗性。

10.1.4　防水剂的技术要求

混凝土防水剂的匀质性指标如表 10-3 所示。

防水剂匀质性指标　　　　　　　　　　表 10-3

试验项目	指标	
	液体	粉状
密度/（g/cm³）	$D>1.1$ 时，要求为 $D\pm0.03$ $D\leqslant1.1$ 时，要求为 $D\pm0.02$ D 是生产厂提供的密度值	—
氯离子含量/%	应小于生产厂最大控制值	应小于生产厂最大控制值
总碱量/%	应小于生产厂最大控制值	应小于生产厂最大控制值
细度/%	—	0.315mm 筛筛余应小于 15%
含水量/%	—	$W\geqslant5\%$ 时，$0.90W\leqslant X<1.10W$ $W<5\%$ 时，$0.80W\leqslant X<1.20W$ W 是生产厂提供的含水率（质量%） X 是测试的含水率（质量%）
固体含量/%	$S\geqslant20\%$ 时，$0.95S\leqslant X<1.05S$ $S<20\%$ 时，$0.90S\leqslant X<1.10S$ S 是生产厂提供的固体含量（质量%） X 是测试的固体含量（质量%）	—

注：生产厂应在产品说明书中明示产品匀质性指标的控制值。

掺防水剂的受检砂浆及混凝土的性能应分别符合表 10-4 和表 10-5 规定。

受检砂浆的性能指标　　　　　　　　　　表 10-4

试验项目		性能指标	
		一等品	合格品
安定性		合格	合格
凝结时间	初凝/min ≥	45	45
	终凝/h ≤	10	10

试验项目		性能指标	
		一等品	合格品
抗压强度比/% ≥	7d	100	85
	28d	90	80
透水压力比/% ≥		300	200
48h吸水量比/% ≤		65	75
28d收缩率比/% ≤		125	135

注：安定性和凝结时间为受检净浆的试验结果，其他项目数据均为受检砂浆与基准砂浆的比值。

受检混凝土的性能指标　　　　表 10-5

试验项目		性能指标	
		一等品	合格品
安定性		合格	合格
泌水率比/% ≤		50	70
凝结时间差/min ≥	初凝	−90	−90
抗压强度比/% ≥	3d	100	90
	7d	110	100
	28d	100	90
渗透高度比/% ≥		30	40
48h吸水量比/% ≤		65	75
28d收缩率比/% ≤		125	135

注：1. 安定性为受检净浆的试验结果，凝结时间差为混凝土与基准混凝土的差值，表中其他数据为受检混凝土与基准混凝土的比值。
　　2. "-"表示提前。

水泥基渗透结晶型防水涂料的技术要求应符合表 10-6 规定。

水泥基渗透结晶型防水涂料的技术要求　　　　表 10-6

序号	试　验　项　目		性能指标
1	外观		均匀、无结块
2	含水率/%	≤	1.5
3	细度，0.63mm 筛余/%	≤	5
4	氯离子含量/%	≤	0.10
5	施工性	加水搅拌后	刮涂无障碍
		20min	刮涂无障碍
6	抗折强度/MPa，28d	≥	2.8
7	抗压强度/MPa，28d	≥	15.0
8	湿基面粘结强度/MPa，28d	≥	1.0

序号	试 验 项 目			性能指标
9	砂浆抗渗性能	带涂层砂浆的抗渗压力[①]/MPa，28d		报告实测值
		抗渗压力比（带涂层）/%，28d	≥	250
		去除涂层砂浆的抗渗压力[①]/MPa，28d		报告实测值
		抗渗压力比（去除涂层）/%，28d	≥	175
10	混凝土抗渗性能	带涂层混凝土的抗渗压力[①]/MPa，28d		报告实测值
		抗渗压力比（带涂层）/%，28d	≥	250
		去除涂层混凝土的抗渗压力[①]/MPa，28d		报告实测值
		抗渗压力比（去除涂层）/%，28d	≥	175
		带涂层混凝土的第二次抗渗压力/MPa，56d	≥	0.8

注：① 基准砂浆和基准混凝土 28d 抗渗压力应为 $0.4^{+0.0}_{-0.1}$ MPa，并在产品质量检验报告中列出。

水泥基渗透结晶型防水剂的技术要求应符合表 10-7 规定。

水泥基渗透结晶型防水剂的技术要求 表 10-7

序号	试 验 项 目			性能指标
1	外观			均匀、无结块
2	含水率/%		≤	1.5
3	细度，0.63mm 筛余/%		≤	5
4	氯离子含量/%		≤	0.10
5	总碱量/%			报告实测值
6	减水率/%		<	8
7	含气量/%		≤	3.0
8	凝结时间差	初凝/min	>	−90
		终凝/h		—
9	抗压强度比/%	7d	≥	100
		28d	≥	100
10	收缩率比/%，28d		≤	125
11	混凝土抗渗性能	掺防水剂混凝土的抗渗压力[①]/MPa，28d		报告实测值
		抗渗压力比/%，28d	≥	200
		掺防水剂混凝土的第二次抗渗压力[①]/MPa，56d		报告实测值
		第二次抗渗压力比/%，56d	≥	150

注：① 基准混凝土 28d 抗渗压力应为 $0.4^{+0.0}_{-0.1}$ MPa，并在产品质量检验报告中列出。

以硅烷和硅氧烷做主要功能组分的溶剂型或水性有机硅防水剂，用于混凝土或其他多孔性无机基层包括黏土砖、石材和瓷砖等建筑表面，且又承受水压。有机硅防水剂技术标准如表 10-8 所示。

有机硅防水剂理化性能指标 表 10-8

序号	试验项目		性能指标	
			水性	溶剂型
1	pH 值		规定值±1	
2	固体含量/%	≥	20	5
3	稳定性		无分层、无漂油、无明显沉淀	
4	吸水率比/%	≤	20	
5	渗透性	≤ 标准状态	2mm，无水迹无变色	
		热处理	2mm，无水迹无变色	
		低温处理	2mm，无水迹无变色	
		紫外线处理	2mm，无水迹无变色	
		酸处理	2mm，无水迹无变色	

注：1、2、3项为未稀释的产品性能，规定值在生产企业说明书中告知用户。

10.1.5 防水剂对混凝土性能的影响

防水剂因品种多，组分复杂，所以对混凝土性能的改善是多方面的。掺加引气型防水剂的混凝土，可以改善新拌混凝土和易性，提高混凝土抗渗性、抗冻融循环能力，但却对混凝土强度有一定程度的不利影响。为了弥补引气对混凝土强度的负面影响，通常将引气组分与减水组分复合来配制混凝土防水剂。

微膨胀组分虽然可以使混凝土具有微膨胀和抗裂防水的效果，但不具备减水效应，所以通常也与减水组分复配使用，以取得更好的增强和抗渗效果。

表 10-9 是掺萘系高效减水剂 SN-Ⅱ（取常用掺量 0.75%）、膨胀剂 EA（掺量分别取 2%、4%、6%、8%、10% 和 12%）、憎水剂 OS（掺量分别取 0.1%、0.2%、0.3%、0.4% 和 0.5%）时，对砂浆抗渗性能和吸水量的影响。

分别单掺 SN-Ⅱ、EA 和 OS 对砂浆渗透性和吸水量的影响 表 10-9

序号	外加剂	掺量/%	水灰比	流动度/mm	最大渗透压力/MPa	不透水系数/(MPa·h)	不透水系数比	吸水量/%	吸水量比/%
1	—	—	0.58	160	0.2	0.023	1	38.9	100
2	SN-Ⅱ	0.75	0.50	160	0.5	1.50	65.2	29.9	76.9
3	EA	2	0.58	160	0.3	0.39	17.0	36.2	93.1
4	EA	4	0.58	161	0.4	0.90	39.1	35.5	91.3
5	EA	6	0.58	161	0.5	1.35	58.7	34.1	87.7
6	EA	8	0.58	162	0.5	1.10	47.8	29.9	76.9
7	EA	10	0.58	162	0.4	0.80	34.8	33.2	85.3
8	EA	12	0.58	164	0.2	0.40	17.4	34.4	88.4
9	OS	0.1	0.58	160	0.3	0.50	21.7	37.0	95.1
10	OS	0.2	0.58	161	0.4	1.40	61.0	29.1	74.8
11	OS	0.3	0.58	162	0.4	1.60	69.5	27.1	70.0
12	OS	0.4	0.58	163	0.4	1.51	65.7	29.5	75.8
13	OS	0.5	0.58	163	0.4	1.32	57.4	32.5	83.5

可以看出：

(1) 在保持相同流动度的情况下，拌合时掺加一定量减水剂，可以减小水灰比，因而降低硬化砂浆渗透性和吸水量。

(2) 在砂浆中掺入以钙矾石为膨胀源的 EA 膨胀剂，当掺量适宜时，也可较大幅度改善砂浆抗渗性和降低吸水量。

(3) 憎水剂的掺入也有助于改善砂浆抗渗性。

(4) 比较 3 种外加剂单掺的效果，当减水剂掺量为常用掺量（0.75％）时，砂浆不透水系数比为 65.2；当膨胀剂掺量为 6％ 时，砂浆不透水系数比为 58.7；憎水剂掺量仅为 0.3％ 时，便可使砂浆不透水系数比增大到 69.5。

(5) 对于膨胀剂和憎水剂来说，其掺量都不可过大，否则对砂浆抗渗性的改善效果将减弱。

试验中发现，当 OS 掺量不小于 0.4％ 时，会使砂浆含气量过大，这可能是导致在 OS 掺量较大时砂浆抗渗性提高幅度不大的原因之一。如果砂浆中膨胀剂掺量过大，则在早期产生的膨胀能太大，反而会导致砂浆试件中产生微裂缝，增加其渗透性。

单纯掺加 3 种外加剂对降低砂浆渗透性的能力毕竟是有限的，为此设计如表 10-10 所示的正交试验，考察 3 种外加剂复合掺加后对砂浆抗渗性的改善效果，并试验得出 3 种外加剂的最佳复合方案。试验中，SN-Ⅱ 的掺量固定为 0.75％，而只改变 EA 和 OS 的掺量，EA 的掺量分别取 4％、6％ 和 8％，OS 的掺量分别取 0.1％、0.2％ 和 0.3％，试验结果如表 10-11 所示。

正交试验设计方案　　　　　　　　　　　　　　　表 10-10

因素		EA 掺量/％	OS 掺量/％
水平	1	4	0.1
	2	6	0.2
	3	8	0.3

正交试验结果　　　　　　　　　　　　　　　　表 10-11

序号	EA 掺量	OS 掺量	最大渗透压力/MPa
SZ1	1 (4％)	1 (0.1％)	1.5
SZ2	1 (4％)	2 (0.2％)	2.6
SZ3	1 (4％)	3 (0.3％)	2.0
SZ4	2 (6％)	1 (0.1％)	1.8
SZ5	2 (6％)	2 (0.2％)	3.0
SZ6	2 (6％)	3 (0.3％)	2.2
SZ7	3 (8％)	1 (0.1％)	1.7
SZ8	3 (8％)	2 (0.2％)	2.5
SZ9	3 (8％)	3 (0.3％)	2.3
K1	6.1	5.0	
K2	7.0	8.1	总和19.6
K3	6.5	6.5	
极差	0.9	3.1	—

复合掺加 3 种外加剂时，可更大幅度地降低砂浆渗透性。在所取的掺量范围内，当 SN-Ⅱ 的掺量固定为 0.75% 时，OS 的掺量对砂浆渗透性的影响比 EA 的大。表 10-11 显示，当 SN-Ⅱ、EA 和 OS 分别以 0.75%、6% 和 0.2% 复合掺加时，可以最大幅度地改善砂浆抗渗性（序号为 SZ5 的砂浆最大抗渗压力达 3.0MPa）。吸水性试验表明，基准砂浆的吸水量为 38.9g，而 SZ5 配比的砂浆吸水量只有 20.3g，为前者的 52.2%。这说明将 3 种外加剂在最佳匹配的情况下掺加，可以大幅度改善砂浆中水泥石孔结构以及降低孔壁亲水性，因而提高其抗渗性并降低吸水性。

表 10-12 对比了 2 种坍落度情况下掺加复合外加剂（SN-Ⅱ、EA 和 OS 分别以 0.75%、6% 和 0.2% 复合掺加）时混凝土的各项性能，并与不掺外加剂的混凝土进行了性能对比。混凝土的配合比为 $C:S:G=1:1.74:2.97$。

掺与不掺复合外加剂的混凝土的抗压强度、抗渗性和吸水量　　　　　表 10-12

序号	复合外加剂	水灰比	坍落度/cm	抗压强度/MPa			渗水压力（MPa）/平均渗透高度（cm）	吸水量比/%
				7d	28d	90d		
CC1	不掺	0.52	6.0	26.1	34.6	42.2	1.0/15.0①	100
IC1	掺加	0.40	6.5	41.6	50.6	65.8	1.2/1.4	46.3
CC2	不掺	0.55	18.0	21.2	29.0	34.3	0.6/15.0①	100
IC2	掺加	0.42	18.0	33.8	40.0	53.2	1.2/3.5	47.0

注：① 表示当水压力分别增加到 1.0MPa 或 0.6MPa 时，CC1 和 CC2 两组混凝土试件中都已有 3 个试件表面渗出水。

当保持坍落度为（6±1）cm 时，IC1 与 CC1 相比，其 7d、28d 和 90d 的抗压强度分别提高了 59.4%、46.2% 和 55.9%；当坍落度保持为（18±1）cm 时，IC2 与 CC2 相比，其 7d、28d 和 90d 的抗压强度分别提高了 59.4%、37.9% 和 55.1%。

与基准混凝土相比，掺加复合外加剂后，IC1 和 IC2 分别与 CC1 和 CC2 相比，渗透性大幅度降低。掺加复合外加剂还大幅度减小了混凝土的吸水量，IC1 的吸水量比只有 46.3%，IC2 的吸水量比也只有 47.0%。

由于复合外加剂的掺加，混凝土的变形情况也有很大变化，IC1 在前 7d 发生正变形（表现为膨胀），而 CC1 则自始至终都发生负变形（表现为收缩），所以 3 个月后 IC1 的收缩率只有 198×10^{-6}m/m，而 CC1 的收缩率高达 600×10^{-6}m/m。

作为一种多功能复合型防水剂，CX-SUN 高性能混凝土抗渗防水剂同时采用减水组分、减缩抗裂组分、结晶组分、憎水组分、纳米尺度填充密实组分等，可以大幅度提高混凝土材料本身抗渗透性，改善混凝土内部孔结构和堵塞内部连通孔，降低混凝土收缩率并具有补偿收缩性，分散混凝土内部应力从而提高混凝土结构的抗裂性。

经试验对比，其对混凝土各项性能的影响情况如下：

(1) 掺加 7.0%～9.0% 的 CX-SUN 高性能混凝土抗渗防水剂，在保持相同流动性的情况下，能使砂浆抗渗等级提高 300% 以上，使混凝土的抗渗等级提高 400% 以上。

(2) 掺加该外加剂，可以大幅度降低混凝土中氯离子渗透速度，按照 ASTM1202 方法测得的电通量小于 1000C，属于渗透性很低的范畴；若配合一定的活性矿物掺合料，掺加该外加剂所配制的混凝土的电通量可低于 100C，属于极低的范畴。

（3）在保持水泥用量和坍落度不变的情况下，掺加该外加剂可减少混凝土用水量15%～23%，使混凝土 3d 抗压强度提高 170% 以上，7d 抗压强度提高 150% 左右，28d 抗压强度提高 40% 左右，增强效果和节约水泥用量的效应远远超过高性能减水剂。

（4）掺加该外加剂，可以使混凝土在潮湿养护条件早期产生一定膨胀（0.01%～0.02%），补偿后期由于失水干燥引起的部分收缩，从而提高结构物抗裂性、体积稳定性和耐久性。

（5）掺加该外加剂可以大幅度改善混凝土的保水性和抗离析性，减少泌水通道，提高海工混凝土表面光洁度，降低海浪（海砂）对钢筋保护层表面的冲蚀破坏。

（6）掺加该外加剂可以有效控制混凝土坍落度损失，使混凝土坍落度保持 2h 基本不损失。

（7）该外加剂与各种水泥和掺合料适应性均较理想，与粉煤灰、矿渣粉等活性掺合料配合使用，则提高抗侵蚀性的能力更强。

（8）采用该外加剂配制的混凝土不仅抗渗等级可提高 3～4 倍，而且强度大幅度提高，受海水浸泡后强度不会降低，混凝土使用寿命延长 20～30a。

所以 CX-SUN 高性能混凝土抗渗防水剂不仅可以在普通防水工程中使用，更可用于海工工程中配制各种强度等级的高抗渗混凝土和砂浆，适合于：

（1）石油钻井平台桩、柱、梁和平台的施工。

（2）海岸线及岛屿码头桩、柱、梁、板和防浪块混凝土的生产。

（3）其他海水中和海岸附近受海水侵蚀威胁的钢筋混凝土结构的施工。

混凝土抗渗性的提高，对所有耐久性指标都具有改善作用。掺加 CX-SUN 高性能混凝土抗渗防水剂在大幅度改善混凝土抗渗、防裂、强度的同时，极大地改善了混凝土的抗碳化、抗钢筋锈蚀和抗化学侵蚀性。表 10-13 是 CX-SUN 高性能混凝土抗渗防水剂与萘系高效减水剂、聚羧酸系高性能减水剂在改善混凝土抗氯离子渗透性和抗侵蚀性方面的对比结果。

掺不同外加剂的混凝土的耐久性指标　　　　　　　表 10-13

试验项目		高浓型萘系高效减水剂	聚羧酸盐系高性能减水剂	CX-SUN 高性能混凝土抗渗防水剂
混凝土电通量/C		557	1020	1450
侵蚀液浸泡 28d 后的强度损失率/%	20%$MgSO_4$ 溶液	−2.0	1.6	3.0
	20%NaOH 溶液	−1.5	2.3	4.7
混凝土抗渗等级		27	18	14

注：1. 试验采用的原材料为普通硅酸盐水泥 42.5R，5～25mm 碎石，细度模数为 2.8 的碎石，Ⅱ级粉煤灰，自来水。

2. 混凝土基本配合比为水泥：粉煤灰：砂：石子＝1：0.21：2.0：2.76。

3. 3 种外加剂均按照推荐掺量掺加：萘系高效减水剂 0.7%，聚羧酸系高性能减水剂 1.0%，CX-SUN 高性能混凝土抗渗防水剂 8.0%。

4. 混凝土坍落度控制在（22±2）cm。

5. 混凝土标准养护 28d 后进行测试。

尤其值得关注的是，混凝土的电通量能够大幅度降低，使氯离子渗透的通道被阻隔，这大大降低了氯离子在混凝土中的渗透迁移能力。密实的混凝土结构同样使酸性气体对混凝土的破坏降低到最低程度。所以，掺加 CX-SUN 高性能混凝土抗渗防水剂的海工混凝土不仅抗氯离子渗透性大为提高，而且具有很强的抗碳化能力。该混凝土结构的密实也能使海水中镁离子和硫酸根离子等带来的破坏大大降低，因为在降低了氯离子的渗透能力的同时，也降低了镁离子、硫酸根离子等半径大于氯离子的离子的渗透能力。

10.1.6　防水剂的应用

1. 不同防水剂的适用范围

外加剂防水混凝土和膨胀水泥防水混凝土均属于刚性结构自防水技术，兼具防水和承重双重作用，但不宜用于受冲击荷载作用的结构。

憎水性防水剂用于砂浆防水层、墙体材料和外墙面（迎水面）抹灰砂浆。

有机材料与无机材料混合型防水剂可以作用互补，同时利用减水、引气、膨胀、憎水和密实等多种提高防水性能的措施，用途较广。

2. 防水混凝土施工应优先选用普通硅酸盐水泥

火山灰质硅酸盐水泥抗水性好，水化热低，抗硫酸盐侵蚀能力较好，但早期强度低，干缩大，抗冻性较差。矿渣硅酸盐水泥水化热低，抗硫酸盐侵蚀能力好，但泌水性大，干缩大，抗渗性差。因此，有特殊需求的防水结构才使用上述两种水泥。

3. 防水剂在使用中一定要注意严格控制掺量，不宜超掺

氯化铁防水剂超掺后会对钢筋锈蚀有加剧作用；皂类防水剂、脂肪类防水剂超量掺加会形成多泡混凝土拌合物，反而影响强度和防水效果。通常有机类防水剂均会增大混凝土和砂浆的含气量，适当加入消泡剂会有好效果。

4. 防水剂混凝土和砂浆的搅拌条件

有机防水剂（尤其憎水性防水剂）在制备时特别要求搅拌均匀，否则会严重影响防水功能；聚合物乳液搅拌砂浆时必须在不吸水的地面上手工拌或者不吸水的容器中拌，以免乳液失去水分而成膜，防水砂浆反而失去功能；氯化物防水剂要先倒入搅拌用水中稀释，严禁直接倒入水泥或粗细骨料中；引气型防水剂或其他有机化合物类防水剂搅拌时间超过 3min 反而会使含气量下降。

5. 防水混凝土及防水砂浆的养护

防水剂的使用效果与早期养护条件紧密相关。混凝土的不透水性随养护龄期增长而加强。最初 7d 必须进行严格养护，使防水性能主要在此期间得以增强，决不能间歇养护，一旦混凝土干燥就无法将其再次完全润湿；氯化铁防水混凝土若需蒸养，则最高温度不得超过 50℃，升温速度不宜超过 6～8℃/h，养护温度偏高则抗渗性能降低；聚合物乳液砂浆的养护与普通砂浆不同，前 7d 潮湿养护以利水泥水化，后期则干燥养护以利聚合物成膜，也就是说要采取湿干混合养护的方法。

6. 防水剂的保存

粉剂防水剂应防潮贮存；氯化铁应密封保存，且避免保存时间过长引起氯化亚铁和氯化铁比例失调，出现结块；聚合物乳液要防冻贮存。

10.2 絮凝剂及其应用

掺入新拌混凝土中，使混凝土在水下浇筑施工时抑制水泥流失和骨料离析的外加剂称为絮凝剂。用于水下不分散混凝土时统称之为抗分散剂。

10.2.1 絮凝剂的特点及适用范围

1. 特点

抗分散剂在日本称水下不分散剂（NDCA），是制备水下不分散混凝土的关键材料，主要作用是提高混凝土的黏聚性和充填性，由水溶性高分子化合物和充填用细颗粒掺合料作为主要成分。

2. 适用范围

用于配制水下不分散混凝土，配制预填骨料混凝土的砂浆。水溶性高分子化合物是高效增稠剂，可以用于其他混凝土中作为增稠剂。

10.2.2 絮凝剂的主要品种及性能

抗分散剂的主要组分是絮凝剂，亦即水溶性高分子化合物。

水溶性高分子作为絮凝剂最常用的有 3 类：阴离子型的是聚丙烯酸钠、水解聚丙烯酰胺、藻蛋白酸钠等；非离子型的是聚氧化乙烯、苛性淀粉、聚丙烯酰胺等；阳离子型的在水下不分散混凝土中没有应用。

絮凝作用机理既有化学因素，也有物理因素。化学因素是使悬浮粒子电荷丧失，成为不稳定粒子然后聚集。物理因素则是通过架桥、吸附作用而成絮团。

Ca^{2+} 离子的存在对阴离子聚合物的絮凝作用有很大的促进作用。絮凝剂的分子量对絮凝效应有极大影响，分子量大于 100 万的阴离子和非离子型聚合物可以作絮凝剂，而分子量小的，如 2000～5000 时是很好的分散剂，聚丙烯酸钠是这类物质的典型。溶液的酸碱度对絮凝作用也很有影响。

1. 聚丙烯酰胺（PAM）

聚丙烯酰胺是含有 50% 以上丙烯酰胺单体的聚合物，是丙烯酰胺（分子式 $CH_2=CHCONH_2$）及其衍生物的均聚体和共聚体的统称。PAM 是一种线性水溶性高分子，产品主要形式包括水溶液胶体、胶乳和粉末体 3 种，并且有阴离子型、非离子型和阳离子型。

固体 PAM 的相对密度为 1.302，临界表面张力 $30～40×10^5 N/cm$。其显著特性是亲水性高，较其他水溶性高分子聚合物更具亲水性，易吸附水分和保持水分，干燥后有强烈的吸水性，能以各种百分比溶于水，但要注意防止溶解时的结团和不宜超过 50℃ 溶解。它是目前世界上应用最广的高分子絮凝剂，也是我国目前使用最多的絮凝剂。一般高分子量 PAlM 溶液浓度不超过 0.5%，而低分子量的溶液用于絮凝时浓度不超过 0.02%。

聚丙烯酰胺的分子量为 $10^3～10^7$。低分子量的做分散剂，中分子量的做增稠剂，高分子量的做絮凝剂。

丙烯酰胺的改性单体 AMPS 较丙烯酰胺性能更优，目前多用于石油工业。

聚丙烯酰胺基本无毒，可是其单体丙烯酰胺有一定神经性致毒性。PAM 水溶液亦不宜久存，溶液黏度会越来越小，聚合物降解失效。

2. 聚氧化乙烯

聚氧化乙烯是环氧乙烷经多相催化反应实现开环聚合而成的高分子均聚物。分子量小于 20000 称聚乙二醇，结构式 $\mathrm{+CH_2CH_2O+}_n$。分子量在 20000 以上的叫聚氧化乙烯。根据生产厂家不同而被简写为 PFO(日本)和 POLYOX(美国)。聚乙二醇为液体，而聚氧化乙烯是白色蜡状体，完全溶于水，在低浓度情况下即有很高的黏性。

在碱性和中性条件下很稳定。但是与酚、木质素磺酸盐、尿素等因产生缔合作用而生成沉淀，当然与这些物质构成的减水剂也不能一起使用。1％浓度的聚氧化乙烯溶液就已十分黏稠。大量应用在采矿、造纸、建材等工业，充作絮凝剂、减阻剂以及作为混凝土的塑化剂和保持坍落度的添加剂，用量低至十万分之几；用于絮凝剂时掺量为万分之一到千分之二；在纤维混凝土中掺量为千分之一。这些掺量的多与少与聚氧化乙烯分子量大小有关。

此外，聚乙烯醇、纤维素酯、淀粉胶也可用作絮凝剂。

10.2.3 絮凝剂的技术要求

絮凝剂的技术标准如表 10-14 所示。

掺絮凝剂水下不分散混凝土的性能要求 　　　　　表 10-14

试验项目		性能要求
泌水率/％		＜0.5
含气量/％		＜4.5
坍落度/mm	30s	230±20
	2min	230±20
扩展度/mm	30s	450±20
	2min	450±20
抗分散性	水泥流失量/％	＜1.5
	悬浊物含量/(mg/L)	＜150
	pH	＜12
凝结时间/h	初凝	≥5
	终凝	≤30
水下成型试件与空气中成型试件抗压强度比/％	7d	＞60
	28d	＞70
水下成型试件与空气中成型试件抗折强度比/％	7d	＞50
	28d	＞60

注：按生产厂推荐掺量掺入。

10.2.4 絮凝剂的应用

絮凝剂应用于水下不分散混凝土施工时应注意以下几点：

（1）絮凝剂须防潮保存，避免变质。计量误差粉剂不宜超过 3%，水剂宜控制在 1%。

（2）要用强制式搅拌机。投料要讲求顺序。正确的顺序是粗骨料、水泥、絮凝剂、砂，加料后干拌 1min，然后加水湿拌 2.3min，减水剂、缓凝剂等应先行加入使其溶解在拌合水中。

（3）浇筑方式大致有 3 种。最常使用的是导管施工法、开底容器施工法和泵压施工法。除非是浅水工程，一般不采用直接倾倒式浇筑施工。

浇筑以静水浇灌为主，必须注意尽可能不扰动混凝土，水中落差 30～50cm、水流速不大于 0.5m/s 时，混凝土流失量较少。

如果是连续浇筑，则必须在混凝土还有流动性时浇筑后续混凝土。水下不分散混凝土自流平的持续时间不超过 1h。

（4）养护时一般仍需设置模板或用苫布覆盖以保护混凝土表面防冲刷。

拆模强度控制：梁板底模拆模强度为 15MPa，侧立面及基础拆模强度为 5MPa。

11 防冻剂

11.1 概述

11.1.1 防冻剂的特点及适用范围

1. 特点

防冻剂能使混凝土在负温下硬化，并在规定时间内达到足够的防冻强度。掺有防冻剂的混凝土可以在负温下硬化而不需要加热，并最终能达到与常温养护混凝土相同的质量水平。

防冻剂的作用方式有三大特点。一是防冻剂与水混合后有很低的共熔温度，具有能降低水的冰点而使混凝土在负温下仍在进行水化作用，如亚硝酸钠、氯化钠。可是一旦因为用量不够或者温度太低而混凝土冻结，则仍然会造成冻害，令混凝土最终强度降低。二是防冻剂既能降低水的冰点，也能使含该类物质的冰的晶格构造严重变形，因而无法形成冻胀应力而破坏水化矿物构造使混凝土强度受损，如尿素、甲醇。用量不足时，混凝土在负温下强度停止增长，但转正温后对最终强度无影响。三是虽然防冻剂的水溶液有很低的共熔温度，但却不能使混凝土中水的冰点明显降低，它的作用在于直接与水泥发生水化反应而加速混凝土凝结硬化，有利于混凝土强度发展，如氯化钙、碳酸钾。

防冻剂和防冻组分不是同一概念。防冻剂是外加剂的一种，由减水组分、防冻组分、引气组分，有时还掺有早强组分等组成；而防冻组分是指一种使混凝土拌合物在负温环境下免受冻害的化学物质。

2. 适用范围

防冻剂可用于冬期施工的混凝土。亚硝酸钠防冻剂或亚硝酸钠与碳酸锂复合防冻剂，可用于冬期施工的硫铝酸盐水泥混凝土。

11.1.2 防冻剂的品种

1. 早强型防冻剂

早强型防冻剂不同于早强剂，早强剂只需考虑提高混凝土早期强度，而早强型防冻剂则需综合考虑如何提高混凝土早期强度，使混凝土尽快达到临界强度，以降低发生冻害的可能性。早强型防冻剂除了提高早期强度外，还要减水以降低水灰比，适当的引气以减小冻胀破坏的内因。早强型防冻剂配制时可以不必加入太多的防冻组分，尽量使防冻剂的掺量降低些，不但经济合算，同时对混凝土的耐久性也是有好处的。

早强型防冻剂适用于最低气温不低于−10℃的低温早强混凝土施工。早强型防冻剂主要由早强、防冻组分复合配制而成，根据施工需要可适当掺加少量减水、引气组分，其掺量应不超过水泥质量的5%。

2. 防冻型防冻剂

对日平均气温在-15℃以下的地区，例如我国东北、内蒙古及新疆、青海等北部地区。混凝土浇筑后即使入模温度较高，但由于混凝土内外温差较大，混凝土在简单覆盖的情况下仍然会很快降至0℃以下，当混凝土内部温度降至-5℃以下时，混凝土内部未水化的游离水及毛细孔中的水分就开始结冰和迁移，水分结冰后水化作用也就同时停止。防冻剂的作用就是要保证混凝土在浇筑后能够抵御一定限度的负温（规定温度）环境。在该低温下混凝土内部仍然保持足够的液相，以使水泥水化作用得以继续进行，而不致被冻胀破坏。

防冻型防冻剂是以防冻组分为主的防冻剂，防冻组分的作用在于降低液相的冰点，保持混凝土在规定的负温下仍然有足够的液相，使水泥水化反应继续进行，在负温下混凝土强度能继续增长，可防止由于更多液相结冰造成的冻害损失。防冻型防冻剂除防冻组分外，还复合一定量的减水、引气和早强组分，掺量一般较大（视规定温度）。若防冻组分含有氯盐，还应按规定加入适量的阻锈剂。

3. 混凝土复合型防冻剂

复合型防冻剂的常用组分包括以下几种情况。

（1）早强　常用的早强剂包括硫酸钠、氯化钙、氯化钠、硝酸钙、亚硝酸钙、三乙醇胺等，其早强作用的机理主要是尽快提高早期强度，促进混凝土早期的水化硬化。防冻剂中的早强成分主要作用是降低冰点，使混凝土尽快达到或超过混凝土的抗冻临界强度。

（2）减水　减水作用包括减水、增强两个部分。减水作用可使混凝土拌合用水降低，即水灰比减小，从混凝土的内部结构来看，由于水灰比小使混凝土游离水分减少，而冻胀的破坏作用正是由于这些水分结冰所产生的冻胀应力引起的，减少用水量也就减小了产生冻害的内因。水灰比的降低又可使混凝土的强度提高，从而也可提高混凝土的抗冻能力。

常用的减水剂包括木钙、木钠、萘系高效减水剂以及三聚氰胺、氨基磺酸盐等。根据混凝土的强度等级及环境气温情况来选用适当的减水剂。

（3）引气　为了增强混凝土的耐久性和抗冻融循环能力，在防冻剂中还需引入微量的气体。少量气泡的引入，能在混凝土内部形成一定量均匀分布的密闭而独立的空气泡。这种气泡的存在等于为冻结水分事先准备好了膨胀的空间，这些细小而均匀的气泡在混凝土内部形成了一个个小的空腔，可调节由于温度变化而引起的体积变化，给冻结的冰晶提供了一定的膨胀空间，能有效地吸收掉混凝土内部产生的冻胀应力而不致引起破坏。这些气泡的存在还能阻断混凝土内部的毛细管通道，不利于水分的渗透，提高了混凝土的抗渗性能。这些独立、细小气泡的存在能有效地调节混凝土对外界冷热、干湿、冻融交替作用下体积变化及内部应力变化的适应能力。

引气组分可使用引气型减水剂，如木钙、木钠、蒽系减水剂等。也可使用引气剂，如松香热聚物、皂荚素类减水剂等。

（4）防冻　防冻组分的作用主要是使负温下施工的混凝土中，保持一定的过冷液体，以保证水化反应的继续进行，使混凝土在负温下强度仍然继续增长，防止发生冻害。常用无机盐类防冻剂如表11-1所示。

常用于防冻剂的盐类　　　　　　　　　　　　　　　　　　　表 11-1

名　　称	最低共熔点/℃	浓度/ (g/100g H₂O)
氯化钠	−21.2	30.1
氯化钙	−28	78.6
亚硝酸钠	−19.6	61.3
硝酸钙	−28	78.6
碳酸钾	−36.5	56.6
尿素	−17.5	78
氨水	−84	161

11.1.3　防冻剂的作用机理

混凝土拌合物浇筑后之所以能逐渐凝结硬化，直至获得最终强度，是由于水泥水化作用的结果。而水泥水化作用的速度除与混凝土本身组成材料和配合比有关外，还与外界温度密切相关。当温度升高时水化作用加快，强度增长加快，而当温度降低到0℃时，混凝土中的水有一部分开始结冰，逐渐由液相变为固相，这时参与水泥水化作用的水减少，水化作用减慢，强度增长相应变慢。温度继续降低，当存在于混凝土中的水完全变成冰，也就是完全由液相变成固相时，水泥水化作用基本停止，此时混凝土的强度不再增长。防冻剂的作用在于降低拌合物冰点，细化冰晶，使混凝土在负温下保持一定数量的液相水，使水泥缓慢水化，改善了混凝土的微观结构，从而使混凝土达到抗冻临界强度。

防冻剂是根据混凝土冻害机理，结合抗冻临界强度、最优成冰率、冰晶形态转化等理论，并总结长期冬期施工实践研制的，一般由4种成分组成，其作用分别为：

1. 早强组分

早强组分的主要作用是加速混凝土的凝结硬化，使之尽快达到抗冻临界强度，在达到临界强度以后，能加快混凝土硬化速度，克服负温、低温造成的强度增长缓慢现象。

2. 引气组分

引气组分能在混凝土内引入微米级的细小气泡，其作用为：

（1）切割、封闭混凝土内的连通孔道，减轻冻胀时的裂纹扩展。

（2）引入的大量气泡起到膨胀"缓冲器"的作用，吸收冰晶膨胀应力，减轻冻害。

3. 减水组分

减水组分的作用有：

（1）减少拌合水，从而减少游离水总量，从根本上减少可冻冰的含量，消除冻胀内因。

（2）通过减水成分的分散作用，释放包裹水，消除劣质水泡，使粗大冰晶转化为细小冰晶，优化水泥水化环境，减轻胀冻压力。

4. 防冻组分

防冻组分多为一些有降低冰点作用的无机盐。以亚硝酸钠掺2%为例，掺防冻组分的水溶液冰点约为−1.5℃，当温度降到−1.5℃时，孔隙内临近受冻侧的游离水开始结冰，冰体内无机盐部分析出，剩余游离水中盐的浓度变大（冰点进一步降低）；当温度继续下降（如降到－5℃），又有临近受冻侧游离水部分结冰，剩余游离水浓度继续增大，持续这一过程，直到亚硝酸钠最低共溶点出现，孔内全部游离水结成冰。由此可见，防冻成分的作用是在连续降温过程中保持混凝土内始终有一定的液相水存在，使水泥水化能持续进行。

防冻剂的防冻机理是综合性的，是多种效果的综合体现。"防冻"只是最终效果，它是通过早强、引气、减水、防冻等因素共同作用而实现的。

11.1.4　防冻剂的技术要求及试验方法

1. 技术要求

（1）匀质性　防冻剂匀质性应符合表 11-2 的要求。

防冻剂的匀质性指标　　　　　　　　　　　　　　表 11-2

试验项目	指　　标
固体含量/%	液体防冻剂： $S \geq 20\%$ 时，$0.95S \leq X < 1.05S$ $S < 20\%$ 时，$0.90S \leq X < 1.10S$ S 是生产厂提供的固体含量（质量%），X 是测试的固体含量（质量%）
含水率/%	粉状防冻剂： $W \geq 5\%$ 时，$0.90W \leq X < 1.10W$ $W < 5\%$ 时，$0.80W \leq X < 1.20W$ W 是生产厂提供的含水率（质量%），X 是测试的含水率（质量%）
密度	液体防冻剂： $D > 1.1$ 时，要求 $D \pm 0.03$ $D \leq 1.1$ 时，要求 $D \pm 0.02$ D 是生产厂提供的密度值
氯离子含量/%	无氯盐防冻剂：$\leq 0.1\%$（质量百分比） 其他防冻剂：不超过生产厂控制值
碱含量/%	不超过生产厂提供的最大值
水泥净浆流动度/mm	应不小于生产厂控制值的 95%
细度/%	粉状防冻剂细度应在生产厂提供的最大值

（2）掺防冻剂混凝土性能　掺防冻剂混凝土性能应符合表 11-3 要求。

掺防冻剂混凝土性能　　　　　　　　　　　　　　表 11-3

试验项目		性能指标	
		一等品	合格品
减水率/%	$\geq$	10	—
泌水率比/%	$\leq$	80	100
含气量/%	$\geq$	2.5	2.0
凝结时间差/min	初凝	$-150 \sim +150$	$-210 \sim +210$
	终凝		

试验项目		性能指标					
		一等品			合格品		
	规定温度	−5	−10	−15	−5	−10	−15
抗压强度比/% ≥	R_{-7}	20	12	10	20	10	8
	R_{28}	100		95	95		90
	R_{-7+28}	95	90	85	90	85	80
	R_{-7+56}	100			100		
28d 收缩率比/% ≤		135					
渗透高度比/% ≤		100					
50 次冻融强度损失率比/% ≤		100					
对钢筋锈蚀作用		应说明对钢筋有无锈蚀作用					

（3）释放氨量　含有氨或氨基类的防冻剂释放氨量应符合《混凝土外加剂中释放氨的限量》（GB 18588—2001）规定的限值。

2. 试验方法

（1）防冻剂匀质性　按表 11-2 规定的项目，生产厂根据不同产品按照《混凝土外加剂匀质性试验方法》（GB/T 8077—2012）规定的方法进行匀质性项目试验。含水率的测定方法见《混凝土防冻剂》（JC 475—2004）附录 A。

（2）掺防冻剂混凝土性能

1）材料、配合比及搅拌。按《混凝土外加剂》（GB 8076—2008）的规定进行，混凝土坍落度控制为 80±10mm。

2）试验项目及试件数量。掺防冻剂混凝土的试验项目及试件数量按表 11-4 规定。

掺防冻剂混凝土的试验项目及试件数量　　　　表 11-4

试验项目	试验类别	试验所需试件数量			
		混凝土拌合物批数	每批取样数目	掺防冻剂混凝土取样总数	基准混凝土取样总数目
减水率	混凝土拌合物	3	1	3	3
泌水率比	混凝土拌合物	3	1	3	3
含气量	混凝土拌合物	3	1	3	3
凝结时间差	混凝土拌合物	3	1	3	3
抗压强度比	硬化混凝土	3	12/3①	36	9
收缩率比	硬化混凝土	3	1	3	3
抗渗高度比	硬化混凝土	3	2	6	6
50 次冻融强度损失率比	硬化混凝土	1	6	6	6
钢筋锈蚀	新拌或硬化砂浆	3	1	3	—

注：①受检混凝土 12 块，基准混凝土 3 块。

3）混凝土拌合物性能。减水率、泌水率比、含气量和凝结时间差按照《混凝土外加剂》（GB 8076—2008）进行测定和计算，坍落度试验应在混凝土出机后 5min 内完成。

4）硬化混凝土性能

① 试件制作。基准混凝土试件和受检混凝土试件应同时制作。混凝土试件制作及养护参照《普通混凝土拌合物性能试验方法标准》（GB/T 50080—2002）进行，但掺与不掺防冻剂混凝土坍落度为 80±10mm，试件制作采用振动台振实，振动时间为 10～15s，掺防冻剂受检混凝土在 20±3℃ 环境下按表 11-5 规定的时间预养后移入冰箱（或冰室）内并用塑料布覆盖试件，其环境温度应于 3～4h 内均匀地降至规定温度，养护 7d 后（从成型加水时间算起）脱模，放置在 20±3℃ 环境温度下解冻，解冻时间按表 11-5 的规定。解冻后进行抗压强度试验或转标准养护。

受检混凝土预养时间和解冻时间　　　　　　　表 11-5

防冻剂的规定温度/℃	预养时间/h	$M/(℃ \cdot h)$	解冻时间/h
−5	6	180	6
−10	5	150	5
−15	4	120	4

注：试件预养时间也可按 $M = \sum (T + 10) \Delta t$ 来控制。式中：M——度时积；T——温度；Δt——温度 T 的持续时间。

② 抗压强度比。以受检标养混凝土、受检负温混凝土与基准混凝土抗压强度之比表示：

$$R_{28} = \frac{f_{CA}}{f_C} \times 100 \tag{11-1}$$

$$R_{-7} = \frac{f_{AT}}{f_C} \times 100 \tag{11-2}$$

$$R_{-7+28} = \frac{f_{AT}}{f_C} \times 100 \tag{11-3}$$

$$R_{-7+56} = \frac{f_{AT}}{f_C} \times 100 \tag{11-4}$$

式中　R_{28}——受检标养混凝土与基准混凝土标养 28d 的抗压强度之比（%）；

　　　f_{AT}——不同龄期（R_{-7}、R_{-7+28}、R_{-7+56}）的受检负温混凝土抗压强度（MPa）；

　　　f_{CA}——受检标养混凝土 28d 的抗压强度（MPa）；

　　　f_C——基准混凝土标养 28d 抗压强度（MPa）；

　　　R_{-7}——受检混凝土负温养护 7d 的抗压强度与基准混凝土标准养护 28d 抗压强度之比（%）；

　　　R_{-7+28}——受检混凝土负温养护 7d 再转标准养护 28d 的抗压强度与基准混凝土标准养护 28d 抗压强度之比（%）；

　　　R_{-7+56}——受检混凝土负温养护 7d 再转标准养护 56d 的抗压强度与基准混凝土标准养护 28d 抗压强度之比（%）。

③ 收缩率比。收缩率参照《普通混凝土长期性能和耐久性能试验方法标准》（GB/T 50082—2009），基准混凝土试件应在 3d（从搅拌混凝土加水时算起）从标养室取出移入恒温恒湿室内 3～4h 测定初始长度，再经 28d 后测量其长度。

以 3 个试件测值的算术平均值作为该混凝土的收缩率，按式(11-5)计算收缩率比，精确至 1%。

$$S_r = \frac{\varepsilon_{AT}}{\varepsilon_C} \times 100 \tag{11-5}$$

式中　S_r——收缩率之比(%)；

　　　ε_{AT}——受检负温混凝土的收缩率(%)；

　　　ε_C——基准混凝土的收缩率(%)。

④ 渗透高度比。基准混凝土标养龄期为 28d，受检负温混凝土到$-7+56d$ 时分别参照《普通混凝土长期性能和耐久性能试验方法标准》(GB/T50082—2009)进行抗渗试验，但按 0.2MPa、0.4MPa、0.6MPa、0.8MPa、1.0MPa 加压，每级恒压 8h，加压到 1MPa 为止。取下试件，将其劈开，测试试件 10 个等分点透水高度平均值，以一组 6 个试件测值的平均值作为试验的结果，按式(11-6)计算透水高度比，精确到 1%。

$$H_r = \frac{H_{AT}}{H_C} \times 100 \tag{11-6}$$

式中　H_r——透水高度之比(%)；

　　　H_{AT}——受检负温混凝土$-7+56d$ 的透水压力(MPa)；

　　　H_C——标养 28d 基准混凝土的透水压力(MPa)。

⑤ 50 次冻融强度损失率比。参照《普通混凝土长期性能和耐久性能试验方法标准》(GB/T 50082—2009)进行试验和计算强度损失率，基准混凝土试验龄期为 28d，受检负温混凝土龄期为$-7+28d$。根据计算出的强度损失率再按式(11-7)计算受检负温混凝土与基准混凝土强度损失率之比，计算精确到 1%。

$$D_r = \frac{\Delta f_{AT}}{\Delta f_C} \times 100 \tag{11-7}$$

式中　D_r——50 次冻融强度损失率比(%)；

　　　Δf_{AT}——受检负温混凝土 50 次冻融强度损失率(%)；

　　　Δf_C——基准混凝土 50 次冻融强度损失率(%)。

(3) 释放氨量　按照《混凝土外加剂中释放氨的限量》(GB 18588—2001)规定的方法测试。

11.2　防冻剂对混凝土性能的影响

11.2.1　防冻剂对新拌负温混凝土性能的影响

1. 流动性

防冻剂具有一定的塑化作用，在流动性不变的条件下，可使混凝土水灰比降低 10% 以上，防冻剂多由防冻组分和减水组分复合而成，往往显示出叠加效应，如硝酸盐与萘系减水剂或碳酸盐与木质素磺酸盐复合，可以明显提高负温混凝土的流动性或减少防冻剂的掺量。

2. 泌水性

多数防冻剂不会促进负温混凝土泌水使拌合物离析，因为多数防冻剂都会加速水泥熟料矿物的水化，使得液相变得黏稠，可以改善负温混凝土的泌水现象。而尿素、氨水、有机醇类防冻组分具有一定的缓凝作用，在高流动性混凝土中往往会促进泌水，适当调整混凝土配比增大砂率可以减少泌水现象。

3. 凝结时间

早强型防冻剂(如碳酸钾、氯化钙等)会缩短混凝土的凝结时间，因此有利于负温混凝土的凝结硬化。但在长距离运输的泵送商品混凝土中应慎用，或与其他外加剂复合使用。

11.2.2 防冻剂对硬化负温混凝土性能的影响

1. 防冻剂对混凝土强度的影响

防冻剂对混凝土强度的影响，除与防冻剂的种类、掺量有关外，还与该混凝土受冻时间、受冻温度密切相关。

掺防冻剂的负温混凝土力学性能明显优于不掺时负温混凝土的力学性能。如掺用乙二醇和减水剂复配的液体防冻剂，掺量为胶凝材料的 2.5% 时，混凝土早期强度能提高 30%～40%，而后期强度增长 20% 左右。

2. 防冻剂对混凝土弹性模量的影响

掺防冻剂混凝土的弹性模量与基准混凝土的弹性模量没有明显差别。

3. 防冻剂对混凝土耐久性的影响

防冻剂可以提高负温混凝土的耐久性，例如掺用盐类复配的防冻剂可明显提高负温混凝土的抗渗性；掺用有机化合物复配的防冻剂可明显提高负温混凝土的抗冻性和抗碳化性能。但有些盐类复配的防冻剂会降低负温混凝土的抗硫酸盐侵蚀性、抗碱-骨料反应性、抗盐析性等性能，如掺钙盐复配的防冻剂的混凝土受硫酸盐侵蚀时有加速的趋势；如掺钠盐、钾盐复配的防冻剂的混凝土抗碱-骨料反应性能、抗盐析性能较低。掺有机化合物复配的防冻剂的混凝土就可以提高混凝土的抗硫酸盐侵蚀性、抗碱-骨料反应性、抗盐析性等性能。

4. 掺防冻剂混凝土性能指标

按建材行业标准《混凝土防冻剂》(JC 475—2004)，掺防冻剂混凝土的性能指标如表11-3 所示。

11.3 防冻剂的应用

防冻剂是混凝土应用的一种重要外加剂，只有掌握了防冻剂的作用机理、防冻剂对混凝土性能的影响规律，才能更好地指导其在混凝土中的应用。为了保证工程质量，达到事半功倍的使用效果，并安全、有效地使用防冻剂，应注意以下几点。

(1) 重在保证混凝土抗冻临界强度。任何一种符合标准的防冻剂产品，都有一个明确的"使用温度"(如−10℃、−15℃、−20℃)，说使用温度就是"允许混凝土施工的温度"并不错误，但应着重与混凝土抗冻临界强度联系起来理解，即在环境温度降低到外加剂"使用温度"前，混凝土必须达到抗冻临界强度，这样混凝土才是安全的，否则混凝土有可能被冻坏。混凝土的使用温度越低，说明该防冻剂的防冻效果越好，混凝土越有更多的时间(含负温区)来增长强度，从而达到抗冻临界强度的可能性大大增加。

（2）正确选用防冻剂并确定合适的掺量。目前，随着土建工程的发展，在我国北方地区冬季混凝土施工较为普遍。根据气象资料，室外日平均气温连续 5d 稳定低于 5℃时，进行混凝土及钢筋混凝土工程的施工，称为冬期施工。

国内生产的混凝土防冻剂品种主要有－5℃、－10℃和－15℃三种。根据规定，在日最低气温为 0～5℃，混凝土采用塑料薄膜和保温材料覆盖养护时，可采用早强剂或早强减水剂。而在日最低气温分别为－5～－10℃、－10～－15℃和－15～－20℃，并采用保温措施时，宜分别采用规定温度为－5℃、－10℃和－15℃的防冻剂。

每一种防冻剂都有一个较佳的掺量范围，低于此掺量，则混凝土早期强度建立较慢，混凝土内部水的冰点降不到足以抵抗外界负温的程度，所以，防冻剂的掺量往往较高。而防冻剂的掺量过高，则所含盐类对混凝土的性能将产生许多不利影响。

（3）严防防冻剂中氯离子对钢筋的锈蚀危害。氯盐是一类比较理想的防冻剂组分，但鉴于氯离子对混凝土内部钢筋的锈蚀作用，当用于钢筋混凝土、预应力钢筋混凝土时，应严禁使用含有氯离子的防冻剂。不仅如此，下列结构中也严禁使用含有氯盐的防冻剂：

1）相对湿度大于 80％环境中使用的结构，处于水位变化部位的结构，露天结构及经常受水淋、受水流冲刷的结构。

2）大体积混凝土。

3）直接接触酸、碱或其他侵蚀性介质的结构。

4）经常处于温度为 60℃以上的结构，需经蒸养的钢筋混凝土预制构件。

5）有装饰要求的混凝土，特别是要求色彩一致的或是表面有金属装饰的混凝土。

6）薄壁混凝土结构，中级和重级工作制吊车的梁、屋架、落锤及锻锤混凝土基础等结构。

7）使用冷拉钢筋或冷拔低碳钢丝的结构。

8）集料具有碱活性的混凝土结构。

（4）严防防冻剂中释放氨对人体健康的危害。混凝土防冻剂中有可能使用尿素、硝铵作为组分之一，但尿素、硝铵类物质存在于混凝土内部，会逐渐释放出氨气，氨气具有刺激性，导致人体头痛、恶心，甚至引起疾病。因此，对于住宅、办公室、水塔、水池等的混凝土工程，应严禁采用含硝铵、尿素等产生刺激性气味物质的防冻剂，防冻剂释放氨量必须符合有关标准。

（5）含强电解质无机盐的防冻剂用于混凝土中，必须符合以下规范要求：

1）与镀锌钢材或铝铁相接触的部位，以及有外露钢筋预埋件而无防护措施的结构，严禁使用。

2）使用直流电源的结构，以及距离高压直流电源 100m 以内的结构，严禁使用。

3）含亚硝酸盐、碳酸盐的防冻剂严禁用于预应力混凝土结构。

4）含有六价铬盐、亚硝酸盐等有害成分的防冻剂，严禁用于饮水工程及与食品相接触的工程，严禁食用。

（6）有机化合物类防冻剂可用于素混凝土、钢筋混凝土及预应力混凝土工程，但应注意强电解质、硝酸盐、尿素等的控制要求。

（7）对水工、桥梁及有特殊抗冻融循环性要求的混凝土工程，应通过试验确定防冻剂品种及掺量。

（8）防冻剂的规定温度为按《混凝土防冻剂》（JC 475—2004）规定的试验条件成型的试件在恒负温条件下养护的温度。

（9）防冻剂运到工地（或混凝土搅拌站）首先应检查是否有沉淀、结晶或结块。检验项目应包括密度（或细度），R_{-7}、R_{28}抗压强度比，钢筋锈蚀试验。合格后方可入库、使用。

（10）掺防冻剂混凝土所用原材料，应符合下列要求：

1）宜选用硅酸盐水泥、普通硅酸盐水泥。

2）骨料应清洁，不得含有冰、雪、冻块及其他易冻裂的物质。

（11）防冻剂与其他外加剂同时使用时，应经试验确定，并应满足设计和施工要求后再使用。

（12）使用液体防冻剂时，贮存和输送液体防冻剂的设备应采取保温措施。

（13）掺防冻剂混凝土拌合物的入模温度不应低于5℃。

（14）掺防冻剂混凝土的生产、运输、施工及养护，应符合现行行业标准《建筑工程冬期施工规程》（JGJ/T 104—2011）的有关规定。

由于水结冰体积增大，产生的冰胀压力可高达250MPa，该值远大于水泥石内部形成的初期强度值，使混凝土受到不同程度的破坏（即早期受冻破坏）而降低强度。此外，当水变成冰后，还会在混凝土内部骨料和钢筋表面上产生颗粒较大的冰凌，减弱水泥浆与骨料和钢筋的粘结力，从而影响混凝土的抗压强度。当冰凌融化后，又会在混凝土内部形成各种各样的孔隙，从而降低混凝土的密实性及耐久性。因此，混凝土冬期施工时，可能受到的冻害将是非常严重的。具体施工时，尚应对混凝土的质量加以控制，如采取保温防冻措施，并附以混凝土浇筑体的测温监控；成型混凝土试件与现场混凝土同条件养护，以评测混凝土结构的强度发展情况等。

12 泵送剂

12.1 概述

12.1.1 泵送剂的特点及适用范围

1. 特点

由于对泵送混凝土性能的特殊要求，混凝土泵送剂不能简单等同于减水剂，而是在减水剂的基础上通过改性而成的。为了满足预拌混凝土的生产和泵送混凝土的施工要求，泵送剂必须满足以下性能要求：

（1）减水率高　泵送混凝土流动性好，坍落度大，因此，必须采用减水率高的减水剂或复合减水剂。

（2）坍落度损失小　坍落度的经时损失必须满足商品混凝土与泵送混凝土的要求。为了尽可能减小水灰比，最好1～2h坍落度损失控制在10％左右。

（3）不泌水、不离析、保水性好　尤其是压力泌水率要尽可能低，以保证泵送的顺利进行，不堵泵。

（4）有一定的缓凝作用　尽管相关标准对泵送剂的凝结时间差没有进行规定，但由于商品混凝土从搅拌好后要经历一定时间的运输和等候，然后才能进行浇筑、密实，所以其凝结时间一般要求比普通混凝土延长1～2h才合理；另一方面，延缓凝结时间在一定程度上可以降低混凝土的坍落度损失，同时可降低水化热，推迟放热峰出现的时间，以免产生温度裂缝。

（5）有一定的引气性　泵送剂具有一定的引气性，保证泵送混凝土制备过程中引入一定量的微小气泡，一方面可以改善混凝土和易性，减小混凝土泵送过程中与管壁之间的摩擦阻力，防止堵泵现象的发生；另一方面，也有助于改善混凝土的抗冻融循环性能。掺泵送剂的混凝土，要求其含气量在4％左右，但不大于5％。

（6）对强度和耐久性的影响　泵送剂均有一定的缓凝作用，特别是对初凝时间有一定的延缓，这主要是为了满足对混凝土坍落度保留值的要求，泵送剂中通常复配有一定比例的缓凝组分。另外，泵送剂中还往往复配有保水剂（增稠剂），这类物质也都有一定的缓凝作用。泵送剂的缓凝作用使得掺泵送剂的混凝土，其早期抗压强度的发展有所减缓，但后期强度仍能较好、较快地发展。但由于其具有一定的引气性，掺泵送剂的混凝土，其强度与单纯掺加减水剂的混凝土相比，有一定程度的降低。泵送混凝土由于泵送剂、粉煤灰、矿渣粉等的掺加，对耐久性的改善非常有利。

2. 适用范围

（1）泵送剂宜用于泵送施工的混凝土。

（2）泵送剂可用于工业与民用建筑结构工程混凝土、桥梁混凝土、水下灌注桩混凝土、大坝混凝土、清水混凝土、防辐射混凝土和纤维增强混凝土等。

（3）泵送剂宜用于日平均气温 5℃以上的施工环境。

（4）泵送剂不宜用于蒸汽养护混凝土和蒸压养护的预制混凝土。

（5）使用含糖类或木质素磺酸盐的泵送剂时，可按《混凝土外加剂应用技术规范》（GB 50119—2013）附录 A 进行相容性试验，并应满足施工要求后再使用。

12.1.2　泵送剂的种类

由于泵送剂是以减水剂为主进行复配而成的，所以通常泵送剂按减水剂的种类进行分类，具体如下：

（1）木质素磺酸盐类泵送剂。

（2）萘系高效减水剂类泵送剂。

（3）蜜胺系高效减水剂类泵送剂。

（4）脂肪族系高效减水剂类泵送剂。

（5）氨基磺酸盐系高效减水剂。

（6）聚羧酸系高性能减水剂类泵送剂等。

另外，泵送剂还可以按照其减水效果或塑化效果进行分类，如我国华东地区普遍采用以下分类方法：

（1）普通型泵送剂，以木质素磺酸盐减水剂为主复配而成。

（2）中效型泵送剂，以萘系、脂肪族系高效减水剂和木质素磺酸盐减水剂为主复配而成。

（3）高效泵送剂，以萘系、脂肪族系或者氨基磺酸盐系高效减水剂为主复配而成。

（4）高性能泵送剂，以聚羧酸系减水剂为主复配而成。

如果按照控制坍落度损失的能力进行分类，泵送剂可以分为常用泵送剂和控制坍落度损失型泵送剂。

12.1.3　泵送剂的复配

泵送剂常常不是一种外加剂就能满足性能要求，而是根据泵送特点由具有不同作用的外加剂或组分复合而成。具体的复配比例应根据不同的使用目的、不同的使用温度、不同的混凝土强度等级、不同的泵送工艺来确定。混凝土泵送剂主要由以下几种组分组合而成。

1. 减水组分

普通减水剂有减水作用，可在保持泵送混凝土所需流动性的条件下，降低水灰比，以提高后期强度。木质素磺酸钙与木质素磺酸钠是最常用的普通减水剂，不过目前市场上也出现了木质素磺酸镁和木质素磺酸铵，均可以用来复配泵送剂。木质素磺酸盐减水剂不仅具有一定的减水效应，而且具有一定的缓凝性和引气性，对改善混凝土的流动性、保持性和泵送性能均有较好的效果，再者，木质素磺酸盐减水剂本身利用造纸工业废液生产而成，绿色环保性强，价格较低廉，受到使用者的欢迎。

普通减水剂只能用来配制普通型泵送剂。目前大部分使用的都是中效或高效泵送剂。中效泵送剂中的减水组分主要是萘系高效减水剂、脂肪族系高效减水剂，并辅以部分

（20％～40％）木质素磺酸盐减水剂；而高效泵送剂则全部以高效减水剂和其他组分复配而成。

在混凝土设计强度高、坍落度值要求高的泵送混凝土中，如高性能混凝土用的泵送剂中必须使用高效减水剂，如萘系减水剂、三聚氰胺减水剂、脂肪族系减水剂、氨基磺酸盐减水剂。这些减水剂减水率高，适于配制高强度等级、大坍落度、自流平泵送混凝土。除了氨基磺酸盐减水剂外，单独掺这些种类的减水剂，混凝土坍落度损失较大，需要复合部分缓凝剂、引气剂等。氨基磺酸盐减水剂、聚羧酸盐减水剂属低坍落度损失减水剂，而且更适用于配制低水灰比（水胶比）的高性能混凝土。当水灰比为 0.30 时，氨基磺酸盐的减水率可高达 30％，聚羧酸系减水剂的减水率可高达 35％甚至 40％，但是，这两种减水剂对混凝土的用水量相当敏感，在水灰比较大时使用，混凝土很容易产生泌水现象。

2. 缓凝组分

泵送混凝土多采用商品混凝土，要求坍落度损失小，尤其对大体积混凝土或夏季高温施工混凝土，必须添加缓凝组分。高效减水剂复配成泵送剂时，一般必须添加部分缓凝剂，而在普通减水剂控制坍落度损失的性能不能满足要求时，也需要复合部分缓凝组分。

可在泵送剂中使用的缓凝剂的种类很多，如羟基羧酸盐、糖类、多元醇等。缓凝剂的复合，可以使混凝土坍落度损失减小，也可以控制混凝土的水化放热，避免温度裂缝。

3. 引气组分

适当的混凝土含气量可以减少混凝土泵送过程中的泵送阻力，防止混凝土泌水、离析，又可以改善混凝土的抗冻融循环破坏性能。国外混凝土中几乎都保持一定的含气量，如日本混凝土中几乎都掺有引气减水剂，美国 ASTM 中关于混凝土配合比设计，首先考虑的就是含气量的大小。

复配泵送剂要选用引入气泡性能较好的引气剂，这样才不至于过分影响混凝土的强度。选择引气剂时，还要注意引气剂在减水剂溶液中的互溶性，有些引气剂呈膏状，非常难以溶解，可以先用酒精溶解，然后以酒精为载体，溶解于水溶液中。当然，复配泵送剂也可直接选用引气减水剂。

4. 保水组分

保水剂亦称增稠剂，其作用是增加混凝土拌合物的黏度，使混凝土在大水灰比、大坍落度情况下不泌水、离析，有些保水剂还兼有减水、保持坍落度等性能。在混凝土泵送剂中常用的保水剂如下。

（1）聚乙烯醇　聚乙烯醇的掺量在水泥质量的 0.03％以下，具有缓凝和增稠作用。常用的聚乙烯醇的牌号有 0588、1799 等。

（2）甲基纤维素、羧甲基纤维素　甲基纤维素和羧甲基纤维素的掺量很小，只占水泥用量的 0.02％～0.05％。它们具有一定的缓凝性、引气性，对改善混凝土保水性，降低泌水，提高混凝土坍落度保持性具有一定的效果。

（3）羟丙基纤维素　羟丙基纤维素相对分子质量和黏度范围广，必须选择合适的相对分子质量，才能兼顾其在增稠和不增加用水量方面的性能。羟丙基纤维素可以减小混凝土坍落度损失，增加稠度，改善混凝土和易性，其掺量为水泥质量的 0.1％以下。

（4）聚丙烯酰胺　聚丙烯酰胺在常温下是坚硬的玻璃体，能溶于水。聚丙烯酰胺的相对分子质量也从 1000～100000 不等。聚丙烯酰胺属于阴离子型物质，具有较好的增稠作用。

（5）其他　上述增稠剂都是化学合成的产品，实际上还有一些天然的增稠剂可以在复配泵送剂时使用，如黄原胶、明胶、糊精、木糖醇母液、动物胶、淀粉醚等。

黄原胶分子量为 200～2000，在冷、热水中均能溶解。黄原胶的掺量为水泥质量的0.01%以下。

明胶为动物皮骨中提取的蛋白质，易溶于热水，掺量为水泥质量的 0.01% 以下。

淀粉醚为天然淀粉经过化学、物理方法加工而得，掺量为水泥质量的 0.01% 以下。

12.1.4　泵送剂的技术要求

1. 受检混凝土性能指标

受检混凝土性能应符合表 12-1 的要求。

受检混凝土性能指标　　　　　　　　　表 12-1

项　　目		性　能　指　标
减水率/%		≥12
泌水率比/%		≤70
含气量/%		≤5.5
坍落度 1h 经时变化量/mm		≤80
抗压强度比/%	7d	≥115
	28d	≥110
收缩率比/%		≤135

注：1. 除含气量和坍落度 1h 经时变化量外，表中所列数据为掺外加剂混凝土与基准混凝土的差值或比值。

2. 凝结时间之差性能指标中的"－"号表示提前，"＋"号表示延缓。

3. 当用户有特殊要求时，需要进行的补充试验项目、试验方法及指标，由供需双方协商决定。

2. 泵送剂的匀质性指标

泵送剂的匀质性指标应符合表 12-2 的要求。

匀质性指标　　　　　　　　　表 12-2

项　　目	指　　　　　标
含固量	液体： $S>25\%$ 时，应控制在 $0.95S～1.05S$ $S≤25\%$ 时，应控制在 $0.90S～1.10S$
含水率	粉状： $W>5\%$ 时，应控制在 $0.90W～1.10W$ $W≤5\%$ 时，应控制在 $0.80W～1.20W$
密度	液体： $D>1.1\text{g/cm}^3$ 时，应控制在 $D±0.03\text{g/cm}^3$ $D≤1.1\text{g/cm}^3$ 时，应控制在 $D±0.02\text{g/cm}^3$
细度	粉状：应在生产厂控制范围内
总碱量	不超过生产厂控制值

注：1. 生产厂应在相关的技术资料中明示产品匀质性指标的控制值。

2. 对相同和不同批次之间的匀质性和等效性的其他要求可由买卖双方商定。

3. 表中的 S、W、D 分别为含固量、含水率和密度的生产厂控制值。

12.2 泵送剂对混凝土性能的影响

12.2.1 泵送剂对新拌混凝土性能的影响

泵送剂对新拌混凝土性能的影响主要表现在以下几个方面。

1. 和易性

泵送剂的主要成分是减水剂。减水剂的吸附作用、分散作用、电性作用、表面自由能降低等作用以及引气剂的引气与表面活性作用都能够显著改善混凝土的和易性，尤其是对低水泥用量的贫混凝土，在不提高水泥用量的情况下大大提高拌合物流动性，使其能够满足泵送要求。

2. 泌水率

泌水率比是检验泵送剂的一个重要指标，用掺泵送剂与不掺泵送剂的混凝土在相同条件下泌水率的比值来表示，分为常压泌水率比和压力泌水率比。泵送剂中的高效减水剂、引气剂及保水剂组分能够大幅度地降低混凝土中的单位用水量，也就能够降低混凝土的泌水。性能良好的泵送剂其常压及压力泌水率比均不应大于70%。

3. 凝结时间

泵送剂有一定的缓凝作用，对初凝时间和终凝时间都有一定的延缓。这主要是由于泵送混凝土对坍落度的保留值有一定的要求，在运送到工地的过程中，坍落度损失不能过大，到工地后要能够顺利泵送。大体积混凝土工程时，泵送剂的加入还可以延缓混凝土的早期水化热，降低混凝土在强度很低时由于内外温差而产生的裂缝。

4. 黏聚性

混凝土的黏聚性在试验中尚无衡量指标，一般凭眼睛观察，黏聚性好的混凝土砂浆对石子的包裹性能也好，不会在混凝土泵送时出现混凝土泵把砂浆泵出去，而在泵车的进料斗中留下大部分的石子，从而产生堵泵的现象。加入好的泵送剂可使混凝土的黏聚性提高。砂率是影响泵送混凝土黏聚性的主要因素，砂率较小容易离散，中低强度泵送混凝土的砂率都在40%以上，高强混凝土的砂率在34%~38%，大流动度的混凝土砂率可达45%以上。

5. 含气量

混凝土中具有一定量均匀分布的无害小气泡，对混凝土的流动性具有很大的提高作用，因为微小的气泡能够减小混凝土内部摩擦，降低泵送阻力。而且一定的引气量还可以降低混凝土的离析和泌水，对提高混凝土的耐久性有利。但是过高的含气量会使硬化的混凝土强度下降，所以泵送剂一般要求含气量都在2.5%~4%范围内，不大于5.5%，且要求分布均匀。

6. 坍落度保留值

所谓坍落度保留值就是混凝土在拌合好后，放置一段时间的坍落度值，坍落度损失越少则混凝土的可泵性越好，因为当前的混凝土绝大多数都是商品混凝土，从拌合好到工地，具有一定的距离，运输过程中坍落度要有一定的损失。对运输距离远、气温较高的季节，对泵送剂的保坍性能要求就特别高，在不过分延长凝结时间的同时，要能够保持坍落度损失很小，目前大部分厂家生产的泵送剂 1h 坍落度损失率都小于 30％。

12.2.2 泵送剂对硬化混凝土性能的影响

泵送剂对硬化混凝土性能的影响主要表现在以下几个方面。

1. 强度

混凝土的强度与混凝土的水灰比和水泥的水化程度有密切的关系。泵送剂是一种表面活性剂，能够有效地降低水的表面张力，使水能够更好地润湿水泥颗粒，从而排除吸附在水泥颗粒表面的空气，使水泥颗粒水化更加完全，加速水泥结晶的形成，产生离子键结合。泵送剂中的主要成分减水剂能大幅度降低混凝土的水灰比，因此硬化后的混凝土的孔隙率较低，高效减水剂对水泥的分散性能好，可以改善水泥的水化程度，使混凝土的各个龄期的强度显著提高。1～3d 抗压强度提高 40％～100％，28d 抗压强度提高 20％～50％，但一年龄期或更长期的抗压强度提高幅度减小。由于泵送混凝土中都掺有粉煤灰、矿渣混合料，其后期强度都有一定增长，有利于混凝土综合性能的提高。

2. 收缩

混凝土的收缩，一般是由于水泥水化引起的体积减小，收缩值的大小主要取决于水灰比和水泥用量。目前商品混凝土中泵送剂的减水率一般都在 15％以上，所以水泥的干燥收缩值是比较小的。低强度的混凝土虽然水泥用量比较少，但是一般水灰比较大，故收缩值也是比较大的；而高强混凝土虽然水灰比较低，但是由于水泥的用量较多，其收缩值也是不容忽视的。质量好的泵送剂具有降低混凝土收缩功能，主要是掺入减缩剂或膨胀剂来降低混凝土的收缩。

3. 碳化

碳化是由于混凝土表面与空气中二氧化碳反应，环境中的二氧化碳浓度越大，混凝土的碳化深度也越大。泵送剂能够降低混凝土的水灰比，改善混凝土的孔结构，使混凝土中的孔趋于完全封闭的结构，外界的二氧化碳气体和水不能进入混凝土内部，从而降低碳化。泵送剂可以改善混凝土表面的光洁度，使表面平整，也是降低碳化的一个方面。

4. 抗渗、抗冻融性

抗渗、抗冻融性主要取决于水灰比的大小，泵送过程中是否离析、泌水及混凝土配合比等。若泵送剂掺量大或减水率高、引气量适宜，泵送过程中无离析、泌水发生，将会改善混凝土的内部结构，提高其抗渗与抗冻融性能。

12.3 泵送剂的应用

1. 泵送剂的选用

泵送剂品种、掺量的选择应该根据生产单位提供的推荐掺量，按照施工现场实际的环境温度、泵送高度、泵送距离、运输距离等要求，经混凝土试配后确定。添加特定专用组分的泵送剂适用于特定场合的泵送混凝土。如在冬期负温施工时，应选择具有防冻组分的泵送剂，以满足冬期施工的要求。添加增稠剂、保水剂和引气剂的泵送剂则适用于贫混凝土。无论选择何种泵送剂，运到工地现场后，都必须进行检测，检测项目有 pH 值、密度（或细度）、含固量（或含水率）、减水率和坍落度 1h 经时变化值，符合要求后方能入库，并用于工程。

液体泵送剂宜与拌合水预混，溶液中的水量应从拌合水中扣除；粉状泵送剂宜与胶凝材料一起加入搅拌机内，并宜延长混凝土搅拌时间 30s，掺泵送剂的混凝土采用二次掺加法时，二次添加的外加剂品种及掺量应经试验确定，并应记录备案。二次添加的外加剂不应包括缓凝，引气组分。二次添加后应确保混凝土搅拌均匀，坍落度应符合要求后再使用。

2. 配合比设计

（1）关于原材料及配合比，石要中偏细，例如用 5～10mm 与 10～25mm 两种规格石，搭配比例为 2：3；砂用中偏细，细度模数 2.2～2.5 最为适宜；水用量不宜过少，175～185kg/m³ 最好；减水剂掺量不宜过大，通常萘系（40％浓度）掺 1.0％～1.3％较适宜，否则易板结、离析，尤其在泵压作用下，泌水性增大，容易塞管。

（2）砂浆的润滑性要好，稠度 100～120mm，灰砂比为 1：2.5～1：3.0 最为适宜。浆体要饱满，不宜出现露砂现象。

当泵送混凝土用于长距离浇筑时，应注意用水量不宜过小（不宜低于 175kg/m³）。因为水灰比不变，水用量多，胶凝材料用量也就多，混凝土起浆多，黏稠度降低，润滑性才好。当粉煤灰质量有波动时，其用量不宜过大（不宜超过 110kg/m³），否则会造成混凝土拌合物松散、黏性差、易塞管。此外，以"两低两高"（低用水量、低水泥用量、高掺合料、高减水剂掺量）为主要特征的低强度高性能化的配合比思路，不适用于长距离泵送混凝土。

3. 凝结时间的控制

在 7～8 月份高温季节，混凝土坍落度损失相对较快，如果等待卸料时间过长，则会出现混凝土初凝的危险情况。此时需要在泵送剂中添加高效缓凝剂组分，以确保初凝时间为 5～7h，同时应确保初凝与终凝时间间隔只有 2～3h，以满足泵送混凝土对缓凝和早强的双重要求。此外，工地超时的混凝土必须及时作废处理，如强行使用则容易引起塞管。

4. 坍落度控制

根据实践经验，最适宜的泵送坍落度为 180～200mm，而不是坍落度越大越好。坍落度过大易离析且润滑性差，过小则摩擦力增大。因此，混凝土供应商与工地现场之间应充分沟通，通过严格控制泵送混凝土的出厂质量并对到工地现场的混凝土进行质量监控，以确保泵送混凝土达到施工要求。

5. 混凝土出机温度和浇筑温度的控制

高强度、大流动性条件下的泵送商品混凝土，由于水泥用量多，单位用水量大，砂率高以及掺化学外加剂，使混凝土干燥收缩增大并增加产生裂缝的潜在危险。特别是在大体积混凝土工程结构中，常常由于内外温差过大而导致混凝土出现裂缝。

为了降低混凝土的总温升，控制混凝土的出机温度和浇筑温度是一个重要措施。对于出机温度和浇筑温度的控制，应根据国家标准《混凝土结构工程施工规范》（GB 50666—2011）的相关规定。

为了降低混凝土的出机温度和浇筑温度，最有效的方法是降低原料温度。虽然，混凝土中石子比热较小，但每立方米混凝土中石子所占质量最大，因此降低石子温度是降低混凝土的出机温度和浇筑温度的一种有效方法。在气温较高时，为了防止太阳直接照射，可以在砂石堆场搭设简易遮阳棚。必要时，还可向骨料喷淋雾状水，或者在使用前用冷水冲洗骨料。国外曾有在搅拌混凝土时加冰块进行冷却的报道。除此之外，搅拌机运输车罐体、泵送管道的保温冷却也是必要的措施。

6. 其他常见的问题

（1）模板强度、刚度和稳定性不足造成胀模　由于泵送混凝土流动性大，且施工的冲击力大，因此在设计模板时必须根据泵送混凝土对模板侧压力的特点，以确保模板及其支撑有足够的强度、刚度和稳定性。模板安装应综合考虑混凝土的浇筑速度、高度、密度、坍落度、温度、外加剂等影响因素。采用内部振捣时，新浇筑的混凝土作用于模板的最大侧压力可按公式（12-1）、式（12-2）计算，并取两式中的最小值来选用模板和支撑，确定支撑间距。

$$F = 0.22\gamma_c t_0 \beta_1 \beta_2 V^{1/2} \tag{12-1}$$

$$F = 0.22\gamma_c H \tag{12-2}$$

式中　F——新浇筑混凝土对模板的最大侧压力（kN/m^2）；

　　　γ_c——混凝土的重力密度（kN/m^3）；

　　　t_0——新浇混凝土的初凝时间（h），可根据厂家提供的数据，亦可实测；

　　　V——混凝土的浇筑速度（m/h）；

　　　H——混凝土侧压力计算位置处至新浇混凝土顶面的总高度（m）；

　　　β_1——外加剂影响修正系数，不掺外加剂时取 1.0，掺具有缓凝作用的外加剂时取 1.2；

　　　β_2——混凝土坍落度修正系数，坍落度小于 100mm 时取 1.0，大于等于 100mm 时取 1.15。

（2）二次复振　泵送混凝土为流动性混凝土，因此坍落度大、含水率高。在一次振实后，一部分水从内部析出至表面，在水渗流之处留下许多毛细管孔道，成为混凝土内部的透水通路。另外，在水分上升的同时，一部分水还会滞留在石子及钢筋的下缘形成水隙，减弱了水泥浆与石子、钢筋之间的粘结力。这些都将影响混凝土的密实性，降低混凝土的强度及耐久性。因此，泵送混凝土一次振捣后必须在 20～30min 后对其进行二次复振，以消除混凝土泌水带来的缺陷。

（3）柱根烂根现象　浇筑柱混凝土不能忽略柱头座底预铺砂浆，预先下石子减半混凝土的问题。有些施工单位在浇筑柱混凝土时，认为泵送混凝土坍落度大而且粗骨料较小，就不在柱头先铺浆或先下石子减半的混凝土，结果造成柱根烂根现象。

一种较经济的方法是由商品混凝土配送站先送骨料和水泥，施工单位根据现场需要随用随拌，用多少拌多少，这样既方便又节约成本。由于骨料和水泥由同一配送站提供，因此在很大程度上能够保证施工混凝土使用材质的一致性，防止水泥的混用。

（4）泵送混凝土的堵管及其处理方法　泵送混凝土的输送设备主要包括泵机和配管。泵机的选择应适合混凝土工程特点、所要求的最大输送距离、最大输送量及混凝土浇筑计划。泵机选择不当或压力达不到要求，都有造成堵管的可能。此外，输送管使用后，如未能及时用水清洗干净，管中所余混凝土在下次使用时，必然增大管壁的摩擦阻力，造成堵管。

　　当输送管堵塞时，可采取下述排除方法：重复进行反泵和正泵，逐步吸出混凝土至料斗中，重新搅拌后再泵送。另外用木槌敲击查明堵塞部位，将堵塞混凝土击松后，重复进行反泵和正泵，排除堵塞。用上述方法无效时，应将混凝土卸压后，拆除堵塞部位输送管，排除堵塞物。施工中应同时严格检测泵送混凝土坍落度损失、泌水率等指标，不符合要求时应及时调整。

13 其他混凝土外加剂

13.1 阻锈剂

13.1.1 阻锈剂的定义及适用范围

1. 定义

在钢筋与混凝土组成的材料体系中，加入少量能阻止或减缓钢筋腐蚀的，对混凝土的其他性能无不良影响的化学物质称为阻锈剂。阻锈剂的定义强调的是对钢筋起作用的化学物质，一些能改善混凝土对钢筋防护性能的矿物添加料如硅灰，虽也能够改善对钢筋的保护能力，但不能称作为钢筋阻锈剂。钢筋阻锈剂主要是通过化学、电化学作用来改善和提高钢筋的防腐蚀能力（典型的是防氯离子腐蚀），因此，一些国家将其归入"专用"或"特种"混凝土外加剂。

2. 适用范围

（1）阻锈剂宜用于容易引起钢筋锈蚀的侵蚀环境中的钢筋混凝土、预应力混凝土和钢纤维混凝土。

（2）阻锈剂宜用于新建混凝土工程和修复工程。

（3）阻锈剂可用于预应力孔道灌浆。

13.1.2 阻锈剂的种类

按照不同的标准，可以对混凝土钢筋阻锈剂做出如下分类。

1. 按形态分类

（1）水剂型　约含 70％的水，国外主要是水剂型。

（2）粉剂型　固体粉状物，大多溶于水。国内目前主要是粉剂型。

2. 按化学成分分类

（1）无机型　成分主要由无机化合物质组成。

（2）有机型　成分主要由有机化合物质组成。

（3）混合型　由有机化合物和无机化合物组成。

3. 按使用方式和应用对象分类

（1）掺入型（Darex Corrosion Inhibitor，DCI）　掺入型是研究开发较早、技术比较成熟的阻锈剂种类，是将阻锈剂掺加到混凝土中使用，主要用于新建工程（也可用于修复工程）。目前世界上掺入型阻锈剂的组成中，亚硝酸盐占据重要地位。

以亚硝酸盐为例，混凝土中的氯离子与氢氧根离子在钢筋表面竞争性吸附，争夺阳极反应产生的二价铁离子 Fe^{2+}，生成易溶的 $FeCl_2 \cdot 4H_2O$，该腐蚀产物迁移到富氧的地方

后进一步氧化成 $Fe(OH)_3$。同时产生的 H^+ 和 Cl^- 又回到阳极区参与腐蚀反应，产生更多的 Fe^{2+}，从而形成一种自催化的腐蚀过程。亚硝酸根离子的阻锈机理被认为是通过下列反应在钢筋表面产生新的稳态钝化膜，修补由 Cl^- 造成的钝化膜破坏。

$$2Fe^{2+} + 2OH^- + 2NO_2^- \longrightarrow 2NO + \gamma\text{-}Fe_2O_3 + H_2O$$

从上述反应式可以看出，NO_2^- 是在 OH^- 参与的条件下与阳极产物 Fe^{2+} 反应生成钝化膜 $\gamma\text{-}Fe_2O_3$。实际上，OH^- 和 NO_2^- 对钝化膜的修复与氯离子对钝化膜的破坏在一定浓度条件下达到某种动态平衡，这种平衡决定了钢筋的电化学行为，即钝化或腐蚀。因此，亚硝酸盐的阻锈效果与 $[Cl^-]/[NO_2^-]$ 值密切相关，其掺量应足以对付氯离子浓度的不断增加和亚硝酸根离子的消耗。临界 $[Cl^-]/[NO_2^-]$ 值还受混凝土物理(如密实度)和化学(如孔溶液化学组成)性能及环境条件(温度、湿度等)的影响，从安全的角度出发，需充分估计这些因素对临界 $[Cl^-]/[NO_2^-]$ 值的影响。需要指出的是，许多对亚硝酸盐阻锈机理的研究往往忽略了 OH^- 的作用，仅强调 NO_2^- 的阻锈作用。上述反应机理表明，亚硝酸盐的阻锈作用是在 OH^- 直接参与反应下实现的，其阻锈作用与 $[OH^-]$ 密切相关。有资料表明，亚硝酸盐只有在 pH 大于 6.0 时才起缓蚀作用。因此，不能忽视水泥混凝土中的 $[OH^-]$ 对临界 $[Cl^-]/[NO_2^-]$ 值的影响。研究发现，在含氯离子的混凝土中，原来足以起到阻锈作用的亚硝酸盐浓度，由于混凝土碳化导致孔溶液 OH^- 浓度的降低而失去阻锈作用。

（2）渗透型（Migrating Corrosion Inhibitor，MCI） 这类阻锈剂主要用于老工程的修复，多以有机物（胺、酯等）为主体成分，价格比较贵。一些技术先进的国家，新建工程已经不多了，大量存在的是修复工程，渗透型阻锈剂有广泛的用途。这类由氯盐腐蚀引起的修复工程，其花费是巨大的，其中最大部分是人工费（这与国内正好相反）。为节省修复费用，要强化对已有工程的检测与评价，在氯盐到达钢筋表面接近临界值或钢筋已经开始腐蚀但混凝土尚未开裂之前，采用渗透型阻锈剂涂到混凝土表面，渗透到混凝土内部，以缓解或阻止氯离子对钢筋的腐蚀作用。

4. 按作用机理分类

按作用机理进行划分，阻锈剂有阴极型、阳极型和混合型等种类。

13.1.3 阻锈剂的作用机理

阻锈剂与其他混凝土外加剂不同之处在于，它是通过抑止混凝土与钢筋界面孔溶液中发生的阳极或阴极电化学腐蚀反应来保护钢筋的。因此，阻锈的一般原理是阻锈剂直接参与界面化学反应，使钢筋表面形成氧化铁的钝化膜或者吸附在钢筋表面形成阻碍层或者两种机理兼而有之。

1. 阳极型阻锈剂

典型的化学物质有铬酸盐、亚硝酸盐、钼酸盐等。它们能够在钢铁表面形成钝化膜。此类阻锈剂的缺点是会产生局部腐蚀和加速腐蚀，被称作"危险性"阻锈剂。国内外单一用亚硝酸盐作为阻锈剂者虽然还有，但趋势是向"混合型"发展，以避免其负面影响。

2. 阴极型阻锈剂

通过吸附或成膜，能够阻止或减缓阴极过程的物质，如锌酸盐、某些磷酸盐以及一些有机化合物等。

3. 混合型阻锈剂

将阴极型、阳极型、提高电阻型、降低氧的作用等多种物质合理搭配而成的阻锈剂属于混合型阻锈剂。

由于钢筋阻锈剂成分不同，作用原理也复杂不一。钢筋阻锈剂的主要功能，主要不是阻止环境中氯离子进入混凝土中，实质是抑制、阻止、延缓钢筋腐蚀的电化学过程。由于混凝土的密实是相对的，当氯离子不可避免地进入混凝土后，有钢筋阻锈剂的存在，使有害离子丧失或减缓了对钢筋的侵害能力。一般来说，混凝土中阻锈剂的含量越多，容许进入（而又不致钢筋腐蚀）的氯离子的量就越高，这就提高了氯离子腐蚀钢筋的"临界值"。综合结果，是推迟了"盐害"发生的时间并减缓其发展速度，从而达到延长结构物使用寿命的目的。

在钢筋混凝土中使用阻锈剂可以有效提高其耐久性，尤其是在海工工程、使用除冰盐的混凝土路面工程、使用海砂的混凝土工程等中，可以有效抑制钢筋的锈蚀，从而大大地提高相关建筑的使用寿命。大力推广阻锈剂的应用，在环保、资源保护、社会经济等方面，都有非常重要的意义。

13.1.4 阻锈剂的技术要求

（1）阻锈剂匀质性控制偏差应符合表 13-1 的要求。

匀质性控制偏差　　　　　表 13-1

项　　目	控　制　偏　差
含固量或含水量	1）水剂型阻锈剂，应在生产控制值的相对量的 3% 之内 2）粉剂型阻锈剂，应在生产控制值的相对量的 5% 之内
密度	水剂型阻锈剂，应在生产控制值的 $\pm 0.02\text{g/cm}^3$ 之内
氯离子含量	应在生产控制值相对含量的 5% 之内
水泥净浆流动度	应不小于生产控制值的 95%
细度	0.315mm 筛筛余应小于 15%
pH 值	应在生产控制值 ± 1 之内
表面张力	应在生产控制值 ± 1.5 之内
还原糖	应在生产控制值 $\pm 3\%$ 之内
总碱量（$Na_2O + 0.658K_2O$）	应在生产控制值的相对含量的 5% 之内
硫酸钠	应在生产控制值的相对含量的 5% 之内
泡沫性能	应在生产控制值的相对含量的 5% 之内
砂浆减水率	应在生产控制值 $\pm 1.5\%$ 之内

（2）加入阻锈剂的钢筋混凝土各项技术性能应符合表 13-2 的要求。

加入阻锈剂的钢筋混凝土技术性能　　　　　表 13-2

项　　目		技　术　性　能
钢筋	耐盐水浸渍性能	无腐蚀
	耐锈蚀性能	无腐蚀

续表

项　目		技术性能
凝结时间差/min	初凝	−60～+120
	终凝	
抗压强度比	7d	>0.90
	28d	

（混凝土）

注：1. 表中所列数据为掺阻锈剂混凝土与基准混凝土的差值或比值。

2. 凝结时间指标，"一"号表示提前，"+"表示延缓。

13.1.5　阻锈剂在混凝土中的应用

1. 亚硝酸钙阻锈剂的应用

氯化物侵入混凝土中，引起钢筋锈蚀，从而给结构带来了严重破坏。为了延长这种钢筋混凝土结构的使用寿命，必须采用锈蚀保护方法，其中简便有效的方法是采用掺阻锈剂的低渗透性混凝土。通过对阻锈作用机理的研究发现，亚硝酸钙是一种阳极阻锈剂，因为它催化了铁离子氧化成为赤铁盐的反应，使混凝土结构的使用寿命延长。即使存在氯化物，这种过程也能增进钝化层的质量。在这一过程中，亚硝酸盐转变为硝酸盐，并且进一步转变成氮气，导致阻锈剂的消耗。此外，亚硝酸盐的含量还可以被渗析或洗出而有所降低。在侵蚀性环境中，这种渗析或洗出作用加强了氯化物的侵入。在这种情况下，氯化物含量将超过临界值，可能导致发生局部的去钝化。当氯化物与亚硝酸盐的比值低于 1.5 时，即使氯化物掺量大于水泥质量的 1%，钢筋仍保持钝化状态。

在裂缝区域或由于阻锈剂分布不均匀（有选择性地超用量或不足用量使用），若氯化物含量超过临界值，将可能发生局部锈蚀。这样，阳极阻锈剂在裂缝区域将不再起作用。不过，若裂缝发生自愈合，将导致水分的传输量显著减少，则阳极阻锈剂可能重新到达钢筋发生锈蚀的表面，而且由于扩散作用造成 pH 值的增大。若阻锈剂在与裂缝相邻区域内的钢筋部位的含量仍然较高，将可能使阴极表面电势增大，钢筋表面将会变得更具惰性。这种过程会增大锈蚀发生的动力，阳极阻锈剂就可能起到有害作用。随着 pH 值的增大，这种效应在阴极处会降低。对于 pH 值大于 12.5 的混凝土，这种过程基本测不出来。

对于亚硝酸钙，只有有限的研究涉及了裂缝的影响，发现锈蚀过程的动力并未因使用亚硝酸钙而增大。研究表明，在具有足够保护层厚度的高质量混凝土中使用阻锈剂时会减弱锈蚀。

2. 有机型迁移阻锈剂的应用

迁移型阻锈剂可用作新拌混凝土的外加剂，也可用作对现有结构的表面处理材料。对迁移型阻锈剂进行研究的结果，证实了迁移型阻锈剂可保护混凝土中钢筋免遭锈蚀。另外，迁移型阻锈剂（MCI）对新拌混凝土和易性和硬化混凝土的力学性能没有不利的影响。迁移型阻锈剂吸附在金属表面形成单分子保护层，能降低电化学阴极和阳极反应速率，从而延缓锈蚀速率。通常使用电化学和其他物理-化学方法研究迁移型阻锈剂的性能。

（1）有机阻锈剂在混凝土中的迁移　试验证明，有机阻锈剂迁移到混凝土内部，使得暴露于氯盐环境中的钢筋开始腐蚀时间显著推迟。而且，腐蚀开始以后腐蚀速度显著降低。为了确定有机阻锈剂迁移至混凝土内部，必须设法探测到其在混凝土中存在。通常用两种方法来确定：放射性同位素技术和扩散单元技术。

通过"扩散单元技术"可以证明氯离子扩散到混凝土内部。混凝土中氯离子在扩散单元中的扩散试验方法如下：两个容器中一个盛有含氯离子的溶液，另一个盛有不含氯离子的溶液，两个容器被一个混凝土圆柱体分开。可以观察到氯离子从多的一方通过混凝土向少的一方扩散。

1）扩散单元技术。同样的方法可以用来证明有机阻锈剂在混凝土中可以迁移。有机阻锈剂扩散到少的一方的数量可以用胺敏电极检测。可以观察到阻锈剂在混凝土中的扩散过程。研究表明，阻锈剂在混凝土中的扩散取决于混凝土的组成、渗透性以及阻锈剂的物理化学性能。

2）放射性同位素技术。通过放射性同位素技术，使迁移型阻锈剂具有放射性并直接用于砂浆试件表面（400mL/m²）。经过一定时间（1d、9d 和 24d）将试件切成 5mm 厚的薄片，确定到表面一定距离处迁移型阻锈剂的含量，试验结果如图 13-1 所示。可以看出，经过 1d 在 15mm 深度处发现迁移型阻锈剂，经过 24d 迁移型阻锈剂侵入到试件内部的深度超过 30mm。

（2）腐蚀开始期延长　有关试验结果表明，没有阻锈剂的混凝土梁试件，当加入 3% NaCl 溶液以后钢筋立即开始腐蚀。对于成型时加入有机阻锈剂或表面涂有迁移型阻锈剂（成型 36d 后涂）的混凝土试件，钢筋开始腐蚀时间明显延迟，分别为 100d 和 200d，如图 13-2 所示。

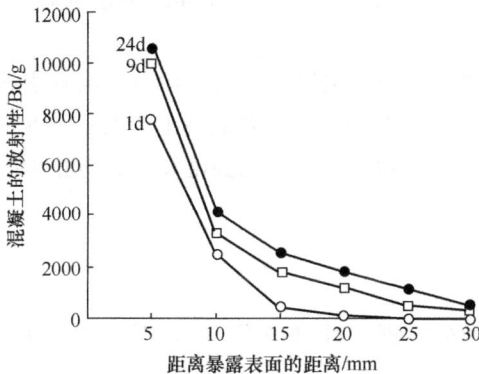

图 13-1　混凝土的放射性与表面距离的关系

注：在 $W/C=0.45$ 的砂浆试件表面直接应用迁移型阻锈剂（乙醇胺溶液），用量 400mL/m²。通过使用氢的放射性同位素使迁移型阻锈剂具有放射性。通过观察特定放射性照片，经过 24d 以后，探测到表面 30mm 以下存在阻锈剂。

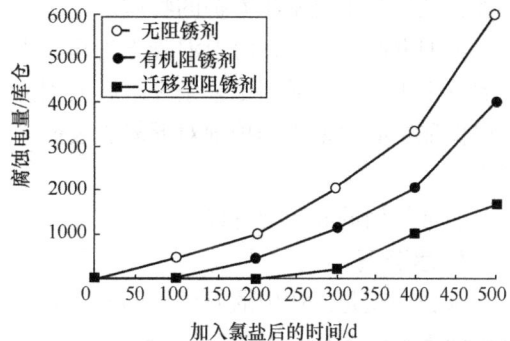

图 13-2　腐蚀电量与时间的关系

（3）腐蚀速率降低　用电化学阻抗谱研究了迁移型阻锈剂的有效性，样品成型时带有预埋钢筋，养护 28d。样品 1 为不掺阻锈剂，样品 2 和样品 3 分别掺 0.05% 和 0.09% 的 MCI-A 有机阻锈剂（市售产品）。

使用恒电位仪 FASI 和 CMS100 软件获得电化学阻抗谱。砂浆样品在 3% 的 NaCl 溶液中浸泡 20h。使用甘汞饱和电极作参比电极，以高密度石墨电极为测量电极而获得阻抗谱。测试结果如表 13-3 所示。由此看出，使用 MCI-A 阻锈剂样品的钢筋腐蚀速率显著低于基准样品。

电化学阻抗谱测量 表 13-3

序号	材　　料	RP/Ω	腐蚀速率（mm/a）	$Z/\%$	$\gamma/\%$
1	基准	10042.5	4.1882	—	—
2	MCI-A（0.05%）	31215	1.34	68	3.12
3	MCI-A（0.09%）	75784.9	0.55	87	7.6

注：Z—保护能力，γ—阻锈系数。

另外，用动电位极化技术研究 MCI 的性能，结果证明 MCI－A 使钢筋纯化，并保护钢筋不受氯离子的腐蚀。

综上所述，迁移型阻锈剂主要作用如下：

1) 提高混凝土中氯离子浓度的临界值，使开始产生锈蚀前的时间增加 100%。

2) 钢筋开始腐蚀以后的腐蚀速率下降。其他参数相同时，使用迁移型阻锈剂使锈蚀速率只有不使用时的 15%～20%。

13.2　养护剂

养护剂是指喷洒或涂刷于混凝土表面，能在混凝土表面形成一层连续的不透水膜层，从而保证混凝土能密闭养护的物质。

大型混凝土工程、海上混凝土工程、干旱气候条件下的混凝土工程，以及沙漠缺水地带混凝土工程等，或因工艺条件限制或因无质量符合标准的水源，对混凝土的人工湿养护难以保证，必须采用养护剂对混凝土表面进行处理，以保证混凝土的强度发展和防止干缩开裂。

通常使用的养护剂有以下几类：

1. 水玻璃

水玻璃就是工业中的硅酸钠（$n\mathrm{Na_2O \cdot SiO_2}$）或硅酸钾（$n2\mathrm{K_2O \cdot SiO_2}$），因是透明黏性液体而得名。

水玻璃喷涂在混凝土表面，与水泥水化生成物氢氧化钙反应形成硅酸钙，覆盖在混凝土表面，阻止混凝土内部水分蒸发，起到使混凝土保湿的作用。

2. 高分子乳液

高分子乳液喷洒在混凝土表面，乳液中水分蒸发或被混凝土水化吸收后，自行成膜，具有较好的保湿作用。

3. 高分子溶液

将高分子材料溶于有机溶剂，喷洒在混凝土表面后，溶剂挥发，高分子材料成膜，起到保湿作用。

4. 非成膜型养护剂

有一类物质喷洒在混凝土表面后，虽不能成膜，但它由于自身低的表面张力，会渗透到混凝土内部，阻止内部水分蒸发散失。

养护剂的品种选择、用量控制和施涂时机的把握、施涂质量等，对混凝土养护质量的影响很大。

养护剂的品种应根据混凝土结构特点、施工条件进行选择。养护剂施涂厚度与每平方米的用量有关，施涂应保证混凝土表面成膜连续，施涂过厚则造成浪费。养护剂的施涂应在混凝土初凝且表面无明水时立即进行，施涂太早，成膜不易，容易造成成膜不连续；而施涂太晚，混凝土水分损失太大，容易产生裂缝。许多情况下，养护剂的施涂应至少 2 遍，第二遍施涂的方向应与第一遍施涂的方向垂直。

混凝土养护剂的技术要求如表 13-4 所示。

混凝土养护剂技术要求 表 13-4

检验项目		一级品	合格品
有效保水率/% ≥		90	75
抗压强度比/% ≥	7d	95	90
	28d	95	90
磨耗量① / (kg/m²) ≤		3.0	3.5
固含量/% ≥		20	
干燥时间/h ≤		4	
成膜后浸水溶解性		应注明溶或不溶	
成膜耐热性		合格	

注：① 在对表面耐磨性能有要求的表面上使用混凝土养护剂时为必检指标。

13.3 脱模剂

过去使用木模板浇筑混凝土时几乎不涂抹脱模。但随着钢模板的应用日益增多，以及建筑工程对混凝土表面质量要求的提高，脱模剂的用量越来越大，品种越来越多，质量也是精益求精。

脱模剂是用来减小混凝土与模板的黏着力，从而使得模板易于从混凝土表面脱离而不损坏混凝土的物质。

最先使用的脱模剂是工业废机油。由于废机油易污染钢筋而影响混凝土与钢筋的粘结强度，已逐渐被淘汰。目前市场上有多种脱模剂供应，按其化学成分具体分类如下：

（1）皂类脱模剂　最早使用于木模板的脱模剂，也称隔离剂。它的主要成分为动植物油（也可以用矿物油）加碱皂化以后形成的乳化液，也可以直接用肥皂乳液。其脱模作用主要是利用皂乳液的润滑及隔离作用。这类脱模剂成本低，涂刷方便，适用于木模、地模、混凝土预制场长线台座及混凝土胎膜等。皂类脱模剂只能使用 1 次，即每次脱模后，模板再次使用前仍需涂刷。因此使用受到限制。

（2）纯油类脱模剂　20 世纪 60 年代以后钢模大量代替木模后出现的一类脱模剂。主要成分为矿物油、植物油、动物油等。使用较多的是石油系列产品中黏度较低、流动性较好的矿物油，如机油、润滑油、废机油等。但污染混凝土表面，影响随后的装饰；油与混凝土中碱作用导致混凝土表面粉化。作为改性剂可加入表面活性剂使油膜变薄、扩散、增加其耐冲刷性。

（3）乳化机油类脱模剂　乳化机油类脱模剂采用润滑油、乳化剂、稳定剂等通过乳化设备制成，将油类分散在连续的水相中，一般以机油作为原料进行乳化，制成水包油型（O/W）和油包水型（W/O），稳定剂能保证脱模剂有很好的成膜性能。这种脱模剂生产工艺简单，成本低，易清模，脱模效果好，混凝土表面光洁，对钢模、木模均适用。但贮存稳定性和耐雨淋能力稍差。

（4）水质类脱模剂　水质类脱模剂主要是以皂角、海藻酸钠、滑石粉、脂肪酸皂等为原料的脱模剂，常用于涂刷钢模。该脱模剂配制简单，成本低，使用方便，缺点是每涂 1 次不能多次使用，在冬期、雨期施工时，缺少防冻、防雨的有效措施应慎用。

（5）溶剂类脱模剂　溶剂类脱模剂以石蜡或金属皂（加脂肪酸盐、癸酸盐等）为主料，溶于汽油、煤油、柴油、苯、甲苯、松节油等有机溶剂而成的一类脱模剂。其特点是脱模效果好，耐雨水、耐低温能力强，但成本较高，适用于钢模、木模，并对混凝土表面有一定的污染。

（6）聚合物类脱模剂　聚合物类脱模剂以甲基硅树脂、不饱和聚酯、环氧树脂、醇酸树脂等为主料，芳香烃（苯、甲苯）为溶剂，称之为稀释剂配成的脱模剂。脱模效果良好，可以多次使用，但造价较高，更新涂层（膜）即清模困难。

（7）化学活性类脱模剂　其活性成分主要是脂肪酸，这些弱酸可与混凝土中游离氢氧化钙等缓慢作用，产生不溶于水的脂肪酸盐，致使表层混凝土不固结而达脱模。这类脱模剂脱模效果好，无污染，无毒，不腐蚀模板，但过量后会引起混凝土表面粉化。

（8）油漆类脱模剂　如醇酸清漆、磁漆等可作脱模剂，涂刷后可反复使用 20～25 次，但价格高，现场补模、清模困难。

（9）有机高分子类脱模剂　其原料为水溶性高分子成膜物质，无色透明，水玻璃状液体，喷涂在模板和混凝土表面，20min 内即形成一层透明薄膜，黏附于模板及混凝土表面，其作用机理为成膜及隔离作用，优点为成膜性能好，混凝土表面光洁，价格低廉，无毒、无味、无污染，使用方便，可喷、可涂。适用于各种类型模板。

此外，按脱模剂的制备工艺可分为皂化类、乳化类、溶剂类、合成及复合类；按作用持续效果可分为一涂一用类（涂刷 1 次可脱模 1 次）及长效类（脱模剂涂刷 1 次可脱模数次）；按成品外观可分为固定粉末、膏体、溶液及乳液等。

综上所述，许多材料可以改性制成脱模剂使用。脱模剂的作用机理如下：

（1）机械润滑作用　脱模剂在模板与混凝土之间起机械润滑作用，从而克服两者之间的粘结力而脱模。如纯油类及加表面活性剂的纯油类脱模剂。

（2）隔离膜作用　脱模剂涂于模板后迅速干燥成膜，在混凝土与模板之间起隔离作用而脱模。如水包油或油包水型乳化类脱模剂。

（3）化学反应作用　如脂肪酸类脱模剂，涂于模板后，首先使模板表面具有憎水性，然后与模内新拌混凝土中的游离氢氧化钙起皂化反应，生成具有物理隔离作用的非水溶性皂，既起润滑作用，又延缓模板接触面上很薄一层混凝土的凝固而利于脱模。

各种脱模剂优缺点十分明显，具体选用时要综合考虑性能和使用成本。但不论如何，为了便于施工和保证使用效果，脱模剂必须具有以下性能：

（1）良好的脱模性能，要求脱模剂能使模板顺利地与混凝土脱离，棱角整齐无损。

（2）涂覆方便成膜快，30min 内可速干，既有良好的耐水性、防锈性，又能方便涂刷、喷洒。

（3）对混凝土表面装修工序无影响，在混凝土表面不留浸渍、不泛黄变色。

（4）对混凝土无害，不污染钢筋，不影响混凝土和钢筋的握裹力，对模板和混凝土均无侵蚀。

（5）稳定性好，在按使用说明加水稀释后一昼夜内不分层离析，产品贮存期不低于半年。

（6）能连续使用。

脱模剂的品种选择和施工情况，对混凝土拆模后的质量影响很大。选定脱模剂品种后，应按照说明书进行涂刷或喷涂。在脱模剂施涂前，必须彻底清除模板内表面玷污物及锈蚀产物。施涂脱模剂过程中，应避免玷污钢筋及各类金属预埋件。施涂脱模剂后，应有足够的时间让脱模剂干燥成膜。

混凝土脱模剂的技术要求如下：

（1）脱模剂的匀质性指标应符合表 13-5 的规定。

匀质性指标 表 13-5

检验项目	指 标
密度	液体产品应在生产厂控制值的±0.02g/mL 以内
黏度	液体产品应在生产厂控制值的±2s 以内
pH 值	产品应在生产厂控制值的±1 以内
固体含量	1）液体产品应在生产厂控制值的相对量的 6% 以内 2）固体产品应在生产厂控制值的相对量的 10% 以内
稳定性	产品稀释至使用浓度的稀释液无分层离析，能保持均匀状态

（2）脱模剂的施工性能指标应符合表 13-6 的规定。

施工性能指标 表 13-6

检验项目	性 能 指 标
干燥成膜时间	10～50min
脱模性能	能顺利脱模，保持棱角完整无损，表面光滑；混凝土粘附量不大于 5g/m²
耐水性能[①]	按试验规定水中浸泡后不出现溶解、粘手现象
对钢模具锈蚀作用	对钢模具无锈蚀危害
极限使用温度	能顺利脱模，保持棱角完整无损，表面光滑；混凝土粘附量不大于 5g/m²

注：①脱模剂在室内使用时，耐水性能可不检。

13.4 减缩剂

13.4.1 减缩剂的作用原理

要解释混凝土缩减剂的作用机理，首先要了解混凝土干燥收缩及自收缩的机理。虽然混凝土自收缩和干缩是不同原因导致的两种收缩，但两者产生机理在实质上可以认为是一致的，即毛细管张力理论。

对于干缩，混凝土中存在有极细的孔隙（毛细管），在环境湿度小于100％时，毛细管内部的水从中逸出（蒸发），水面下降形成弯液面，在这些毛细孔中产生毛细管张力（附加压力）使混凝土产生变形，造成干燥收缩。对于自收缩，水泥初凝后的硬化过程中由于没有外界水供应或外界水不能及时补偿（外界水通过毛细孔渗透到体系内部的速度小于由于补偿硬化收缩而形成内部空隙的速度），导致毛细孔从饱和状态趋向于不饱和状态而产生自干燥，从而引起毛细水的不饱和而产生负压。这两种收缩变形受毛细管的大小和数量左右。根据拉普拉斯（Laplas）公式，设某一孔径的毛细管张力 ΔP，与其中液体的表面张力及毛细管中液面的曲率半径关系为：

$$\Delta P = \frac{2\gamma}{r} \tag{13-1}$$

式中　γ——液体的表面张力（N/m）；

　　　r——液面的曲率半径（m）。

由此可以看出，当液相的表面张力减少时，毛细管的张力也减少；毛细管孔径增大，毛细管中液面的曲率半径增大，毛细管张力也减少。考虑到增大毛细管直径虽能降低表面张力而减少收缩，但孔径的增大反而会带来其他一些缺陷，如强度和耐久性的降低等，因此，降低毛细管液相的表面张力以降低毛细管张力、减少收缩就受到人们的重视。

减缩剂作为一种减少混凝土孔隙中液相的表面张力的有机化合物，其主要作用机理就是降低混凝土毛细管中液相的表面张力，使毛细管负压下降，减小收缩应力。显然，当水泥石中孔隙液相的表面张力降低时，在蒸发或者是消耗相同水分的条件下，引起水泥石收缩的宏观应力下降，从而减小收缩。水泥石中孔隙液的表面张力下降得越多，其收缩越小。

13.4.2　减缩剂的特点

结合减缩剂的作用机理，其要起到减少混凝土收缩开裂的作用，首先要满足以下条件：

（1）在强碱性溶液中具有表面活性效果和足够的稳定性。

（2）溶于水后能降低水的表面张力，且该作用受温度变化的影响小。

（3）不被水泥粒子所吸附。

（4）能降低水泥水化热，但不妨碍水泥水化。

（5）在一段时间内能使水泥浆体保持良好的塑性。

（6）低挥发性。

（7）不产生异常的引气作用。

由减缩剂的作用机理还可知，在原材料和配合比一定时，减缩率是一个相对稳定值，施工养护和环境条件对混凝土的减缩率影响较小。即当养护条件差或空气相对湿度小、风速大、混凝土的收缩增大时，由于减缩率基本一定，故其降低收缩的绝对值也增加；反之亦然。

由于非离子型表面活性剂在水溶液中不是以离子状态存在，故其稳定性高，不易受电解质存在的影响，也不易受酸碱的影响，与其他表面活性剂相容性好，在固体表面上不发生强烈的吸附，所以通常用作减缩剂的是非离子型表面活性剂。

减缩剂主要依靠降低孔隙溶液的表面张力来抑制混凝土的收缩，其减缩过程并不依赖于水源，因此对于干燥环境下的收缩具有更好的抑制作用，而且在工程应用方面也没有像膨胀剂那样有较苛刻的要求。减缩剂与膨胀剂相比具有以下特点：

(1) 掺量小，水剂一般为水泥用量的 1‰～3‰，使用方便。

(2) 与其他减水剂的相容性好，性质稳定。

(3) 从微观结构上减少收缩，而不是抵消收缩，避免应力失衡造成开裂。

(4) 可以大幅度减少混凝土收缩，提高混凝土的抗变形性能。

(5) 对混凝土其他性能（凝结时间、强度、含气量等）的副作用小。

另外，减缩剂不改变水泥水化产物的矿物组成，对水泥混凝土含气量无明显影响。且减缩剂几乎不存在水泥适应性问题，这是因为减缩剂是通过水的物理过程起作用，与水泥的矿物组成和掺合料等无关，同时与其他混凝土外加剂有良好的相容性。

13.4.3 减缩剂的种类

目前，日本已有 4 种类型减缩剂产品，减缩剂的化学组成为聚醚或聚醇类有机化合物，其化学表示通式为 $R_1O(AO)_nR_2$，其中，A 为 C_2～C_4 的烃基，n 为聚合度，一般在 2～5，10 以上的大相对分子质量的合成物也具有减缩功能，R 为羟基、烷基、酚基等。

减缩剂按组分的多少分为单一组分减缩剂和多组分减缩剂，其中，对于单一组分减缩剂，根据其官能团的不同，可分为醇类减缩剂、聚氧乙烯类减缩剂和其他类型减缩剂 3 类。而多组分减缩剂对混凝土性能的改善主要体现在 3 个方面：进一步提高减缩能力，提高混凝土的强度，使引气剂的引气能力不受影响。

1. 单一组分减缩剂

(1) 醇类减缩剂 醇类减缩剂包括一元醇类减缩剂（化学结构通式为 ROH，式中 R 代表 C_4～C_6 的烷基或 C_5～C_6 的环烷基，其中最有效的基团是 C_4 的丁基），氨基醇类减缩剂，二元醇类减缩剂［化学结构通式为 $R-RCOH-(CH_2)_n-RCOH-R$，式中每个 R 独立地表示氢原子或 1 个 C_1～C_2 的烷基，n 为 1 或 2 的整数，最适宜的化合物是 2-甲基-2,4-戊二醇］。

(2) 聚氧乙烯类减缩剂 聚氧乙烯类减缩剂包括 $RO(AO)_nH$ 型减缩剂，$R-O-Z-H$ 型减缩剂，$Q\{(A)_n-OR\}_n$ 型减缩剂等。

(3) 其他类型减缩剂 其他类型减缩剂包括结构通式为 R_1NH_2 或 $R_1-X-CO-R_2$ 和结构通式为 $R\{O-CO-NH_2\}_2$ 2 种。

2. 多组分减缩剂

由低分子量的氧化烯烃化合物和高分子量的含聚氧化烯链的梳形聚合物构成的减缩剂，与仅含有低分子量组分的减缩剂相比，它能进一步减少混凝土的干缩；与基准混凝土或仅含有这类外加剂的某一类组分的混凝土相比，它可获得最高的混凝土抗压强度，而且不会影响混凝土的引气能力。

13.4.4 减缩剂对混凝土性能的影响

采用国产甲醚基聚合物与乙二醇系聚合物按一定比例复合并改性研制成的 ZDD-A 减

缩剂掺量对水泥净浆、砂浆和混凝土收缩及强度的影响。试验结果表明，其合理掺量为 1.2%～1.8%。当掺量为 1.8% 时，可分别降低 28d 水泥净浆、砂浆和混凝土的收缩率 58%、38% 和 43% 左右；砂浆和混凝土的早期(1～3d)减缩率更大；后期减缩率虽有下降，但绝对减缩值仍然增大。砂浆和混凝土 90d 的收缩减小量分别可达 $520\mu m/m$ 和 $270\mu m/m$ 左右。试验结果还表明，ZDD-A 型减缩剂掺量对砂浆抗折强度的影响很小，但对砂浆和混凝土的抗压强度影响较大，使砂浆和混凝土的抗压强度下降 10%～15%。

一种无氯、低碱(总碱量不大于 3%)、低掺量(掺量为水泥质量的 1%～4%)的多功能液体抗裂减缩剂适宜掺量为 2%～4%，掺入该抗裂减缩剂的混凝土早期减缩率达 30%～75%，后期减缩率达 20%～40%，尤其在干燥的环境中可抑制混凝土干缩裂缝的发生；该减缩剂能有效降低水泥水化热，可有效推迟裂缝出现的时间 20d 以上，同时降低裂缝宽度 60% 以上，减少混凝土坍落度损失，还具有减水和增强效果，且不影响混凝土长期力学性能和耐久性能。减缩剂均会不同程度的延缓凝结时间，掺量越大，延缓的时间越长，故使用时要选择合适的掺量以不至于影响混凝土的性能。

SRA 减缩剂对水的表面张力的影响，如表 13-7 所示。可见，这种减缩剂溶于水后，能显著降低水的表面张力。

减缩剂 SRA 对水的界面张力的影响情况   表 13-7

减缩剂掺量/(% H_2O)	界面张力/(mN/m)	界面张力降低百分率/%
0	65.1	0
2.0	42.7	34.4
4.0	39.3	39.6
6.0	36.2	44.4
10.0	32.7	49.8
单纯的减缩剂	26.2	59.8

SRA 掺入水泥胶砂后，对胶砂干燥收缩的减小作用如图 13-3 所示。可见，对于胶砂来讲，SRA 在不同掺量情况下，均对其干燥收缩率有降低作用。当其掺量为 2% 时，可使胶砂 90d 干缩值降低 40.1%。

减缩剂对强度等级为 C30 的混凝土收缩率的影响如图 13-4 所示，对 C50 和 C80 混凝土的影响如图 13-5 所示。

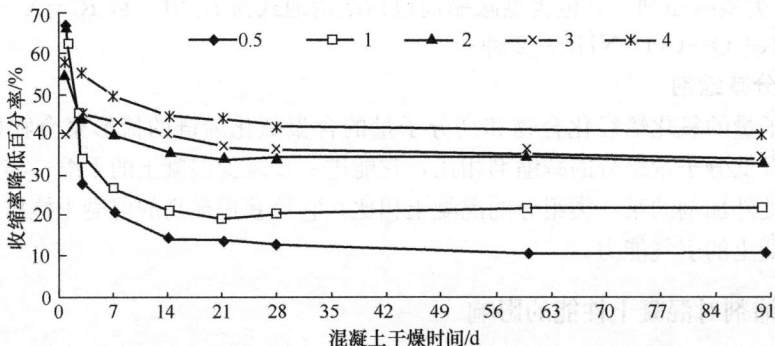

图 13-3　减缩剂 SRA 在不同掺量情况下的减缩效果

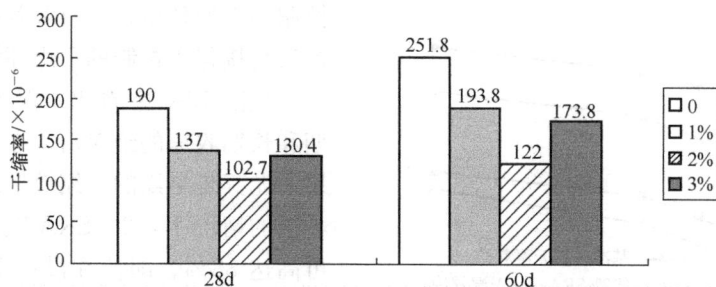

图 13-4　减缩剂 SRA 在不同掺量情况下 C30 混凝土的干缩率

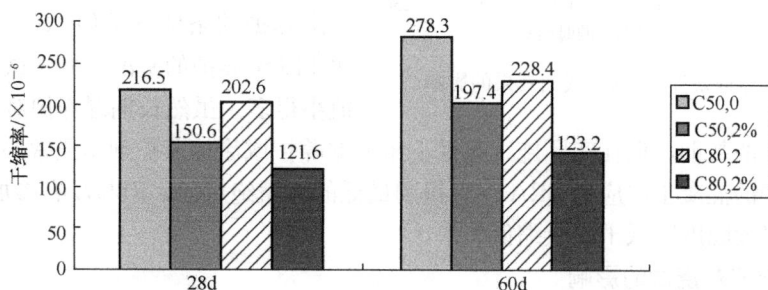

图 13-5　减缩剂 SRA 在不同掺量情况下 C50、C80 混凝土的干缩率

对于 C30 混凝土，减缩剂 SRA 掺量分别为 1％、2％和 3％时，60d 干缩率分别降低 23.0％、51.5％和 31.0％。对于 C50 和 C80 混凝土，掺减缩剂 SRA 同样能使 60d 干缩率降低 29.1％和 46.1％。

1. 水灰比对 SRA 减缩效果的影响

表 13-8 是不同水灰比对 SRA 减缩效果影响的试验结果，所有试件暴露在控制干燥环境之前湿养护 3d。对于水灰比小于 0.58 的混凝土，在掺量为 1.5％的情况下，28d 的减缩可高达 83％，56d 的减缩亦可达 70％；水灰比为 0.68 时，28d 和 56d 的减缩分别为 37％和 36％。

水灰比对 SRA 减缩效果的影响　　　　　　　　　　表 13-8

水泥用量 /(kg/m³)	水灰比	SRA 掺量 /(％水泥)	收缩值/％		减缩/％	
			28d	56d	28d	56d
280	0.68	0	0.03	0.045	—	—
280	0.68	1.5	0.019	0.029	37	36
325	0.58	0	0.036	0.05	—	—
325	0.58	1.5	0.006	0.015	83	70
385	0.49	0	0.028	0.041	—	—
385	0.49	1.5	0.006	0.013	78	68

2. 养护条件对 SRA 减缩效果的影响

同配比混凝土(水灰比为 0.452，水泥用量为 390kg/m³)在湿养护和没有湿养护条件下的干燥收缩试验结果，如图 13-6 所示。湿养护的试件在拆模后湿养护至 14d，然后移入

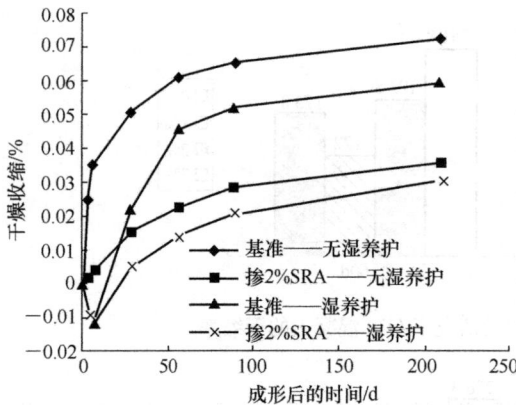

图 13-6 养护条件对 SRA 减缩效果的影响

控制的干燥环境；没有湿养护的试件在拆模后直接移入控制的干燥环境。

从图 13-6 中看出，湿养护可降低早期和长期收缩的绝对值，亦可增加减缩效果，尤其是早期的减缩效果。在有 14d 湿养护的情况下，2% SRA 减缩效果在 28d 可高达 88%。即使在没有湿养护的条件下，2% SRA 减缩效果在 28d 亦可达 70%。另外，掺有 2% SRA 的混凝土在没有湿养护的条件下试件 210d 收缩绝对值比 14d 湿养护的基准混凝土试件 56d 收缩值小得多。虽然长期湿养护对于降低收缩绝对值有很大的帮助，但在实际施工条件下短期湿养护或涂抹养护剂是通常的选择。在没有额外湿养护的混凝土中应用 SRA 不会得到最低的收缩绝对值，但与没有掺加 SRA 的混凝土相比可以大幅度降低干燥收缩值。

3. SRA 减缩对挠曲的影响

SRA 减缩对挠曲的影响实验在 2 组水泥浆体试件 1000mm×50mm×12mm 进行。其中一组掺有 2% SRA，另一组为基准试件。水灰比为 0.45。试件在成型脱模后用聚氨酯涂封试件表面，留出一面暴露，使得试件水分蒸发仅能从表面进行。然后把试件移到控制的干燥环境中，测定试件中心与两端连线中心距离（挠度）随时间的变化。由于试件在干燥环境中水分从暴露面蒸发，形成深度方向的湿度梯度从而引起收缩差，试件两端逐渐翘起使试件中心与两端连线中心从初始重合逐渐分离。如图 13-7 所示，基准试件随干燥时间挠度不断增大，72d 接近 10mm。掺入 2% SRA 的试件挠度大为减少，使挠曲现象得到很大的改善。

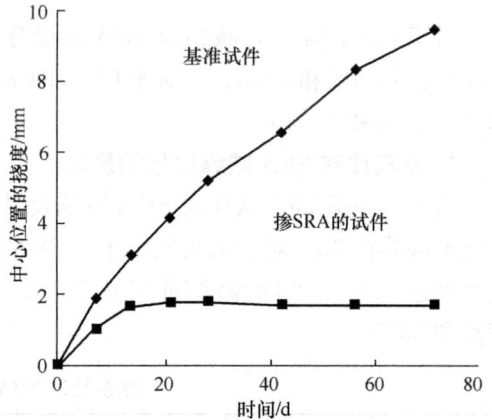

图 13-7 减缩剂对挠曲的影响

总的来说，减缩剂能较大幅度地降低干燥收缩和提高抵抗收缩开裂能力，但目前大部分的减缩剂都在一定程度上降低了混凝土的力学性能，并使混凝土的凝结时间略有延长。

参 考 文 献

［1］ 中国建筑材料科学研究总院. GB/T 8075—2005 混凝土外加剂定义、分类、命名与术语［S］. 北京：中国标准出版社，2005.

［2］ 中国建筑材料科学研究总院. GB 8076—2008 混凝土外加剂［S］. 北京：中国标准出版社，2009.

［3］ 中国建筑材料科学研究总院. GB 23439—2009 混凝土膨胀剂［S］. 北京：中国标准出版社，2009.

［4］ 中国建筑科学研究院. GB 50119—2013 混凝土外加剂应用技术规范［S］. 北京：中国建筑工业出版社，2013.

［5］ 山东省建筑科学研究院. JG/T 377—2012 混凝土防冻泵送剂［S］. 北京：中国标准出版社，2012.

［6］ 中国建筑材料科学研究总院. JC 474—2008 砂浆、混凝土防水剂［S］. 北京：中国建材工业出版社，2008.

［7］ 中国建筑材料科学研究总院. JC 475—2004 混凝土防冻剂［S］. 北京：中国建材工业出版社，2005.

［8］ 中国建筑材料科学研究总院. JC 477—2005 喷射混凝土用速凝剂［S］. 北京：中国建材工业出版社，2005.

［9］ 交通部公路科学研究所，北京交通大学，北京建工华创工程技术有限公司，等. JT/T 537—2004 钢筋混凝土阻锈剂［S］. 北京：人民交通出版社，2004.

［10］ 中国建筑材料科学研究院水泥科学与新型建筑材料研究所，交通部公路科学研究所. JC 901—2002 水泥混凝土养护剂［S］. 北京：中国建材工业出版社，2003.